DIE

PHYSIOLOGISCHEN FERNWIRKUNGEN

DER

ELEKTRICITÄT.

UNTERSUCHUNGEN

VON

DR. BASILE DANILEWSKY,

PROFESSOR DER PHYSIOLOGIE AN DER UNIVERSITÄT ZU CHARKOW.

MIT ZAHLREICHEN ABBILDUNGEN.

LEIPZIG

VERLAG VON VEIT & COMP.

1902

DIE

PHYSIOLOGISCHEN FERNWIRKUNGEN

DER

ELEKTRICITÄT.

UNTERSUCHUNGEN

VON

DR. BASILE DANILEWSKY,

PROFESSOR DER PHYSIOLOGIE AN DER UNIVERSITÄT ZU CHARKOW.

MIT ZAHLREICHEN ABBILDUNGEN.

LEIPZIG

VERLAG VON VEIT & COMP.

1902

Druck von Metzger & Wittig in Leipzig.

DEM ANDENKEN

SEINER THEUREN ELTERN

DER VERFASSER.

Vorwort.

Zu meinen Untersuchungen wurde ich veranlasst durch Versuche über die physiologische Wirkung des Magneten, die von mir nach einem Plane unternommen wurden, der von den Versuchen früherer Autoren (Mc Kendrik u. A.) abweichend war. Allein schon während der ersten Anwendungen des Elektromagneten kam ich zur Ueberzeugung, dass man vorher die physiologischen Wirkungen des elektrischen Feldes erforschen müsse. Auf diesen logischen Zusammenhang, auf diese Consequenz deuten auch die bekannten theoretischen Anschauungen in der Physik hin. Damit stand auch im Zusammenhange das physiologische Studium der elektrischen Wellen. In der betreffenden Literatur fand ich nur fragmentarische, kurze Andeutungen, die, so werthvoll sie auch sind, keine systematische Bearbeitung der Frage darboten (Zahn, Tiegel, Magini, Leduc und Rouxeau u. A.). Indessen beansprucht die Frage von der physiologischen Wirkung „der Elektricität auf Distanz“[1] grosses Interesse auch für die allgemeine Biologie und Hygiene, geschweige denn für die Elektrotherapie. Ohne der Wahrheit zu nahe zu treten, darf man behaupten, dass fast alle bis jetzt ausgeführten physiologischen Untersuchungen über die Wirkung der Elektricität auf lebende Wesen, deren Gewebe und Organe auf die unmittelbare Zuleitung elektrischer Ströme zum Untersuchungsobject vermittelst Leiter durch directe Berührung sich beziehen. Diese allgemein übliche Art bietet allerdings einen grossen Vorzug wegen der Genauigkeit der Localisation, allein manche Probleme, z. B. der Elektrophysiologie und der allgemeinen Biologie, schliessen diese Weise der unmittelbaren Zu-

[1] Dieser Ausdruck wird im vorliegenden Werke nur der Bequemlichkeit wegen gebraucht, er umfasst nämlich jede Art inductiver Einwirkung, unabhängig von den Eigenschaften der Quelle — des „Erregers“.

leitung elektrischer Energie aus; sie fordern vielmehr die Wirkung der Elektricität auf Distanz, die Induction eines Stromes oder elektrischer Schwankungen überhaupt im lebenden Organismus selbst oder in einem von ihm abgetrennten Organe. Dies gilt besonders für diejenigen Aufgaben, die sich mehr oder minder nach den natürlichen äusseren Bedingungen des animalen Lebens richten sollen.

Der Umstand, dass die Frage vom Einflusse der Elektrisirung, d. h. der elektrischen Ladung auf die physiologischen Eigenschaften und Functionen der Organe, vorläufig keine genaue Bearbeitung in der Physiologie gefunden hat, macht es ferner begreiflich, warum neue Untersuchungen in dem oben angedeuteten Gebiete der Elektrophysiologie nothwendig sind.

Dank den Untersuchungen hervorragender Forscher, dank der nahen Verbindung mit der Physik erreichte heutzutage die Elektrophysiologie — im Vergleiche mit manchen anderen Gebieten der Physiologie — einen hohen Grad der Vollkommenheit in den Methoden sowohl als auch in den erreichten Resultaten. Um so mehr erscheint es nothwendig, die Lücke in der biologischen Wissenschaft, die die Wirkung der Elektricität auf Distanz und die Bedeutung der Elektrostatik für die physiologischen Eigenschaften und Functionen betrifft, auszufüllen.

Dieses allgemeine Problem betrifft, nach den neueren wissenschaftlichen Anschauungen, auch die Wirkung des magnetischen Stromes, des elektrischen und elektromagnetischen Feldes, die Wirkung der elektrischen Strahlen in ihren verschiedensten Formen und Combinationen inclusive die Fernwirkung der Ströme von hoher Spannung und Frequenz (Tesla-d'Arsonval) u. A.

Als Objecte müssen nicht nur ausgeschnittene Nerven und Muskeln dienen, sondern auch unversehrte Organismen, mit den niedrigsten, den Mikroben beginnend.

Die Probleme der allgemeinen Biologie compliciren noch mehr die Anstellung solcher experimenteller Untersuchungen: diese fordern eine Combination von Elektricität mit anderen mechanischen, chemischen und physikalischen Agentien und Bedingungen, wie Bewegung und Ruhe, Wärme, Licht, chemische Zusammensetzung des Mediums u. dgl., je nach den natürlichen Bedingungen der lebenden Natur.

Was meine eigenen Untersuchungen, wie sie in der vorliegenden

Arbeit dargestellt sind, betrifft, so erscheinen sie — im gewissen Sinne — als Fortsetzung der vor mehr als 100 Jahren angestellten Versuche von Galvani, an die sich die neueren Versuche von W. Zahn (1868) und Magini (1865) u. A. anschliessen.

Da ich mir eine Aufgabe gestellt hatte, die sich so sehr von den gewöhnlichen Fragen der modernen Elektrophysiologie unterscheidet, so war ich selbstverständlich gezwungen, zuerst die methodologische Seite der Untersuchung in einer von der allgemein üblichen elektrophysiologischen Methodik abweichenden Form auszuarbeiten. Es waren Einrichtungen und Apparate erforderlich, die die Regelmässigkeit und Genauigkeit nicht nur der qualitativen, sondern auch der quantitativen Seite der physikalischen Vorgänge garantiren konnten: das Problem forderte die Feststellung eines elektrischen Feldes mit einem bestimmten Zeichen und Potentiale, mit bekannten Schwankungen des letzteren hinsichtlich Intensität und Charakter u. s. w.; es war die Kenntniss der elektrischen Capacität, der Oberfläche des Objectes, seines Leitungsvermögens für Elektricität u. dgl. erforderlich. Allein schon während der ersten Zeit begegnete ich Schwierigkeiten und Hindernissen, die an der Einrichtung, an der Räumlichkeit und den Mitteln meines Laboratoriums lagen und die den Gang der Untersuchungen so sehr erschwerten; ja, ich war zuweilen gezwungen, dieselben ganz einzustellen. Es möge genügen, hier anzuführen, dass ich über eine eigene hinreichende Elektricitätsquelle nicht verfügen konnte, dass ich gezwungen war, ein Ruhmkorff-Inductorium aus anderen Laboratorien und Sammlungen der Universität, des technologischen Institutes u. a. für eine beschränkte Zeit zu leihen. An irgend welche Modificirungen dieser Apparate war kaum zu denken, noch weniger an die Anschaffung neuer für meine Zwecke speciell angepasster elektrogenetischer Apparate. Es muss noch hinzugefügt werden, dass mein Laboratorium bis jetzt keinen Anschluss an die städtische elektrische Station hat; erst in der letzten Zeit gelang es, eine Zuleitung von der elektrischen Station der Universitätskliniken zu bekommen; diese Station gab aber leider nur zur Zeit der Abendbeleuchtung der Kliniken Energie ab, während des ganzen Tages versagte sie die Wirkung. Der sehr beschränkte Arbeitsraum des Laboratoriums (drei Arbeitszimmer inclusive Apparatensammlung!) erwies sich als ganz ungeeignet für manche Untersuchungen mit einem elektrischen Felde und elektrischen Strahlen.

Die angeführten Umstände mögen genügen, um dasjenige an manchen Theilen meiner Untersuchungen zu entschuldigen, was dem Leser in der folgenden Darlegung vielleicht unsystematisch und unvollkommen erscheinen möchte. Die Mängel und Lücken sind auch Folgen der ungenügenden Mittel und der mangelhaften Bedingungen für die Ausführung der vorliegenden Arbeit.

Ich erachte noch für nothwendig, den von mir gebrauchten Ausdruck „elektrokinetische“ Wirkung auf die Nerven zu erörtern. In meinen ersten Mittheilungen gebrauchte ich den Ausdruck „elektrische Strahlen“, indem ich ihn — allerdings im bedingten und verallgemeinernden Sinne — auf jedes variable elektrische Feld, unabhängig von der Häufigkeit der periodischen Schwankungen des Potentials bezog. Eine solche Bezeichnung führte jedoch zu Missverständnissen: sie wurde von Hrn. Professor J. Loeb angegriffen, der — nur die Hertz'schen elektrischen Strahlen berücksichtigend — diesen Charakter der elektrischen Einwirkung in meinen Versuchen nicht anerkennen wollte; er sah darin bloss die einfache Wirkung „der statischen Influenz“.[1] Ich erwiderte damals Hrn. J. Loeb und klärte sein Missverständniss auf, indem ich auf den dynamischen Charakter der Einwirkung des elektrischen Feldes hinwies, dessen Potential periodische Schwankungen, die von den Unterbrechungen des primären Kreises des Inductoriums abhängig sind, darbieten kann, was die Entstehung von elektrischen Wellen in der Luft zur Folge hat[2]. Erlangt die Häufigkeit der regelmässig periodischen Schwankungen einen hohen Werth, so berechtigen bereits der Charakter und die Eigenschaften der elektrischen Wellen dazu, dieselben als „Strahlen“ zu bezeichnen und sie damit zur Erscheinungsform der Lichtenergie, oder richtiger, der Lichtbewegung in Beziehung zu bringen. Hr. J. Loeb verstand offenbar unter der Bezeichnung „elektrische Strahlen oder Wellen“ nur die Hertz'schen Schwankungen und liess unbeachtet den Umstand, dass regelmässig periodische Schwankungen des

[1] Pflüger's Archiv für die ges. Physiologie, Bd. LXIX, S. 99 und im Centralblatt für Physiologie, Bd. XI, 1897, Nr. 13.

Weiter unten wird an den entsprechenden Stellen auf die von J. Loeb in seiner Kritik begangenen Fehler hingewiesen werden, woselbst auch Citate aus derselben angeführt sind.

[2] Centralblatt für Physiologie, Bd. XI, 1897, Nr. 19 u. 20.

Potentials im elektrischen Felde, d. h. elektrische Wellen in einem Dielektricum auch ohne Funkenentladungen unipolar erfolgen können, wie das in den meisten meiner Versuche auch der Fall ist. Ein elektrisches Feld, in dem inductiv eine Nervenreizung zu Stande kommt, kann sozusagen einen Theil einer elektrischen Welle von mehr oder weniger bedeutender Länge darstellen. Bei gewissen Bedingungen kann der geöffnete secundäre Kreis des Inductoriums, wie in meinen Versuchen, als Quelle elektrischer Strahlen dienen, aber freilich anderer Ordnung als die HERTZ'schen.

Das Bestreben des Hrn. J. LOEB, die Wirkung der statischen Elektricität (Influenz) von der der elektrischen Wellen oder Strahlen scharf zu unterscheiden, kann nach der Versuchsanordnung (bei mir z. B.) kaum gebilligt werden. Indem er daran festhält, dass es sich bei meinen Beobachtungen nur um Influenz, aber durchaus nicht um elektrische Wellen handele, hebt er damit den strengen Unterschied hervor. In meiner Erwiderung habe ich darauf hingewiesen, dass in meinen Beobachtungen der dynamische Zustand der Elektricität es ist, welcher den wesentlichen Theil bildet; dieser Zustand ist auch an vielen sogenannten „elektrostatischen“ Erscheinungen (Funkenentladung, stille Entladung, Bewegung von Leitern im elektrischen Felde) betheiligt. Die Beständigkeit der Localisation und der Spannung der Energie, dieser Hauptmerkmale des elektrostatischen Zustandes, war bei meinen Versuchen nicht vorhanden, ja ihre Anwesenheit war auch unmöglich, wovon die Versuchsanordnung selbst überzeugt. In den meisten meiner Beobachtungen hatte ich es mit einem **variablen elektrischen Felde**, mit einem hauptsächlich periodisch schwankenden Potential, also nicht mit einem statischen, sondern mit einem dynamischen Zustande der elektrischen Kraft zu thun. So lange das Potential constant bleibt, so lange die statische Ladung dieselbe Localisation und dasselbe Zeichen beibehält, kommt am Nerv keine sichtbare Reaction zum Vorschein. — Weitere Beweise, z. B. die Polarisation der reizenden elektrischen Wellen, werden in dem zweiten Theil dieser „Untersuchungen“ angeführt.

Die scharfen Angriffe des Hrn. J. LOEB sind also das Resultat eines Missverständnisses, das um so weniger zulässig war, als in meinen französischen Artikeln[1], auf die sich seine Kritik bezog, an

[1] Archives de Physiologie, 1897, Nr. 3.

vielen Stellen die Ausdrücke: *„champ électrique oscillant“*, *„excitation par l'influence“*, *„par condensation électrique“*, *„par l'influence électrostatique“* angeführt waren. Von einer Verwechselung mit den HERTZ'schen elektrischen Strahlen konnte da offenbar gar keine Rede sein! Der Ausdruck *„rayons électriques“* wurde von mir im conventionellen Sinne angewandt für allerlei die Luft passirende periodische elektrische Schwankungen, unabhängig von der Häufigkeit oder von der Länge der Welle. *Inde ira!* [1]

Da mit dem Begriffe „Strahlenenergie“ gewöhnlich die Vorstellung von einer sehr hohen Häufigkeit regelmässig periodischer Schwankungen, bezw. von einer sehr kleinen Wellenlänge verbunden wird, so habe ich deshalb (im J. 1898) vorgeschlagen, um weiteren Missverständnissen vorzubeugen, den Ausdruck **elektrokinetische Einwirkung,** speciell **Reizung** einzuführen für alle Fälle von Einwirkung der Elektricität auf Distanz durch ein Dielektricum (durch sogenannte Isolatoren — Luft, Paraffin, Glas u. dgl.), ohne Vermittelung irgend welcher Leiter. [2] Hierher gehören die Einwirkungen der elektrischen Strahlen *stricto sensu*, der elektrostatischen und elektrodynamischen Induction, des elektrischen und elektromagnetischen Feldes also, und endlich in gewissen Fällen auch die des magnetischen Stromes. Obgleich, wie aus dem Gesagten hervorgeht, die Bezeichnung „elektrokinetische Wirkung“ sehr verschiedenartige physikalische Bedingungen umfasst, so ist sie immerhin passend und bequem, um alle Fälle von elektrischer Einwirkung auf Distanz ohne Vermittelung von Leitern zu unterscheiden; die physiologische Reaction erscheint als Resultat eines gewissen elektrischen Processes, der inductiv im organisirten lebenden Objecte selbst hervorgerufen wurde.

Der Bezeichnung **„elektrokinetische Reizung“** liegt der Gedanke zu Grunde, dass ein physiologisch actives Feld keine statische Deformation, die mit einem Anhäufen von potentieller Energie verbunden ist, enthält, sondern dynamische Perturbationen als Erschei-

---

[1] In sehr klarer Weise wurde der Unterschied zwischen dem statischen und dem dynamischen Zustande der Elektricität und die Aehnlichkeit des letzteren mit den elektrischen Wellen von ALB. NEUGSCHWENDER erläutert. (Eine neue Methode, elektrische Wellen nachzuweisen, WIEDEMANN's Annalen der Physik, 1899, Nr. 2, S. 430.)

[2] Centralblatt für Physiologie, Bd. XII, 1898, Nr. 9.

nungsform kinetischer Energie. Als directes Resultat dieser letzteren kommt die Induction elektrischer Schwankungen im lebenden, unter bestimmten Bedingungen im activen Felde sich befindenden Leiter zu Stande. Die Elektricität ist im activen Felde in Bewegung begriffen, und daher ist dies auch im Leiter der Fall.

Es ist sehr wahrscheinlich, dass man in der Zukunft den Ausdruck „elektrokinetisch“ wird zergliedern müssen je nach den speciellen physikalischen Bedingungen; vorläufig aber kann dieser Ausdruck — als summarischer — zur Bezeichnung einer ganzen Gruppe von elektrischen Einwirkungen auf Distanz dienen. Als Ort der Entstehung von elektrischer Bewegung erscheint das gereizte Object selbst.[1]

Im vorliegenden Werke sind meine Untersuchungen über die elektrokinetische Reizung der Nerven, vornehmlich der motorischen des Frosches dargelegt. In dieser relativ einfachsten und übersichtlichsten Form kann die zu untersuchende Einwirkung, was die physikalische Seite betrifft, d. h. die Bedingungen, bei denen die genannte Einwirkung zu Stande kommt (Entfernung, Orientirung, Nähe von Leitern u. A. — siehe unten), am bequemsten aufgeklärt werden.

Daneben aber entstehen begreiflicher Weise Fragen betreffend den Einfluss der „Elektrokinese“ auf die Erregbarkeit und das Leitungsvermögen des Nervs, auf die elektromotorischen Eigenschaften desselben, auf das Verhältniss zu den physiologischen Erregungen u. s. w.; es entstehen analoge Fragen in Bezug auf die Muskeln und Nervencentra — kurzum das Programm der die elektrokinetischen Untersuchungen betreffenden Fragen muss im Grossen und Ganzen dasjenige wiederholen, was in der Physiologie vermittelst der directen Zuleitung von Elektricität durch Elektroden zu den zu untersuchenden Organen schon dargethan worden ist (diese gewöhnliche Methode wollen wir — zum Unterschiede von der elektrokinetischen — als Contactmethode der elektrischen Reizung bezeichnen).

[1] Die Beibehaltung des Ausdruckes „elektrische Wellen“ statt „Elektrokinese“ würde für den oben genannten Zweck nicht ausreichen, da elektrische Wellen nicht nur in der Luft, sondern auch in Leitern auftreten können. Der Ausdruck „Strahlen“ bezieht sich dagegen nur auf das Dielektricum, z. B. Luft, daher die Bequemlichkeit dieser Bezeichnung für meine Versuche (Artikel vom J. 1897).

Hierher gehören ferner die Fragen von der physiologischen Wirkung des magnetischen Stromes, der Ströme von hoher Spannung („*haute fréquence*“ von D'ARSONVAL) *à distance*, die Fragen, die den Einfluss der Elektrokinese auf niedere Organismen betreffen u. s. w. In den folgenden Theilen dieses Werkes hoffe ich Gelegenheit zu haben, auch auf die angedeuteten Fragen zurückzukommen.

Noch ein paar Worte über die „Einleitung“. In dieser hatte ich die Absicht, an einigen Beispielen, geschichtlichen und factischen, zu zeigen, was für eine ungemein grosse Bedeutung man schon seit lange her der Elektricität im animalen Leben beigemessen hatte und noch jetzt beimisst, und was für eine Bedeutung derselben in der That zukommt vom Gesichtspunkte der gegenwärtigen Ansichten über die functionellen Processe in den Nerven z. B., über die Beziehung der chemischen Bedingungen darin zum Durchleiten eines Stromes u. s. w. Da ich die „Einleitung“ nicht zu sehr in die Länge ziehen wollte, so beschränkte ich mich auf einige wenige Hinweise[1]; allein schon diese, glaube ich, genügen, um die ungemein grosse Bedeutung der „Elektrologie“ für die biologischen Wissenschaften, für die Lehre vom Leben im weiten Sinne dieses Wortes anzuerkennen.

Zum Schlusse erachte ich es als meine Pflicht, den Herren Professoren A. P. SCHIMKOFF, A. K. POGORELKO, N. B. RJASANZEFF und A. P. GRUSINZEFF für die mir zur Verfügung gestellten Apparate, sowie auch Hrn. Dr. S. J. KOSTIN[2], Frau Dr. O. F. LATYSCHEFF und Hrn. Dr. K. A. ISSAKOWITSCH für ihre Hülfe bei den Versuchen meinen innigsten Dank auszusprechen. Im Herbst 1899 hatte ich

[1] In der Einleitung sind deshalb solche Fragen unberücksichtigt geblieben, wie die Bedeutung der Elektricität für die osmotischen Processe in den Drüsen (TH. W. ENGELMANN), das Verhalten der Elektricität beim Durchströmen von Flüssigkeiten durch Capillaren, Membranen u. dgl.

[2] Ein Theil der von ihm — mit mir gemeinschaftlich — ausgeführten Versuche, sowie auch seine eigenen Control- und Ergänzungsversuche bilden einen Theil seiner Doctordissertation „Zur Kenntniss der physiologischen Wirkung des elektrischen Feldes auf den motorischen Nerven“, aus dem physiologischen Laboratorium der Universität Charkow, 1898 (russisch). Dieselben gemeinsamen Versuche habe ich in den Mittheilungen im Centralblatt für Physiologie 1898 (Nr. 9) und 1899 (Nr. 13) in kürzerer und schematischer Form beschrieben.

Gelegenheit, einige Versuche im physiologischen Laboratorium von Hrn. Professor N. A. Mislawsky in Kazan auszuführen. Ich halte mich verpflichtet, ihm für seine Gastfreundlichkeit und collegiale Hülfe, sowie auch Hrn. Professor H. Kronecker für die mir im Sommer 1899 zur Verfügung gestellten Arbeitsmittel in seinem physiologischen Institute in Bern hier meinen innigsten Dank auszudrücken. Die Versuche über die physiologische Wirkung der Ströme „*haute fréquence*“, die ich im Sommer 1897 im Laboratorium von Hrn. Professor d'Arsonval im Collège de France in Paris und von Professor J. von Kries in Freiburg i./Br. im Sommer 1901 ausgeführt habe, werden erst später zur Sprache kommen. Meine innigste Danksagung aber für ihre zuvorkommende Gastfreundlichkeit möge ihnen schon hier entgegengebracht werden.

Ueber meine Untersuchungen über die Fernwirkung der Elektricität auf die Nerven wurden von mir folgende mündliche und schriftliche Mittheilungen gemacht:

Im November 1896 in der Charkower medicinischen Gesellschaft mit Demonstrationen;

im Jahre 1896 im „Westnik Mediziny“, Nr. 24;

„ „ 1897 *ibidem*, Nr. 4;

„ Januar 1897 demonstrirte ich meine Versuche im physiologischen Institute der Universität Moskau und im chemisch-medicinischen Laboratorium der Petersburger militärmedicinischen Akademie vielen Physiologen, Physikern, Biologen und Medicinern;

„ Juni 1897 zwei Mittheilungen in der Pariser Akademie der Wissenschaften (Compt. rend. 14 et 21, juin 1897);

„ Juli 1897: Recherches sur l'excitation des nerfs par les rayons électriques (Archives de physiologie norm. et pathol., 1897, Nr. 3, p. 511 bis 542, zwei Artikel);

„ August 1897: Mittheilung darüber auf dem XII. internationalen medicinischen Congress in Moskau (siehe Comptes rendus, Bd. II, S. 59);

„ December 1897: Notiz, die erregende Wirkung der elektrischen Strahlen betreffend, zugleich als Erwiderung an Hrn. Professor Jacques Loeb im Centralblatt für Physiologie, Bd. XI, Nr. 19 und 20;

„ Juli 1898: Versuche über die Interferenz der elektrokinetischen Einwirkung am Nerven, *ibidem*, Bd. XII, Nr. 9;

„ September 1899: Ueber die elektrokinetische Nervenreizung in der Nähe des geschlossenen secundären Kreises des Inductoriums, *ibidem*, Bd. XIII, Nr. 13.

Das vorliegende Werk erschien im März 1900 in russischer Sprache in einer Form, die ausführlicher gehalten ist, als die vorliegende deutsche Ausgabe.[1]

Charkow, Herbst 1901.

B. Danilewsky.

[1] Von der Ausgabe in russischer Sprache ist eine zweite Abtheilung erschienen. Sie enthält folgende Capitel: 1. Ueber die Reizung in der Nähe des Elektromagneten. 2. Weitere Versuche über die unipolare Elektrokinese. 3. Ueber die Elektropolarität bei der Neuroelektrokinese und 4. Versuche über die Reizung mit „*haute-fréquence*"-Strömen.

Inhalt.

Fünftes Capitel.

Sechstes Capitel.

Siebentes Capitel.

Achtes Capitel.

Einleitung.

Obgleich der wissenschaftliche Begriff der Elektricität sich vor etwas mehr als zwei Jahrhunderten ausgebildet hat, nimmt doch dieser Theil der Physik nach dem Reichthume des faktischen Materials, nach der Entwickelung der methodologischen und theoretischen Seite gegenwärtig noch eine der ersten Stellen ein. Es ist interessant, dass schon seit lange die Fortschritte dieses Theiles der Physik innig verbunden waren mit den Beobachtungen über den Einfluss der Elektricität auf lebende Organismen und über die elektrischen Erscheinungen, welche sich im lebenden Thierkörper selbstständig entwickeln. Kaum waren die physikalischen Versuche über die Elektricität todter Objekte, wie Metall, Glas, Harz, veröffentlicht, als man schon bemüht war, dieselben Beobachtungen auf Lebewesen und auf den Menschen selbst zu übertragen. Diesen älteren Zeiten, dem Anfange des 18. Jahrhunderts, gehören auch die ersten Beobachtungen über die physiologische Wirkung der Elektricität auf Distanz und die ersten Versuche der Herbeiziehung der elektrischen Kraft zur theoretischen Erklärung einiger physiologischer Erscheinungen an. So machte z. B. Hawksbee[1] im J. 1709 auf die wichtige Bedeutung der von ihm entdeckten elektrischen Erscheinungen für die Erklärung der unwillkürlichen Bewegungen der Thiere aufmerksam!

du Fay begnügte sich nicht mit blossen theoretischen Auseinandersetzungen, sondern führte auch zahlreiche Versuche aus. Er machte z. B. die Beobachtung, dass man aus einer Katze, die auf einem Seidenkissen sass und der man den Rücken gegen die Richtung

[1] F. Rosenberger, Die moderne Entwickelung der elektrischen Principien, 1898, S. 9.

der Haare strich, starke Funken ziehen konnte. Uebrigens, das Leuchten der Katze bei diesen Bedingungen wurde noch früher, nämlich im J. 1707, beschrieben.[1] Aus elektrischen Menschen Funken zu ziehen, vermochte schon Abbé NOLLET noch vor dem Versuche von DU FAY. Letzterer erhielt (1733—1737) ziemlich starke Funken aus isolirten Menschen und Thieren; er meint, „der lebendige Körper eines Menschen oder eines Thieres ist demnach von einem Dunstkreis umgeben, dessen Materie vermögend ist, dasjenige Licht, das sich bei der glashaften Elektricität befindet, gleichsam anzuzünden und in ein wirkliches Feuer zu verwandeln.“ (Versuche und Abhandlungen von der Elektricität. Deutsche Uebersetzung. Erfurt, 1745. S. 219).[2] Doch zeigte GRAY i. J. 1735, dass man Funken nicht nur aus elektrisirten lebenden Wesen, sondern auch aus elektrisirten metallischen Gegenständen ziehen kann, wenn man Vorsichtsmassregeln getroffen hat, um den „Ausfluss“ der Elektricität aus denselben zu verhindern. Die Fähigkeit, elektrische Funken zu erzeugen, ist also, entgegengesetzt der Meinung von DU FAY, durchaus nicht den organisirten (lebenden) Wesen ausschliesslich eigen.

STEPHEN GRAY (1732) gehört auch folgender hübscher Versuch über die Elektrisirung des menschlichen Körpers: hängt man einen Menschen vermittelst Haarschnüre horizontal auf und ladet ihn am Fusse vermittelst einer geriebenen Glasstange mit Elektricität, so werden Goldblättchen, die dem Haupte der Versuchsperson genähert werden, von demselben sofort angezogen. Dasselbe Resultat erhielt GRAY, wenn er die Versuchsperson auf eine Harzunterlage stellte.

Die physikalische Lehre von der Elektricität ist in ihrer geschichtlichen Entwickelung nicht so eng mit den Versuchen über die Elektrisirung lebender Wesen, als mit den elektrischen Erscheinungen bei gewissen Fischen verknüpft. Schon seit lange war bekannt, dass letztere, wenn sie angreifen oder sich vertheidigen wollen, mächtige Schläge ertheilen, die von einigen Autoren, RÉAUMUR (1714) und BORELLI (1734) z. B., als rein mechanischer Natur erachtet worden sind. JOHN WALSH erwies zuerst die elektrische Natur der „Schläge“

[1] POGGENDORFF beruft sich in seiner „Geschichte der Physik“ bei Anführung dieses Factums auf FISCHER's Geschichte der Physik, Bd. III, S. 460; im nämlichen V. Abschnitte S. 559 sind die Versuche über elektrische Beatification-Leuchten des Kopfes beschrieben.

[2] F. ROSENBERGER, a. a. O., S. 13.

vom Torpedo. INGENHOUSS, SPALLANZANI u. A. bestätigten den WALSH'schen Schluss, der dann auch als sicher festgestellt galt. Darf aber diese „thierische" Elektricität mit der physikalischen identificirt werden? Noch im J. 1829 glaubte H. DAVY, auf Grund seiner eigenen Untersuchungen, eine wesentliche Verschiedenheit derselben anerkennen zu dürfen; er unterschied die eigenartige „organische" Elektricität von der physikalischen. Dieser Unterschied wurde aber schon bald darauf widerlegt. Dies gilt auch vom Unterschiede zwischen Galvanismus und Elektricität, der von GALVANI selbst sowie von einigen seiner Schüler verfochten wurde.

Ausser den Fischen (Torpedo, Gymnotus, Malapterurus) ist eine spontane Entstehung von Elektricität — eine elektrische Ladung des ganzen Körpers — von vielen Forschern bei verschiedenen Thieren beobachtet worden. Aber fast alle Thatsachen dieser Art haben den Charakter zufälliger, nicht ganz genau verfolgter, nicht ganz einwandsfreier Beobachtungen; dieses betrifft besonders die Beobachtungen über die Elektrisirung des Menschen. Fast alle diese Beobachtungen gehören einer Zeit an, wo die Methodik der wissenschaftlichen Forschung elektromotorischer Erscheinungen bei Thieren sich kaum im Embryonalzustande befand.[1] Deshalb muss man, dem Beispiele von E. DU BOIS-REYMOND folgend, sich skeptisch verhalten zu solchen Annahmen, dass gesunde Männer am häufigsten mit positiver, Weiber dagegen mit negativer Elektricität geladen wären. H. NASSE behauptete dagegen, dass der Mensch fast immer positive „Hautelektricität" besitzt, unabhängig vom Geschlechte und vom Zustande der Gesundheit. In ähnlicher Weise, mit nur wenigen Abweichungen, äusserten sich noch früher GARDINI, HEMMER, AHRENS (ein Schüler von PFAFF) und PFAFF selbst. Letzterer behauptete auf Grund von

[1] Viele Thatsachen solcher Art sind von E. DU BOIS-REYMOND zusammengestellt worden in seinen Untersuchungen über thierische Elektricität, Bd. I, 1848, S. 10 u. folg., Bd. II, Abth. 2, S. 506. — In seinen „Nachträgen" bezeichnet E. DU BOIS-REYMOND die Mittheilungen, welche die spontane Elektrisirung von Thieren und Menschen betreffen, als „absurde Nachrichten", „abgeschmackte Geschichten". Die alten Erzählungen von elektrischen Schlägen, die man von Ratten, Katzen u. s. w. erhalten hätte, nennt E. DU BOIS-REYMOND „Fabeln" (a. a. O., Bd. I, S. 18) und führt eine Erklärung von JOH. MÜLLER an, „dass den Herren wohl im Grunde vor den Gegenständen ihrer Versuche gegraut habe"!

Controlversuchen, dass „die eigenthümliche Elektricität des menschlichen Körpers ganz unabhängig von dem Reiben der Kleider an der Oberfläche sei“ (s. unten).

Selbstverständlich würden solche Beobachtungen eine viel grössere wissenschaftliche Bedeutung erlangen, wenn alle Nebenquellen für die Entstehung von Elektricität (wie z. B. das Reiben der Kleider an der Haut) streng ausgeschlossen wären, d. h. wenn man die physiologischen Processe des Körpers als solche Quelle ansprechen müsste. NASSE jun. giebt eine mechanische Ursache (Reibung) der Elektricitätsentwickelung in den erwähnten Versuchen zu.

E. DU BOIS-REYMOND (a. a. O., S. 17 u. folg.) führt die Beschreibungen einiger Fälle an, wo eine bedeutende „freiwillige Elektricitätsentwickelung am menschlichen Körper“ beobachtet wurde. Ein Fall ist von OSERETZKOWSKY als *„exemplum Electricitatis praeternaturalis“* (1779) auf Grund von Erzählungen glaubwürdiger Herren aus Sibirien beschrieben worden. Es handelt sich um einen gewissen M. PUSCHKIN in Tobolsk (1775), der befähigt war, elektrische Entladungen (Funken, Schläge) auf Personen, die ihn berührten, zu übertragen; dies geschah nur im Winter, es war auch erforderlich, dass PUSCHKIN auf einem isolirenden Teppiche stände.[1] Eine ähnliche Erscheinung von Erzeugung elektrischer Funken wurde 1837 in Orford (Nordamerika) bei einer Dame zur Zeit des Nordlichtes beobachtet. Diese elektrogenetische Fähigkeit besass dieselbe während mehrerer Monate. Höhere Temperaturen begünstigten die Elektrogenese; niedere beeinträchtigten dieselbe bedeutend. Bei günstigen Bedingungen erreichten die Funken eine Länge von 1,5″! Das war eine kränkliche, nervöse Person, im Zustande der Elektrogenese litt sie an Rheumatismus und Neuralgie; ihre ungewöhnliche Fähigkeit verursachte ihr „unerträgliche Belästigung“, da sie immer stechende Schmerzen in der Haut empfand, wenn sie in Berührung mit metallischen Gegenständen kam; es ist interessant, dass sich ihr Gesundheitszustand bedeutend besserte, wenn die Elektrogenese verschwand.

---

[1] Ueber diesen Fall, sowie auch über „spontane“ Elektricitätsentwickelung beim Menschen s. BERTHOLON, De l'électricité du corps humain, 1786, 1. Theil., S. 117 u. folg., bei Thieren S. 157 u. folg. — Siehe auch PROCHASKA, Physiologie, Wien 1820, S. 33 u. folg.; C. H. PFAFF, Deutsches Archiv für Physiologie (herausgeg. von J. F. MECKEL), 1817, Bd. III, S. 162.

In der Pariser *Société de Biologie* theilte D'ARSONVAL am 11. Februar 1888 seine Meinung mit betreffend eines Falles von Entstehung elektrischer Ladung beim Menschen. Die betreffende neuropathische Person gab eine elektrische Entladung bis 1200 Volt; diese war auf beiden Körperseiten verschieden; manche Sinnesempfindungen (blaues Glas, Aethergeruch) beeinflussten das Potential der Ladung. Nach D'ARSONVAL war die Elektrogenese bei dieser Person nicht organischer Herkunft, sondern sie war von äusseren Bedingungen abhängig, und zwar von der Reibung der Kleidung an der trockenen Haut; sie war rein physikalischer Herkunft; die Veränderung *„de la sécretion cutanée"* unter dem Einflusse sinnlicher Empfindungen wirkte entsprechend auf die Vertheilung der elektrischen Ladung im Körper; in Folge seines schwachen Leitungsvermögens wurde die Ladung in ihm zurückgehalten. Ein hohes Potential der erzeugten Elektricität organischer Herkunft ist nur mit Hülfe eines speciell eingerichteten Organs möglich, wie dies bei gewissen Fischen der Fall ist. D'ARSONVAL führte viele Potentialbestimmungen auf der Hautoberfläche des Menschen aus und fand dasselbe nie höher als 1 Volt! — Diese Ansicht wurde von ihm geäussert bei Anlass einer Mittheilung von CH. FÉRÉ in derselben Gesellschaft (am 14. Januar 1888) in Betreff derselben neuropathischen Person (Frau), die auf Distanz Papierstückchen, Bändchen u. s. w. anzuziehen vermochte. Bei einer Emotion steigerte sich die Elektrisirung. CH. FÉRÉ nahm deshalb an, dass der Körper dieser Person *„produit de l'électricité"*. Von derselben Mittheilung veranlasst hielt R. VIGOUROUX daselbst einen Vortrag „Ueber die Elektricität des menschlichen Körpers" (am 11. Februar 1888). Seiner Meinung nach kommt der grösste Theil der Elektrisirung in Folge der Reibung der Kleidung an der trockenen Haut zu Stande. Seine eigenen Versuche, die den Zweck hatten, das Auftreten einer anderweitigen Elektrogenese im menschlichen Körper zu verfolgen, die nicht äusserer Herkunft wäre, d. h. das Auftreten einer elektrostatischen Ladung aus physiologischen Gründen, ergaben ein negatives Resultat.[1]

[1] Die Mittheilungen der genannten französischen Autoren finden sich in den „Compt. rend. hebdom. de la Société de Biologie" vom Jahrgange 1888 (Bd. V). Daselbst sind auch Hinweisungen auf einige ältere Quellen in Betreff derselben Frage angeführt: PETETIN (de Lyon), Traité d'électricité animale, 1828; COUDRET misst in einem ebenso betitelten Buche (1834) der Elektri-

In der neueren Literatur konnte ich eine glaubenswerthe Beschreibung eines Falles von Entwickelung elektrischer Spannung bei einem Pferde auffinden, die deshalb bis zu einem gewissen Grade die oben angeführten Beschreibungen beim Menschen indirect bestätigt. E. Detmer[1] beobachtete beim Streichen mit der Hand den Rücken eines Füllens ein Gezisch, das beim energischeren Bestreichen stärker wurde und eigenthümliche Empfindungen in den Fingerspitzen verursachte; im Dunkeln machten sich dabei Lichterscheinungen bemerkbar, die elektrischen Funken ähnlich waren. Einen ähnlichen Zustand beobachtete Detmer in derselben Gegend bei einem anderen Füllen; das eine litt an einem Magen-Darmcatarrh, und die Elektrogenese verschwand bei ihm allmählich mit dem Genesen; das andere war vollständig gesund; bei diesem wurde die beschriebene Erscheinung nur während 10 Tage beobachtet. Ein wesentlicher Unterschied zwischen diesen Fällen und den obengenannten beim Menschen besteht darin, dass, der Beschreibung nach, in den ersteren ausser den Erscheinungen beim Bestreichen mit der Hand, offenbar keine anderen Aeusserungen der Elektrisirung von Detmer beobachtet wurden. Jedenfalls aber bietet seine Mittheilung zweifellos Interesse im oben angedeuteten Sinne dar.[2]

Es war schon seit lange bekannt, dass unter dem Einflusse von Reiben, Streichen Haare (und Federn) elektrische Eigenschaften erhalten. Diese Frage wurde neulich von S. Exner sorgfältig studirt; er zeigte, dass diese Horngebilde bei rein mechanischen Bedingungen ziemlich bedeutende elektrische Ladungen erhalten können. Es ist von Interesse, dass diese Bedingungen denjenigen entsprechen, welche auch im gewöhnlichen Thierleben stattfinden. Die Federn der Vögel, besonders die Schwungfedern, werden beim Schwingen in der Luft

---

sirung der Haut eine ungemein grosse therapeutische Bedeutung bei; s. auch Meissner in der Zeitschrift für rationelle Medicin, 1861; Klemm in der Deutschen Klinik, 1873; S. Th. Stein im Centralblatt für Nervenheilkunde, 1880, Nr. 3 u. A.

[1] Ed. Detmer, Vorübergehende elektrische Erscheinungen bei Pferden. Berliner thierärztliche Wochenschrift, 1896, Nr. 26, S. 306. Die Mittheilung ist leider sehr kurz gefasst.

[2] Die ältere Literatur über „Elektricitäts-Strömungen" bei Thieren (ausser den elektrischen Fischen) ist von Valentin im Wagner'schen Handwörterbuch der Physiologie angeführt worden, 1842, Bd. I, S. 310.

mit positiver Elektricität geladen. Reibt man die Pflaum- an den Deck- oder Schwungfedern, so werden die ersteren mit negativer, die letzteren mit positiver Elektricität geladen. Zwei Schwungfedern in ihrer natürlichen Lage an einander gerieben werden auch zur Erzeugungsquelle von Elektricität. Diesen Thatsachen darf eine biologische Bedeutung nicht abgesprochen werden, sowie auch der Thatsache, dass eine Schwungfeder, wenn sie durch einen Vogelschnabel gezogen wird, mit positiver Elektricität geladen wird.[1]

Die angeführten Thatsachen gestatten also u. a. bis zu einem gewissen Grade anzuerkennen, dass im Körper des Menschen und der Thiere, die kein specielles elektrisches Organ besitzen, eine Erzeugung freier Elektricität offenbar stattfinden kann, welch letztere bei gewissen Bedingungen eine ziemlich bedeutende Spannung erlangen kann. Bei der Beurtheilung solcher Beobachtungen muss berücksichtigt werden, dass der menschliche Körper, nach einigen Forschern, die Fähigkeit besitzt, Elektricität bis auf ein sehr hohes Potential in sich anzuhäufen; so werden die bei der Franklinisation aus der isolirten Versuchsperson gezogenen Funken von einem lauteren und schärferen Geräusche begleitet; auch folgen die Funken nicht so rasch nacheinander, als das bei den Funken der Elektrisirmaschine der Fall ist; ferner war die nicht isolirte Person in den Versuchen von Tesla so stark geladen, dass sie mit ihrem Finger einen Gasbrenner anzuzünden vermochte![2] Hoorweg vergleicht den menschlichen Körper mit einem Seekabel, welches — einem Condensator analog — eine ziemlich grosse elektrische Capacität besitzt, zu gleicher Zeit aber als Stromleiter dient.[3] Wir haben in diesem Falle eine Vereinigung

[1] S. Exner, Ueber die elektrischen Eigenschaften von Haaren und Federn. Pflüger's Archiv f. Physiologie, 1895, Bd. LXI, S. 427 und Bd. LXIII, S. 305.

[2] J. L. Hoorweg, Ueber eine neue Methode der elektrodiagnostischen Untersuchung, Deutsch. Archiv f. klin. Medicin, 1894, Bd. LII, S. 541; s. auch Pflüger's Archiv f. Physiologie, 1900, Bd. LXXXIII, S. 90.

[3] Setzen wir die elektrische Capacität des menschlichen Körpers gleich 0,001 Mikrofarad (nach H. Bordier 0,0025 Mikrofarad, s. sein Précis d'électrothérapie, 1897, S. 369), so genügt zur Herstellung des Potentials ihrer Ladung, von 100 Volt z. B., eine Elektricitätsmenge von bloss 0,1 Mikrocoulomb. Die elektrostatischen Ladungen des Körpers erfordern also — sogar bei relativ hohem Potentiale — eine minimale Elektricitätsmenge, obgleich die elektrische Capacität des menschlichen Körpers nach Bordier beinahe um 58 mal grösser

zweier Eigenschaften, die für das Zustandekommen von zweierlei Erscheinungen, elektrostatischen und elektrodynamischen grundlegend und unentbehrlich sind. Berücksichtigt man den Umstand, dass bei gewissen Bedingungen ein elektrischer Strom von Anhäufung freier Elektricität begleitet werden kann und dass die Spannung der letzteren dabei einen relativ hohen Grad erlangen kann, so wird man begreifen, dass eine so complicirte Einwirkung eine nicht unbedeutende physiologische und elektrotherapeutische Bedeutung haben kann. Die ungemein grossen elektrischen Ladungen, die in den elektrischen Organen gewisser Fische angehäuft werden, sprechen zweifellos für eine condensatorische Fähigkeit thierischer Gewebe von bestimmter Organisation bei verschiedenartigen Eigenschaften ihrer Componenten in Bezug auf Elektrogenese und auf Leitungsvermögen.

Obgleich in dieser Richtung nach sehr wenige physiologische Versuche existiren, so ist doch das Interesse der berührten Frage augenscheinlich; der Einfluss der statischen Elektricität auf die Eigenschaften und Processe der lebenden Organe ist noch äusserst wenig erforscht; es ist sehr wahrscheinlich, dass die zukünftigen Untersuchungen das Interesse des Problems auch für die allgemeine Biologie und Hygiene klar stellen werden.[1]

Die verschieden- und eigenartigen Erscheinungsformen der elektrischen Kraft und die Bedingungen ihrer Entstehung richteten schon seit lange die Aufmerksamkeit der Biologen auf sich. Die verschiedenen Forscher begnügten sich nicht mit Versuchen über die

ist als die eines homogenen Leiters, dessen Oberfläche der Körperoberfläche gleich ist. — Nach den genauen Bestimmungen von de Metz beträgt die elektrische Capacität des menschlichen Körpers bloss 0,000 123 Mikrofarad. Demnach wäre also eine specifische condensirende Fähigkeit des Körpers kaum anzunehmen.

[1] Es möge bei Gelegenheit erwähnt werden, dass eine elektrische Zersetzung (einer Mischung von Schwefelsäure und Wasser) auch unter der Einwirkung von elektrostatischer Induction (Influenz) beobachtet wird. S. Ostwald und Nernst, Zeitschrift für physikalische Chemie, Bd. III, S. 120. — Ueber chemische Processe im oscillirenden elektrischen Felde s. z. B. A. de Hemptine in der Zeitschrift für physikalische Chemie, 1897, Bd. XXII, S. 358; (s. z. B. Ueber die Zersetzung der Oxalsäure unter der Wirkung der elektrischen Schwingungen, a. a. O., S. 372).

Wirkung der Elektricität auf Lebewesen, ebensowenig mit theoretischen Auseinandersetzungen in dieser Richtung; sie gingen viel weiter, indem sie die Fragen vom Verhalten dieser Kraft zum Leben selbst, zum physikalischen Substrate oder sogar zum Wesen desselben auf's Tapet brachten.

Die Neigung zu Hypothesen, zu Verallgemeinerungen verleitete in dieser Richtung viel weiter zu gehen, als dies die wissenschaftlich festgestellten Thatsachen gestatteten. So identificirte CHR. AUG. HAUSEN (1693—1743) „das nervöse Princip" („*spiritus animalis*" des Nervensystems, nach der Terminologie der alten Physiologen) mit der Elektricität.[1] In demselben Sinne sprach sich auch DE SAUVAGES (1748) aus, der die Identität des „*fluide nerveux*" mit der „*matière électrique*" anerkannte, sowie auch solche Forscher, wie J. W. RITTER, G. PROCHASKA, ALEX. VON HUMBOLDT, CABANIS, THOMAS JUNG, ROLANDO u. A. PROCHASKA hielt es sogar für möglich anzunehmen, dass nicht nur das „Nervenfluidum", sondern auch die „Vitalität" überhaupt bloss eine Erscheinungsform der elektrischen Kraft wäre.

In dem Maasse, als die physikalische Lehre von der Elektricität sich entwickelt hatte, um so mehr gewann die Hypothese von der Identificirung der „Nervenkraft" mit der Elektricität an Wahrscheinlichkeit. Zu Gunsten dieser Hypothese sprachen sich auch G. TH. FECHNER (1829) und M. FARADAY (1839) aus. DAVID (1830) glaubte experimentell nachgewiesen zu haben, dass das Gehirn einen Elektricität erregenden Apparat darstellt, während das Rückenmark und die Nerven einfache Leiter sind. Viele Anhänger dieser Theorie beriefen sich auf ie „Thatsache", dass innerhalb des lebenden Körpers, an verschiedenen Theilen desselben elektrische Ströme kreisen, die nach dem Tode verschwinden. Die ausserordentliche Empfindlichkeit der lebenden Nerven für elektrische Reizungen einerseits und die Entstehung elektromotorischer Erscheinungen im lebenden Körper andererseits galten also als hinreichende Beweise für die Richtigkeit der Identitätshypothese, gegen welche JOH. MÜLLER, LONGET u. A. Einwände erhoben haben.

SCHÖNBEIN (1841) glaubte, dass die Elektricität in den Thier-

[1] E. DU BOIS-REYMOND, a. a. O., Bd. II, S. 210 u. folg. Die Geschichte der theoretischen Anschauungen von HAUSEN bis auf MATTEUCCI ist da ausführlich auseinandergesetzt.

organen in einer „VOLTA'schen" Form sich äussere und dass die Molekularströme (nach Art der AMPÈRE'schen im Magneten) nach allen Richtungen hin kreisen; lässt man aber einen Magneten auf ein Thier einwirken, so sollte man glauben, dass alle diese Molekularströme sich in ein und derselben Richtung einstellen würden und dass dann das Thier, so zu sagen, selbst zum Magneten würde. Allein die angestellten Versuche haben diese theoretische Schlussfolgerung nicht bestätigt. Schon MESMER glaubte, dass ein in der Meridianebene liegender Mensch selbst zum Magneten werde; dies wurde aber durch directe Beobachtungen widerlegt.[1]

MATTEUCCI glaubte, dass *„entre le courant électrique et la force inconnue du Système nerveux"* eine analoge Beziehung bestehe wie zwischen Licht und Wärme.

PREVOST und DUMAS stellten eine Hypothese auf, wonach die Muskelcontraction das Resultat eines besonderen in centrifugaler Richtung durch die motorischen Nerven strömenden elektrischen Stromes wäre. Diese Anschauung stimmt überein mit einigen neueren Ansichten über die Bedeutung der „negativen Schwankung" des Nervenstromes, bezw. des „Actionsstromes" für die Entstehung der Erregungswelle in der contractilen Muskelsubstanz.

Demselben Zeitraume der ersten Hälfte des vergangenen Jahrhunderts oder richtiger, bis zum Erscheinen des berühmten, oben citirten Werkes von E. DU BOIS-REYMOND über die thierische Elektricität (1848), gehören auch die Bestrebungen an, die zu beweisen suchten, dass man lebende Organe magnetisiren könne. So führte HEIDENREICH an, dass eine Drahtspirale (ein Solenoid), in der ein galvanischer Strom kreist, auf einen frei hängenden Magneten viel stärker einwirkt, wenn innerhalb der Spirale ein Arm sich befindet, als ohne den Arm.[2] Daraus zog HEIDENREICH den Schluss, dass lebende Thierorgane einer „Elektromagnetisirung" fähig sind. E. DU BOIS-REYMOND behauptet aber, während er diese Untersuchung an-

---

[1] VALENTIN, Elektricität der Thiere; R. WAGNER's Handwörterbuch der Physiologie, 1892, Bd. I, S. 298.

[2] F. W. HEIDENREICH, Die physiologische Induction, 1846, S. 11—17. — Seine erste Mittheilung erschien unter dem Titel: „Inductionsmagnetismus am menschlichen Körper nachgewiesen", im Correspondenzblatt für bayr. Aerzte, 1841, Nr. 50.

führt, dass Controlversuche ein negatives Resultat ergeben haben.[1] Berücksichtigt man jedoch, dass der Arm (die Muskeln) diamagnetische Eigenschaften besitzt, so wäre schon *a priori* anzunehmen, dass im magnetischen Felde beim Durchströmen eines Stromes von hoher Spannung durch die Spirale im Arme, bei gewissen Bedingungen, FOUCAULT'sche Ströme inducirt werden können, die ihrerseits auf das Hervortreten diamagnetischer Eigenschaften, bezw. auf die magnetische Nadel vielleicht einen Einfluss haben könnten. Jedenfalls ist das ein rein physikalisches Problem, das mit der alten Frage vom Zusammenhange zwischen „Vitalität" und Magnetismus nicht zu identificiren wäre.

Die älteren betreffenden Beobachtungen, die offenbar diese Frage im positiven Sinne entschieden, dürfen wohl wegen ihrer naiven, wenig kritischen Ausführung mit Recht angezweifelt werden. So behaupteten z. B. THILORIER und LAFONTAINE (1844), dass, wenn sie beide Enden der Leitdrähte des Multiplicators ergriffen, sie bloss durch eine Willensanstrengung die Nadel desselben nach dieser oder jener Richtung abzulenken im Stande waren! Eine Eisenmasse wurde durch einen gleichen Willensimpuls magnetisch, wenn sie dem *Scrobiculum cordis* auflag![2] Hierher gehören auch die positiven Resultate der Versuche von PRÉVOST, VAVASSEUR und BERANDI über die Magnetisirung einer Nadel, die in einen Nerven oder Muskel eines lebenden Thieres eingestochen wurde; das hervorragende Ende der Nadel, welches unter dem Einflusse der neuro- bezw. myoelektrischen Ströme magnetisch wurde, soll Eisenfeile angezogen haben. Diese positiven Resultate sind jedoch bald darauf durch die Controlversuch von PELTIER und VALENTIN widerlegt worden (VALENTIN, a. a. O., S. 302).[3]

Obgleich die Zahl der genauen elektrophysiologischen Thatsachen vor dem Erscheinen der E. DU BOIS-REYMOND'schen „Untersuchungen" noch dürftig war, obgleich ein directer Beweis für die Anwesenheit elektrischer Ströme im Nerven sogar in den Versuchen von MATTEUCCI selbst nicht vorlag, so waren doch die Nervenströme allgemein an-

[1] Fortschritte der Physik im Jahre 1847, Berlin 1850, S. 448.

[2] E. DU BOIS-REYMOND, a. a. O., Bd. II, S. 240.

[3] Ueber die Magnetisirung des Eisens unter dem Einflusse der contrahirten Muskeln s. auch ED. WEBER, Quaestiones physiologicae de phaenomen. galvano-magneticis in corpore humano observat. Lipsiae 1836 (HEIDENREICH, a. a. O., S. 94).

erkannt, man behandelte sie als etwas ganz Sicheres. Es wurden verschiedenerlei aprioristische Gründe angeführt; das meiste Interesse bieten aber diejenigen Beweise zu Gunsten der Existenz „vitalelektrischer Ströme“ in den Nerven, Muskeln und anderen Organen, welche physiologisch-chemische Erwägungen zum Ausgangspunkt hatten (VALENTIN). Die Frage aber von der Identität dieser Ströme mit dem „Nervenagenz“ findet bei diesem Autor keine directe Beantwortung;[1] es sei möglich, dass die Nervenkraft sich zur Elektricität ebenso verhalte, wie Wärme und Magnetismus; es wird jedoch der Möglichkeit, dass „in dem Nervenagenz Elektricität thätig sei“, nicht ausgeschlossen (a. a. O., S. 296); in beiden Fällen aber müsse die Anwesenheit „neuroelektrischer Ströme“ anerkannt werden. Das „Nervenfluidum“ an sich könne wahrscheinlich elektrische Ströme erzeugen und umgekehrt: die Elektricität, wofür die Nerven so empfindlich sind, könne das Strömen des „Nervenfluidums“ hervorrufen. Es gebe aber noch kein sicheres Mittel, „die Neuromuscularströmungen oder die in dem Nerven sich fortpflanzenden Wellen des Nervenfluidums in elektrische und diese in magnetische umzuwandeln“ (a. a. O., S. 307).

Alle diese Bestrebungen, „die Nervenkraft“ mit der Elektricität zu identificiren oder sie in nahe Beziehung zu bringen, erlangten, wie es scheint, eine faktische Grundlage seit der Entdeckung des Nervenstromes und seiner negativen Schwankung während der Thätigkeit durch E. DU BOIS-REYMOND. Durch diese Thatsachen wurde zwischen dem lebenden Zustande des Nerven und seinen elektrischen Eigenschaften ein sicherer Zusammenhang festgestellt. Sehr wahrscheinlich schwebte die Idee der Identität der „Nervenkraft“ und der elektromotorischen Erscheinungen E. DU BOIS-REYMOND schon am Anfange seiner epochemachenden Untersuchungen vor. Im Vorworte zu seinen „Untersuchungen“ (S. XV) sagt er selbst: „Es ist mir, wenn mich nicht alles täuscht, gelungen, jenen hundertjährigen Traum der Physiker und Physiologen von der Einerleiheit des Nervenwesens und der Elektricität, wenn auch in etwas abgeänderter Gestalt, zu lebensvoller Wirklichkeit zu erwecken.“ Von nun an war es so leicht, vom verlockenden Problem des „Lebensprincips“, der

[1] VALENTIN, a. a. O., S. 308 führt eigenthümliche teleologische Argumente an gegen die Identität von Nervenfluidum und Elektricität.

„Lebenskraft“ sich hinreissen zu lassen. Allein der Geist E. du Bois-Reymond's war nicht so beschaffen. Den streng wissenschaftlichen, experimentellen Weg befolgend liess er die naturphilosophischen Fragen vom Wesen des Lebens vollständig bei Seite und blieb gänzlich auf dem Boden objektiven Wissens, das sich ausschliesslich auf die Ergebnisse des Experimentes und der Beobachtung stützt. Durch sein berühmtes Vorwort zu den „Untersuchungen“ versetzte E. du Bois-Reymond der Lehre der Vitalisten einen schweren Schlag. Seine elektrodynamische Theorie der Nervenströme war die logische Schlussfolgerung aus den experimentellen Thatsachen, und noch bis jetzt, nach 50 Jahren, behält sie ihr wissenschaftliches Interesse für jede folgende Neuromoleculartheorie, welche die elektromotorischen Kräfte der Nerventheilchen berücksichtigen soll.

In der allerletzten Zeit machte sich eine interessante Bestrebung geltend, die physiologischen Processe der Nervenerregung und Nervenleitung auf die Aeusserung elektrischer Kräfte zurückzuführen. Diese theoretischen Anschauungen („extrem physikalische“ nach der Bezeichnung von W. Biedermann) gehören H. Boruttau und J. H. Hoorweg an.[1]

Der lebende Nerv wird in gewissem Sinne mit einem künstlichen Modell, dem sog. „Kernleitermodell“ verglichen, an welchem man verschiedene elektrische Erscheinungen zeigen kann, die vollständig analog sind den natürlichen oder künstlich hervorgebrachten elektro-physiologischen Processen in der lebenden Nervenfaser: den ruhenden „Nervenstrom“, das Auftreten von phasischen Actionsströmen sogar auf einen einzelnen Inductionsschlag, die positiven und negativen Veränderungen derselben unter dem Einflusse des Elektrotonus, die wellenförmige Ausbreitung der Polarisationsströme u. s. w. Dieses künstliche Modell giebt „ohne Ausnahme alle elektrische Erscheinungen,

---

[1] H. Boruttau, Pflüger's Archiv für Physiologie, 1896, Bd. LXIII, S. 145 und 1899, Bd. LXXVI, S. 626 (s. noch L'Intermédiaire des Biologistes, 1898, Nr. 7, S. 146). — J. H. Hoorweg, *ibidem*, 1898, Bd. LXXI, S. 128.

Kritische Bemerkungen gegen die Schlüsse von Boruttau s. N. Cybulski, Anzeiger der Akademie der Wissensch. in Krakau, Juli und December 1897, S. 232 u. 393, und Centralbl. für Physiol. 1898, Bd. XII, Nr. 17; s. auch W. Biedermann, Elektrophysiologie, Bd. II, S. 657. — L. Hermann, Pflüger's Archiv für Physiologie, 1901, Bd. LXXXIII, S. 360.

die am lebenden Nerven beobachtet werden“ (J. H. Hoorweg) wieder. Die Analogie bezieht sich sogar auf den Einfluss der „mechanischen Reizung“.

Es genügte also, die Polarisirbarkeit der äusseren Oberfläche des „Kernleitermodells“, an der Grenze desselben mit der Hülle, an zuerkennen, um damit, für gewisse Bedingungen, anzunehmen, es wäre möglich, den Process der Leitung der Nervenerregung und zwar jene negative elektrische Welle, die mit dem genannten Processe im genetischen Zusammenhange steht, am Modell zu reproduciren.

Nach J. H. Hoorweg „tritt bei jeder Nervenreizung eine sehr complicirte Elektricitätsbewegung auf, die sich wie eine Welle (Pseudowelle nach Cremer) von der Reizstelle bis zum Muskel oder Centralorgan fortpflanzt und erst dort eine Erregung auslöst; denn im Nerven selbst giebt es gar keine Erregung; der Nerv erfüllt nur die Rolle eines Leiters“.[1]

Nach Nernst liegt die Ionenwanderung, die Veränderung der Concentration also, allen physiologischen Processen zu Grunde, welche in den organisirten Geweben, als in Leitern vollständig elektrolytischer Natur, durch elektrische Einwirkungen hervorgerufen werden. Die Concentrationsveränderungen müssen da stattfinden, wo der Ausgleich durch Diffusion erschwert ist und zwar an verschiedenartigen halbdurchlässigen Membranen. Hier wäre der Ort des elektrischen Reizes zu suchen. Vom physikalischen Standpunkte aus leistet der galvanische Strom (ausser der Joule'schen Wärme) nichts anderes, als Ionenübertragung; diese Wanderung der Kat- und Anionen ist nun auch dasjenige, was man als Leitung des elektrischen Stromes bezeichnet.[2] Nimmt man nun an, dass diese sich bewegenden Ionen eine gewisse Trägheit besitzen, so wird daraus die Möglichkeit der wellenförmigen Ausbreitung der elektromotorischen Kraft von einer gegebenen Stelle aus — „also eines Actionsstromes“ — als nothwendiger Schluss folgen (Boruttau). Durch diese hypothetische Annahme glaubt nun dieser Autor, indem er sich auf die Ergebnisse der Elektrochemie und auf die Resultate seiner Versuche mit dem „Kernleitermodell“ stützt, die Ausbreitung der elektronegativen Er-

---

[1] J. H. Hoorweg, Pflüger's Archiv f. Physiologie, Bd. LXXXV, S. 109, 116.

[2] Göttinger Nachrichten, 1899, S. 104. — Gegen diese Anschauung trat mit Recht Einthoven auf (Pflüger's Archiv f. Physiol., Bd. LXXXII, S. 131).

regungswelle erklären zu können, was bisher für viele Theorien Schwierigkeiten darbot. Der Nerv stellt einen einfachen Kernleiter, einen rein physikalischen Apparat dar; seine functionelle Thätigkeit wird von einem minimalen Energieverbrauche begleitet.

Das Angeführte wäre, glaube ich, genügend, um die Zähigkeit bezw. Lebensfähigkeit des alten Gedankens von der elektrischen Grundlage der Nervenerscheinungen zu zeigen. Vor anderthalb Jahrhunderten ausgesprochen, erhielt offenbar dieser Gedanke einen überzeugenden Beweis durch die Entdeckung der „thierischen Elektricität“ von GALVANI, dann durch die Untersuchungen von MATTEUCCI, durch die Entdeckung der elektromotorischen Erscheinungen der ruhenden und thätigen Nerven von E. DU BOIS-REYMOND; endlich bringen die oben erwähnten Untersuchungen und theoretischen Betrachtungen von BORUTTAU und HOORWEG die Leitung der Nervenerregung wieder in nahe Beziehung zu den elektrischen Processen, die an todten, künstlichen Modellen beobachtet werden können.

Aber in der Elektrophysiologie der Nervenfaser bezw. des Neurons kann eine gewisse Einseitigkeit nicht unbemerkt bleiben: in allen Abschnitten der Elektrophysiologie, besonders aber in der Lehre von den elektromotorischen Erscheinungen im Nerven ist fast ausschliesslich von Strömen, vom dynamischen Zustande der Elektricität die Rede, die Frage von der Elektrostatik des Neurons wird ignorirt. In dieser Beziehung, glaube ich, würde zulässig sein, hier einige Fragen zu stellen: Will man in der (motorischen) Nervenzelle das Vorhandensein von Bedingungen annehmen, die eine elektrostatische Ladung der Zelle hervorbringen, so entsteht die Frage, ob nicht diese Ladung, bei ausreichendem Potentiale — im Sinne eines verzögernden Factors — für die Fortleitung der intermittirenden Nervenerregung aus der Zelle durch den Axencylinder von wesentlicher Bedeutung wäre? Ob nicht die Nervenfaser in dieser Beziehung eine gewisse Analogie mit einem Seekabel darstelle?[1] Ob wir nicht in

---

[1] J. L. HOORWEG vergleicht den menschlichen Körper, indem er auf die condensirende Fähigkeit desselben aufmerksam macht, mit einem Seekabel, welches eine bedeutende elektrische Capacität besitzt und zu gleicher Zeit den Strom leitet (Recherches sur l'excitation électrique des Nerfs, Archives TEYLER, Série II, T. VI, p. 4, Haarlem 1899, Separatabdruck, S. 43). Nach der Entdeckung der „Neurofibrillen“ (APATHY) wird die Analogie des Nerven mit einem Kabel noch grösser. Die Rolle der Nerven beschränkt sich auf

der elektrostatischen Ladung — wenn wir die Nervenfaser als einen „Kernleiter“ innerhalb einer Scheide betrachten — diejenige Bedingung suchen dürfen, die die Fortpflanzung des Actionsstromes, bezw. der Nervenerregung verzögert?

Berücksichtigt man, wie mannigfach die mechanischen, physikalischen und chemischen Bedingungen sind, bei denen die Entstehung freier Elektricität und elektrischer Ströme überhaupt stattfindet, beachtet man ferner die Anwesenheit solcher Bedingungen im lebenden Thierkörper: mechanische Bewegung knöcherner und muskulöser Massen, Zug, Reibung bis auf die complicirte chemische Wechselwirkung zwischen Zellprotoplasma und Zellkern und dem zufliessenden Blute, so wird man begreifen, warum wir berechtigt sind, die Existenz verschiedenartiger elektrischer Processe im lebenden Körper schon *a priori* anzunehmen.[1] Die physiologischen Zustände der Ruhe und der Thätigkeit der Organe und die äusseren physikalischen Einwirkungen geben zweifellos neue bestimmende Momente ab für die Entstehung, Localisation und den Ablauf der elektrischen Processe. Diese letzteren üben ihrerseits einen bedeutenden Einfluss aus auf solche Erscheinungen und Eigenschaften, wie Diffusion, Capillarität, Spaltung complicirter Verbindungen, Oberflächenspannung, osmo-

die Leitung eines elektrischen Processes; sie sind einem Telegraphendraht vollständig analog; ihre physiologische Function lässt sich auf (dynamische) Elektricitätserscheinungen zurückführen (a. a. O., S. 67).

Ch. Richet glaubt, dass *„l'hypothèse que la vibration nerveuse est un phénomène électrique est donc assez satisfaisante surtout si l'on admet que ce phénomène ressemble aux actions électrolytiques“*, es sind aber dabei *„certaines proprietés speciales“* möglich. Revue scientif., 1899, Nr. 26 (23. XII); s. auch E. Solvay, „Du rôle de l'électricité dans les phénomènes de la vie animale“, Bruxelles, 1894 und Compt. rend. T. CXXIII, p. 128. — Jul. Althaus (Ueber die elektrische Arbeit des Neurons) in The Edinburgh medical Journal, 1898, p. 570.

Es ist von Interesse, die Anschauungen von Boruttau und Hoorweg, welche die Theorie der Nerventhätigkeit so sehr vereinfachen, mit der neueren Anschauung von Ew. Hering zu vergleichen. Letzterer glaubt nämlich eine qualitative Verschiedenartigkeit der functionellen Thätigkeit der Nerven annehmen zu dürfen (Zur Theorie der Nerventhätigkeit, Leipzig, 1899, S. 17 u. a.).

[1] Ueber „Bioelektrogenese“ in den Pflanzen und über die Bedeutung der Fermente für die Elektrogenese s. Raph. Dubois in den Compt. rend. de la Soc. de Biologie, 1899, Nr. 36, p. 924 und Journal de physiologie et de path. gén., 1900, p. 6, sowie auch die Mittheilungen anderer Autoren.

tischer Druck, Erregbarkeit u. a. Die Leitung elektrischer Ströme, welche — nach den neueren Ansichten — mit einer Elektrolyse, bezw. mit einer Ionenwanderung so eng verbunden ist, zwingt uns, für gewisse Bedingungen die Anwesenheit von Ionen mit bestimmten elektrischen Ladungen im Protoplasma anzunehmen, daher auch die erhöhte chemische Labilität gewisser Substanzen im lebenden Protoplasma. Bezieht sich nun diese Ionisation hauptsächlich auf die in der wässerigen Flüssigkeit des Protoplasmas gelösten anorganischen Bestandtheile desselben, so ist dies ja eine Schlussfolgerung aus den bis jetzt angestellten Versuchen über „todte“ Verbindungen. Wir kennen die moleculare Organisation der Hauptcomponenten des „lebenden“ Protoplasmas nicht, ebenso wenig die Unterschiede desselben vom „todten“. Liegt vielleicht in der Ionisation dieser Verbindungen *in vivo* einer der wesentlichen Unterschiede zwischen beiden Zuständen? Da das lebende Protoplasma für die Einwirkung der Elektricität so empfindlich ist, so weist vielleicht diese Reaction hin auf das Vorhandensein organischer Elektrolyte im Zustande der Ionisation im Protoplasma?[1] Die lebende Materie erscheint als elektrisch activ in dem Sinne, dass ein minimaler elektrischer Impuls von aussen her schon ausreicht, um die potentiellen elektrischen Kräfte dieser Substanz in kinetische Energie überzuführen. Daraus folgt aber keineswegs, dass im lebenden Protoplasma, dank der Ladungen der Ionen auf ein relativ hohes Potential, eine Anhäufung grosser Energiemengen in Form von Elektricität stattfände. Eine solche Ionisation dürfte jedoch — nach den neueren Ansichten — am wenigsten bezogen werden auf die complicirtesten organischen Bestandtheile des Protoplasmas an sich, welche als „Träger des Lebens“ *par excellence* erscheinen (Eiweisskörper). Andererseits aber wäre es möglich anzunehmen, dass — da die organischen Molecüle mit den Ionen der elektrisch dissociirten Salze Verbindungen eingehen können — die ersteren dabei in elektromotorischer Beziehung nicht ganz indifferent bleiben, und dass ihre chemische Labilität dadurch erhöht wird.[2]

---

[1] Bekanntlich hat W. Löb die galvanischen Elemente aus organischen Substanzen construirt (1896).

[2] Ueber die Bedeutung der Ionen für den physikalischen Zustand der Eiweisskörper s. die Abhandlung von W. Pauli (Pflüger's Archiv f. Physiologie, 1899, Bd. LXXVIII, S. 315).

Um solchen physikalischen Eigenschaften und Processen eine physiologische Bedeutung beizumessen, braucht man durchaus nicht anzunehmen, dass im lebenden Körper *in situ* die elektrischen Erscheinungen — in quantitativer und topographischer Beziehung — in grossem Maassstabe vor sich gehen, d. h. dass diese Ströme von grosser Stärke seien und dass sie grössere Körperbezirke passiren. Vielmehr müssen wir — das Cellularprincip im Auge behaltend — annehmen, dass die elektrischen Processe — wenn sie auch innerhalb der Grenzen der Mikroelemente oder der noch viel kleineren „Bioblasten“, „Biophoren“ oder anderer „bioplastischer“ Einheiten, wie sie heissen mögen, vor sich gehen — *in summa summarum* eine grosse physikalisch-chemische Arbeit leisten, ungeachtet der winzigen Wirkungssphäre und der äusserst geringen Intensität jedes einzelnen „Mikrostromes“. An die Grenzen einer minimalen Menge lebender Substanz gebunden, können diese „Mikroströme“ nur dann als solche zum Vorschein kommen, wenn eine arithmetische Summirung derselben stattfindet, wenn ihre Summe für die Grenzempfindlichkeit unserer physikalischen Apparate ausreichend wird. Wenn also das empfindlichste Galvanometer das Vorhandensein eines Stromes in einem gegebenen Organe nicht anzeigt, so bedeutet dies noch keineswegs, dass wirklich keine elektrischen Processe vor sich gehen; sie können dabei vorhanden sein, ja sogar ein hohes Potential besitzen; nur ist ihre algebraische Summe für die gegebenen Versuchsbedingungen gleich oder beinahe gleich Null.[1]

Die elektrische Reaction während der Thätigkeit (z. B. der „Actionsstrom“ des Herzens und seine Wirkung auf den N. phrenicus bei den Warmblütern) beweist jedoch deutlich, dass die Potentialdifferenz eine ziemlich bedeutende Grösse erreichen kann. Vom biologischen Gesichtspunkte aus ist es sehr wichtig, dass zwischen dieser physikalischen Differenz und der Differenz des physiologischen Zustandes derselben Nervenfaserelemente eine directe Proportionalität existirt. Die zeitliche und topographische Localisation dieser elektro-

[1] Schon E. du Bois-Reymond äusserte die Meinung, dass die vom Galvanometer beim Ableiten von den Muskeln z. B. angezeigten Ströme nur Zweigströme des „dem thierischen Erreger“ eigenen Stromes darstellen. Neuere Bestimmungen der elektromotorischen Kraft des Demarkationsstromes des Muskels sind von A. Samoiloff ausgeführt worden (Pflüger's Archiv für Physiologie, 1899, Bd. LXXVIII, S. 38).

motorischen Kraft dient, nach den neueren Ansichten, als sicherer Anzeiger für dieselben Verhältnisse des physiologischen Erregungsprocesses.[1]

Das Leben der die Erde bewohnenden Organismen geschieht eigentlich in einem kolossalen elektrischen Felde, dessen physikalische Eigenschaften starken und häufigen Veränderungen unterworfen sind, welche sowohl mit den irdischen Bedingungen, als auch mit dem Einflusse der Gestirne (Sonne, Mond) zusammenhängen. Wenn einerseits die Ergebnisse der Elektrophysiologie und der Elektrochemie uns zwingen, einen sehr engen, genetischen Zusammenhang zwischen den Erscheinungen der elektrischen Kraft und den physiologischen Processen — vom elementaren Chemismus des lebenden Protoplasmas einfachster Structur bis auf die offenbar sehr complicirte Neuronthätigkeit — anzunehmen, so darf andererseits zu gleicher Zeit der Einfluss der atmosphärischen Elektricität überhaupt auf die lebenden Wesen nicht ignorirt werden. Man darf fast mit Sicherheit behaupten, dass ein solcher Einfluss bedingt wird nicht nur einzig und allein durch die physikalisch-chemischen Veränderungen der Luftbestandtheile, die dann den Organismen einverleibt werden, sondern auch auf rein physikalischem Wege geschieht, durch die Einwirkung der atmosphärischen Elektricität als „Reiz" *sensu lato* auf die erregbaren Gewebe und Organe und durch inductive Einwirkung auf die elektrischen Processe und Eigenschaften der Organismen. Die Potentialschwankungen in der Luft, die mit einer ausreichenden Amplitude und Schnelligkeit vor sich gehen, müssen nothwendiger Weise, bei gewissen Bedingungen, eine entsprechende elektrische Reaction auch im lebenden Körper hervorrufen. Bedenkt man, dass unsere Peripherie eine Oberfläche darstellt, die mit ungemein reichlichen und verschiedenartigen sensiblen Organen ausgestattet ist, welche für die Centra als Signalapparate functioniren und nicht nur für das

[1] Interessante Ansichten über diese Frage sind von A. Herzen, Waller, Boruttau u. A. geäussert worden (s. z. B. die Artikel von A. Herzen im Intermédiaire des Biologistes, 1898, S. 242 und Centralbl. für Physiol., 1899, Bd. XIII, Nr. 18 und den Artikel von N. Cybulski und J. Sosnowski, *ibidem*, Nr. 20, sowie auch C. Radzikowski in Pflüger's Archiv für Physiologie. 1901, Bd. LXXXIV, S. 57).

psychische, sondern auch für das materielle Leben so wichtig sind, so wird die Einwirkung der Luftelektricität auf die physiologischen Erscheinungen und Eigenschaften auch da verständlich werden, wo die an der Haut von der Elektricität hervorgerufenen sensiblen Impulse zum Bewusstsein gar nicht gelangen und wo diese wegen ihrer unbedeutenden Intensität momentan eine motorische Reaction nicht veranlassen können. Die lange Dauer eines solchen äusseren Einflusses kann zuletzt von viel bedeutenderen Folgen für das materielle Leben begleitet sein, als dies vielleicht bei einer stärkeren, aber kurz dauernden dynamischen Perturbation desselben äusseren Agens der Fall wäre.

Grosses Interesse in Bezug auf diese Erwägungen bietet der Artikel von Sv. Arrhenius über den Einfluss kosmischer Bedingungen auf physiologische Processe.[1] Die statistischen Daten hinsichtlich der Schwankungen der Luftelektricität, der Nativität, der Menstruation bei Frauen und der epileptischen Anfälle (nach Angaben von A. Sokoloff) bearbeitend, entdeckte Arrhenius ein Zusammentreffen derselben der Periodicität nach (eine Periode von ungefähr 26 Tagen für die genannten Erscheinungen). Noch früher gelang es ihm — in Gemeinschaft mit Ekholm — durch ähnliche Bearbeitungen eine Periodicität der Schwankungen der Luftelektricität (in Form von Gewitter- und Nordlichterscheinungen) von 25,9 Tagen und daher auch eine Abhängigkeit dieser Erscheinungen von den Mondphasen festzustellen. Diese Autoren hielten es auch für möglich und wahrscheinlich, der Luftelektricität eine ungemein grosse Bedeutung für das Leben überhaupt beizumessen.[2]

Die Resultate von Sv. Arrhenius in Betreff der Beziehung der Periodicität mancher physiologischer Erscheinungen und der der Luft-

---

[1] Svante Arrhenius, Die Einwirkung kosmischer Einflüsse auf physiologische Verhältnisse. Skandinav. Archiv für Physiologie, 1898, Bd. VIII, S. 367—416; s. auch B. Friedländer in Engelmann's Archiv für Physiologie, 1899, S. 570.

[2] Vor 100 Jahren stellte Treviranus folgende Fragen auf: Kommt vielleicht zwischen der Erde und dem Monde ein „galvanischer Process“ zu Stande? Uebt vielleicht dieser einen Einfluss aus auf die metereologischen Erscheinungen, auf das Leben der Pflanzen und Thiere, auf die Gesundheit, auf die Entstehung epidemischer Krankheiten? u. s. w. (Gilbert's Annalen, 1801).

elektricität zu einander scheinen diese Annahme zu bestätigen. Dieser Autor hält für sehr wahrscheinlich, dass „die periodische Schwankung der Luftelektricität die Ursache der Periodicität in der Menstruationserscheinung sei“ (a. a. O., S. 414). Es ist ferner von Interesse, dass die Menstruation (sowie auch die Nativität und die Epilepsie) bei derselben Periodenlänge, wie die der Luftelektricität — in Bezug auf das Maximum — letzterer gegenüber eine kleine Verschiebung aufweist (a. a. O., S. 413). Dieses Untersuchungsresultat bietet grosses Interesse sowohl für die allgemeine Biologie, als auch für die Hygiene. Es weist nämlich auf ein derartiges Zusammentreffen der Periodicität hin, in Betreff dessen eine Zufälligkeit wohl kaum angenommen werden darf.

Ohne mich zu lange hier bei der Literatur der Frage vom Einflusse der atmosphärischen Elektricität auf das Pflanzen- und Thierleben aufhalten zu wollen, möchte ich bloss daran erinnern, dass in dieser Beziehung manche positive Resultate vorliegen, und zwar ist eine begünstigende Wirkung der Elektricität auf das Wachsthum der Pflanzen constatirt. Soviel mir bekannt ist, hatten bei den experimentellen Untersuchungen die starken, aber kurz dauernden elektrischen Einwirkungen mehr Berücksichtigung gefunden, als die schwachen, aber andauernden, die — als bestimmten natürlichen Lebensbedingungen mehr entsprechend — vielleicht nicht minder interessante Resultate ergeben würden.

Bedenkt man, dass die Atmosphäre (sowie auch die Erde) einen umfangreichen geladenen Condensator darstellt, so wird man begreifen, warum viele Forscher schon seit lange her der Luftelektricität eine wichtige Bedeutung für die lebende Natur, speciell für die Gesundheit des Menschen, zugeschrieben hatten.[1] Als Beweis dafür

[1] S. Berthelot, Essai de mécanique chimique, 1879, Bd. II, p. 365 u. f. — Elihu Thomson, Revue scientifique, 1894, Bd. I, p. 670. — D. Latschinoff, Meteorologie und Klimatologie (russisch), 1889, S. 314. — Onimus et Legros, Traité d'électricité médicale, 1872, p. 4. — Bordier, La Géographie médicale, 1884, p. 38. — Boudet de Paris, Electricité médicale, 1888, p. 103. — Lombard, Traité de climatologie médicale, 1877, Bd. I, p. 341, 409. — Rich. Assmann, Das Klima, im Handbuche der Hygiene, hrsgb. von Th. Weyl, 1894, Bd. I, Th. 1, S. 276.

Schon vor 100 Jahren hatte Phil. Michaelis die Beobachtung gemacht, dass zur Zeit eines Gewitters seine Versuche über (elektrische) Reizung des Frosches „vermittelst Zink“ besser zu gelingen pflegten! (s. seine Briefe an

werden gewöhnlich unter Anderem die eigenthümlichen psychisch-nervösen Erscheinungen angeführt, die bei manchen Individuen vor einem Sturm und Gewitter beobachtet werden. Es ist sogar die Ansicht geäussert worden, dass die gedrückte psychische Stimmung während des Gewitters durch die negative atmosphärische Elektricität bedingt sei!

Die hier angeführten Andeutungen werden, glaube ich, genügen, um die ungemein grosse Bedeutung der Elektricität für das Thierleben in seinen verschiedenartigen Erscheinungsformen und Bedingungen im Allgemeinen zu erläutern. Leider lässt die Elektrophysiologie gegenwärtig viele Probleme der Biologie in dieser Beziehung einstweilen unbearbeitet.

Alex. v. Humboldt in Gren's Neues Journal der Physik, 1797, Bd. IV, S. 18). Dass die Schwankungen der atmosphärischen Elektricität zur Zeit eines Gewitters in sehr grosser Entfernung eigenartige Einflüsse ausüben können, beweisen unt. and. die Beobachtungen von E. English. Er bemerkte, dass während eines Gewitters der Widerstand des Cohärers (von Oberbeck) in der Nähe einigemal von 100 000 bis auf 30 Ohm sank! Verband man den Cohärer mit einem Gasleitungsrohr, so machten sich Reactionen bemerkbar, die zeitlich mit den in einer Entfernung von 10—15 ^{km} stattgefundenen Gewitterentladungen zusammentrafen. Das Elektroskop zeigte jedoch keine Reaction; die Erscheinung wurde offenbar durch sehr langsame elektrische Schwankungen bedingt (Elektrotechnische Zeitschrift, 1897, Heft 48, S. 730).

Erstes Capitel.

Die Entdeckung der elektrokinetischen Reizung von Galvani.

Die reizende Wirkung der Elektricität auf die Nerven war noch lange vor GALVANI bekannt; i. J. 1756 z. B. hielt in Bologna selbst, wo GALVANI arbeitete und docirte, der bekannte CALDANI einen Vortrag über die Contractionen der Froschmuskeln unter dem Einflusse der Elektricität. Nichts desto weniger datirt der Anfang der wissenschaftlichen Elektrophysiologie seit der Zeit GALVANI's (1737 bis 1798), und zwar seit dem Erscheinen seines berühmten Werkes: „De viribus electricitatis in motu musculari Commentarius“ (De Bononiensi Scientiarum et Artium Instituto atque Academia Commentarii. T. VII)[1] i. J. 1791. Seine ersten Versuche in dieser Richtung wurden offenbar noch i. J. 1780 angeführt (seine übrigen Arbeiten beschäftigen sich dagegen mit Opium, Nieren, Gehörorgan, Muskelcontraction).[2] Seine Untersuchungen und theoretischen Anschauungen ausführlich zu publiciren, entschloss er sich erst mehrere Jahre nach dem Ausführen der ersten Versuche; er beeilte sich keineswegs, seine Entdeckungen zu veröffentlichen; er zögerte vielmehr, konnte sich offenbar dazu nicht entschliessen. Dies stimmt vollständig mit den sehr bescheidenen Aeusserungen GALVANI's über sich selbst, die wir neben der Dar-

[1] In der weiteren Darlegung benutzte ich die im Jahre 1894 von A. J. VON OETTINGEN (OSTWALD's Classiker der exacten Wissenschaften, Nr. 52) herausgegebene deutsche Uebersetzung dieses Werkes, der die unten angeführten Citate entnommen sind, sowie auch die unten angeführten Werke von PFAFF, ALEX. VON HUMBOLDT, ALDINI, E. DU BOIS-REYMOND, auch von P. SUE, Histoire du Galvanisme etc., Paris, 1802, Th. I, p. 1 u. folg., p. 237 u. folg. — GEHLER's Physikalisches Wörterbuch, Bd. IV, Abth. 2, Leipzig, 1828, S. 556f. u. 740f. (ein Artikel von PFAFF über Galvanismus).

[2]) S. C. MATTEUCCI, Traité des phénomènes electrophysiologiques des animaux, 1844, p. 5.

legung seiner genialen Entdeckung, neben seinen gewissenhaften, sorgfältigen Versuchsanstellungen und seinen geistreichen Hypothesen in seinem Werke finden.[1]

Freilich gab ein glücklicher Zufall die erste Anregung zur Entdeckung GALVANI's, allein solche zufällige Beobachtungen haben erstens nicht selten in der Geschichte der empirischen Wissenschaften überhaupt und speciell in der Elektricitätslehre eine wichtige Rolle gespielt[2], zweitens ist es sehr wahrscheinlich, dass die ursprüngliche zufällige Beobachtung von GALVANI schon vor ihm von anderen Forschern bemerkt worden war, die aber ihre Bedeutung nicht zu schätzen wussten und sie nicht zu benutzen verstanden; es war erforderlich, dass solch ein glücklicher Zufall „dem rechten Mann in die Hände falle, der ihn mit Geist zu benutzen versteht. Solch ein Mann war ALOYS GALVANI . . ." (POGGENDORFF, a. a. O.).

Das grosse Verdienst GALVANI's um die Geschichte der Wissenschaft ist eigentlich ein zweifaches: 1. bewies er zuerst, dass in den lebenden Organen (Nerven, Muskeln) eine selbstständige elektrische Quelle vorhanden ist, deren eigenartige Elektricität, seiner Meinung nach, von der „metallischen" verschieden ist; das ist die Entdeckung der „thierischen Elektricität"; 2. stellen seine Versuche über die Nervenreizung durch Anlegung eines Bogens aus zwei Metallen den ursprünglichen Ausgangspunkt dar für die Entdeckung des Galvanismus (der „dynamischen" Elektricität), die vom genialen AL. VOLTA, dem Erfinder der VOLTA'schen Säule, zur Erzeugung des galvanischen Stromes vervollständigt wurde. Zu diesen Verdiensten GALVANI's glaube ich noch ein drittes zufügen zu können, und zwar, dass er zuerst eine Beschreibung der elektrokinetischen Nervenreizung, d. h. der Einwirkung der Elektricität auf Distanz geliefert hatte. Zwar wurden die anderen Entdeckungen GALVANI's oder, richtiger gesprochen, die anderen Seiten seiner Entdeckung dadurch stark beeinträchtigt, dass er seine Aufmerksamkeit ausschliesslich der Entdeckung der „thierischen" Elektricität schenkte, ohne den ersteren die nöthige Beachtung gewidmet zu haben, ohne in denselben die Bedeutung des Contactes eines Metalles mit einem Thierorgane (FABBRONI), sowie zwei heterogener Metalle mit einander

[1] Vgl. a. a. O., S. 3, 4, 36 u. 51.

[2] J. C. POGGENDORFF, Geschichte der Physik, Leipzig, 1879, S. 899.

(Volta) richtig erkannt zu haben, ohne eine klare Beschreibung seines elektrokinetischen Versuches gegeben zu haben, ohne offenbar die Bedeutung desselben im oben angedeuteten Sinne gewürdigt zu haben. Wir werden aber später sehen, dass auch sein genialer Gegner Al. Volta in diesem Streite sich hat von Einseitigkeiten hinreissen lassen, indem er am Ende seiner Polemik mit Galvani die Existenz einer „thierischen Elektricität“ sogar gänzlich zu leugnen begann, obgleich diese zu jener Zeit nicht nur von den Schülern Galvani's, sondern auch von solchen Forschern wie Pfaff, Alex. von Humboldt und Anderen schon vollständig anerkannt war. In dem äusserst interessanten und lehrreichen Streite zwischen Galvani und Volta oder überhaupt den Schulen von Bologna und Pavia wollte der Erste, als Biologe, ausschliesslich die physiologische Seite der Entdeckung, d. h. die „thierische“ Elektricität anerkennen; Volta dagegen, als Physiker, leugnete diese Quelle der Elektrogenese und gab nur den „Galvanismus“, d. h. nur die „metallische“ Elektricität, zu.

Der Ausgangsversuch Galvani's, der mit einer zufälligen Beobachtung begonnen hatte, bestand im Folgenden.[1] Ein Nervmuskelpräparat (NM) eines Frosches, das aus beiden Hinterschenkeln und der Wirbelsäule bestand, welche unter einander durch die beiden blossgelegten und isolirten Nn. ischiadici verbunden waren, lag auf einem Tische in der Nähe einer Elektrisirmaschine; jedes Mal, wo man beim Umdrehen der Glasscheibe aus dem Conductor einen Funken zog, geriethen die Muskeln in einen Contractionszustand, wenn man zugleich den einen der blossgelegten Nerven mit einem Metall (Skalpellspitze) in Berührung brachte. Es stellte sich dabei heraus, dass es nothwendig war, das Metall des Skalpells mit den Fingern zu berühren; hielt man es am knöchernen Griff, so kamen keine Contractionen zu Stande, obgleich das NM-Präparat sich in der Nähe des Conductors befand. Daraus zog Galvani den Schluss, dass es nothwendig sei, den Nerven mit einem Leiter (d. h. mit einem „anelektrischen“ im Gegensatze zum Isolator, Nichtleiter oder „idioelektrischen“ Körper) zu verbinden, um der Elektricität des Nerv-

[1] Deutsche Ausgabe a. a. O., S. 4 u. folg. — Vgl. auch C. M. Pfaff, Ueber thierische Elektricität und Reizbarkeit, 1795, S. 329f. u. andere. — Alex. von Humboldt, Versuche über die gereizte Muskel- und Nervenfaser u. s. w., 1797, Th. I, S. 15f.

muskelpräparates (NM) die Möglichkeit zu verschaffen, in Bewegung zu gerathen, wobei der genannte Leiter eine ausreichend grosse Dimension haben muss. Weitere Versuche haben ergeben, dass, wenn man das NM-Präparat mit einem in der Nähe der Elektrisirmaschine isolirt aufgehängten Eisendrahte verbindet, so werden beim Umdrehen der Maschine und Erscheinen der Funken die Muskelcontractionen stärker, wenn die Enden der herabhängenden Schenkel irgend einen Leiter (Schrot am Gefässboden) berühren, oder noch besser, mit der Erde in Verbindung stehen (a. a. O., S. 8, 9). Im Allgemeinen fielen die Contractionen um so stärker aus, je stärker die aus dem Conductor der Elektrisirmaschine gezogenen Funken waren, je länger der den Nerven berührende Leiter („Nervenconductor") war und je näher sich das NM-Präparat der Maschine befand. Alle diese Versuche gelangen sowohl mit positiver, als auch mit negativer Elektricität. Um der Maschinenelektricität (*Fluidum electricum*) den „directen Zutritt" zum Nervmuskelpräparat abzuschneiden, schloss Galvani das letztere in ein Glasgefäss ein, nichts desto weniger contrahirten sich die Muskeln beim Erscheinen der Funken, ja die Contractionen fielen da sogar stärker aus, als an der Luft, ausserhalb des Gefässes (a. a. O., S. 14). Hätte man noch also in den oben angeführten Versuchen irgend welche Fehler in der Versuchsanordnung vermuthen können, im Sinne einer directen Uebertragung einer Ladung auf das NM-Präparat von irgend einem benachbarten geladenen Leiter (vom Körper des Experimentators selbst durch eine feuchte Schicht am Glase oder vom Wasser, das demselben anhaftet u. dgl.), so muss offenbar in Bezug auf den letztgenannten Versuch, wo das NM-Präparat im Glasgefässe verschlossen war, jeder Zweifel schwinden. Galvani hatte da mit Influenz zu thun, d. h. mit einer statischen Induction, die als Ursache der Nervenreizung diente. Eine solche physikalische Wirkung erfolgte jedoch nicht nur im Nervmuskelpräparat allein, sondern auch in den beiden Metallmassen (Bleischrot), die mit dem ersteren innerhalb des Glasgefässes eingeschlossen, zu beiden Seiten des NM-Präparates gelagert waren und sowohl mit seinem oberen (als „Nervenconductor"), als auch mit seinem unteren Ende, d. h. mit den Zehen (als „Muskelconductor") im Contacte standen. Weiter unten werden wir aber sehen, dass man an einem zweckmässig hergestellten NM-Präparat allein durch Induction eine Nervenreizung hervorrufen kann auch ohne Vermittelung irgend welcher fremder Leiter.

Nachdem GALVANI die Muskelcontractionen unter dem Einflusse der Funken der Elektrisirmaschine auf Distanz eingehend und ziemlich vielseitig studirt hatte, ging er zur Beschreibung analoger Versuche mit der natürlichen, atmosphärischen Elektricität über. Ragte das obere Ende eines isolirt aufgehängten Eisendrahtes hoch oben und frei in der Luft vor, während das untere Ende desselben mit einem innerhalb eines Glasgefässes eingeschlossenen Nervmuskelpräparat verbunden war, so geriethen die Muskeln beim Einschlagen des Blitzes jedes Mal in Contraction, die jedoch nicht einzeln, sondern einige Male hinter einander erfolgte, als ob sie dem Rollen des Donners entsprochen hätte. Die natürliche Elektricität ist also — in Bezug auf das Hervorbringen von Muskelcontractionen — der künstlichen völlig analog. Zur nächstfolgenden Aufgabe machte sich GALVANI das Studium der natürlichen „ruhenden" Elektricität ohne Gewitter.

Bevor ich zur Darlegung des zweiten Abschnittes der galvanischen Untersuchungen, die den Anfang der Entdeckung der „dynamischen" Elektricität — des Galvanismus — bilden, übergehe, glaube ich in Betreff des oben dargelegten ersten Abschnittes (über die Reizung auf Distanz) nachtragen zu müssen, dass alle Beobachtungen — ihrer Anordnung nach — der Wirkung des Rückschlages des Blitzes entsprechen: die physiologische Reaction kommt zum Vorschein fern von der Stelle der elektrischen Entladung, die unmittelbar das Nervmuskelpräparat gar nicht betrifft; die Reaction ist das Resultat einer Ladung und Entladung durch Influenz, d. h. durch Induction. Eine ähnliche Erklärung der Wirkung der atmosphärischen Elektricität war schon damals den Forschern bekannt. Daher auch der Vorwurf VOLTA's, GALVANI habe sich über das Resultat seiner Versuche, d. h. über die Contraction auf Distanz mehr „gewundert", als er sollte; einen Physiker hätte eine solche Fernwirkung nicht befremden können. „Uebrigens", befürwortet weiter VOLTA, „das war ja der erste Schritt, der zur schönen und grossartigen Entdeckung der sogenannten ‚thierischen Elektricität' führte. . . . Damit hat uns GALVANI einen weiten Horizont eröffnet."[1]

[1] S. AL. VOLTA's Brief vom 25. October 1792 an TIBER. CAVALLO, in dem er über die Entdeckungen GALVANI's berichtet; die Uebersetzung dieses Briefes ist in GREN's Journal der Physik, 1794, Bd. VIII, S. 305 zu finden — In Betreff des citirten Vorwurfes von VOLTA, siehe die, meiner Meinung nach, sehr wahrscheinliche Erklärung von GHERARDI in E. DU BOIS-REYMOND's Unter-

Der erste elektrische Grundversuch GALVANI's, der so ausserordentlich fruchtbringend für die Wissenschaft wurde, erschien also damals den Zeitgenossen als etwas Selbstverständliches, völlig Klares, leicht Erklärliches auf Grund schon bekannter physikalischer Thatsachen. Eine solche Beurtheilung des GALVANI'schen Versuches mochte für diesen, sowie für seine Nachfolger bis zu einem gewissen Grade als Vorwurf oder sogar Geringschätzung Seitens der gelehrten und competenten Physiker gelautet haben. Nur dadurch kann ich mir die eigenthümliche Thatsache, dass der erwähnte GALVANI'sche Versuch über Reizung auf Distanz bald ganz vergessen wurde, zurechtlegen. Weder GALVANI selbst, noch seine Nachfolger (ALDINI, PFAFF, ALEX. VON HUMBOLDT u. A.) kamen auf denselben zurück oder bearbeiteten ihn weiter. Beim Studiren der mir zugänglichen Literatur von jener Zeit über die betreffende Frage konnte ich im ausführlichen, zur Vertheidigung GALVANI's gegen VOLTA geschriebenen Werke von ALDINI über den Galvanismus nur eine kurze Erwähnung dieses Versuches auffinden, die nichts Neues darbot.[1] Von anderen Autoren wird dies noch weniger berücksichtigt, oder dieser Versuch wird gänzlich ignorirt. Die Aufmerksamkeit der Forscher wurde anfangs der „Zuckung ohne Metall“ (siehe unten) gänzlich zugewendet, dann den Versuchen mit der VOLTA'schen Säule, die ein ungemein

---

suchungen, Bd. I, S. 35—36. — Indem PFAFF (a. a. O., S. 332—333) die im Texte angeführte Erklärung giebt, meint er: „Ueberhaupt haben alle Versuche GALVANI's über die Wirkung der künstlichen Elektricität auf die Nerven und Muskeln ganz und gar nichts Merkwürdiges, und die Resultate hätten sich voraussagen lassen. . . .“

[1] JEAN ALDINI, Essai théorique et expérimental sur le galvanisme, Paris, 1804, 2 Bde. (gewidmet *„A Bonaparte“ — citoyen premier Consul et Président*); 1. Th., S. 56: *„Proposition XIV. Les contractions musculaires, observées par le Professeur Galvani, au moyen de l'atmosphère de l'electricité naturelle ou artificielle, sont tout à fait conformes à celles que l'on produit avec le pile ou avec des appareils analogues. . . . Il est toujours intéressant de voir qu'un animal placé au fond d'un appartement, éprouve une vive commotion lorsque l'on tire l'etincelle électrique dans une salle bien éloignée. J'ai fait cette expérience plusieurs fois au cabinet de physike de l'Institut des Sciences de Bologne, par le moyen d'un fil de métal non isolé, et éloigné de quatre pieds du conducteur de la machine électrique ordinaire.“* Der lange Draht berührte offenbar das *„animal“*. Das ist alles über den Versuch. Während 25 Jahren (vom Jahre 1780) kam also dieser elektrokinetische Grundversuch über Fernreizung um keinen einzigen Schritt vorwärts.

grosses Interesse sowohl für die Physiker, als auch für die Physiologen darbot.[1] Alle Fortschritte der Elektrophysiologie geschahen nun auf dem Gebiete der Contactmethode der elektrischen und zwar der galvanischen Wirkungen. Der GALVANI'sche Versuch blieb fast ganz vergessen 100 Jahre lang!

Nur bei BIOT ist eine Wiederholung des GALVANI'schen Versuches zu finden; GALVANI wird jedoch dabei nicht erwähnt.[2] Indem BIOT die physikalische Erklärung des Rückschlages (*choc par retour*) während des Gewitters anführt, erläutert er dieselbe durch folgenden Versuch: Ein lebendiger Frosch wird in einiger Entfernung vom Conductor der Elektrisirmaschine an einem Seidenfaden aufgehängt, ein Schenkel wird durch einen leichten Metalldraht mit der Erde verbunden; dreht man nun die Glasscheibe der Elektrisirmaschine und zieht man Funken aus dem Conductor, so zuckt der Frosch bei jeder Entladung; die unter dem Einflusse des Conductors getrennten „natürlichen Elektricitäten" des Frosches vereinigen sich nun wieder und rufen dadurch eine „Erschütterung in den Organen des Thieres" hervor. Derselbe Versuch gelingt auch an einem Nervmuskelpräparat. Ist die Maschine stark genug, so bekommt man Zuckungen in einer Entfernung von 10—12 m! — Die Muskeln des Frosches stellen also ein „ausserordentlich empfindliches Elektroskop dar" (GALVANI, VOLTA).

Was GALVANI selbst anbetrifft, so hatte er sich von seinem elektrokinetischen Versuche, als Nervenreizungsmethode, ganz abgewendet; dies geschah unter dem Einflusse des Gedankens von einer eigenen „thierischen Elektricität", welcher Gedanke offenbar schon am Anfange seiner Untersuchungen ihm vorschwebte und bis zu einem gewissen Grade ihn daran verhinderte, die eigenen Resultate objectiv und kritisch beurtheilen zu können (siehe unten). Anstatt

---

[1] Ueber die physiologische Wirkung der VOLTA'schen Säule auf den Menschen siehe den Brief von M. VON MARUM an A. VOLTA, der in GILBERT'S Annalen der Physik, 1802, Bd. X, S. 121—160 abgedruckt ist. Ebenda findet sich der Brief von TOURDES an VOLTA über die Wirkung der VOLTA'schen Säule auf ein Blutgerinnsel, das dabei ein Zittern zeigte, analog den Muskeln eines eben getödteten Thieres; diese zweifache Bewegung der Verkürzung und Verlängerung sei für die „Lebenskraft" charakteristisch (a. a. O., S. 499).

[2] J. B. BIOT, Lehrbuch der Experimentalphysik oder Erfahrungsnaturlehre, 2. Aufl. der deutschen Bearbeitung von G. TH. FECHNER, 1829, Bd. II, S. 288—289.

die Ursache der Zuckungen in diesem Versuche der im Conductor entstehenden Elektricität zuzuschreiben, behauptete GALVANI, dass die Zuckungen hauptsächlich hervorgerufen werden durch „die Elektricität der inneren Glasoberfläche, welche in dem Thier und den Conductoren (d. h. in den Nerven- und Muskelconductoren) während des Ueberspringens des Funkens thätig wird“![1]

Wir kommen nun auf den weiteren Gang der GALVANI'schen Untersuchungen zurück und wollen uns da kürzer fassen, da es sich nunmehr um die Anwendungen der Contactmethode handeln wird.

Zur nächsten Aufgabe machte sich also GALVANI das Erforschen der Wirkung der „ruhenden“ Elektricität[2], im Gegensatze zu den Gewitterentladungen. Er zog dazu eine von ihm zufällig gemachte Beobachtung herbei; er bemerkte nämlich, dass Nervmuskelpräparate („präparirte Frösche“), denen Kupferhaken in die Wirbelsäule eingesetzt und die an einem Eisengitter aufgehängt waren, zuweilen auch ohne Gewitter, bei klarem Wetter, Zuckungen zeigten. Zuerst glaubte er, die Aenderungen der atmosphärischen Elektricität anschuldigen zu sollen, die weiteren Versuche zeigten jedoch, dass die Ursache der Zuckungen darin lag, dass jedes Mal, wenn der Kupferhaken mit dem Eisengitter in Berührung kam, das Schliessen eines Kreises — aus Frosch und Gitter — zu Stande kam. Nun kam GALVANI durch einen logischen Schluss auf den berühmten Versuch über die Anlegung eines metallischen Bogens an einem „präparirten Frosch“; es stellte sich dabei heraus, dass die Zuckungen stärker ausfielen, wenn der Bogen aus zwei Metallen bestand. Die natürliche atmosphärische Elektricität erwies sich also als völlig unbetheiligt an diesen Reizungserscheinungen; es blieb nur übrig, die Ursache der letzteren entweder 1. in der eigenen „thierischen Elektricität“, die dann (mit Ausnahme der elektrischen Fische) noch unbekannt war[3], oder aber 2. im Contacte des Metalles mit dem Organe, bezw. der beiden Metalle unter einander zu suchen. GALVANI nahm die erste Hypothese an und liess, offenbar unter dem Einflusse eines vorgefassten Gedankens, ganz unbeachtet die zweite Möglichkeit, welche

[1] GALVANI, a. a. O., S. 15.

[2] GALVANI, a. a. O., S. 22 u. 59.

[3] Der Ausdruck „thierische Elektricität“ wurde noch vor GALVANI gebraucht; er findet Erwähnung bei BARTOLON u. A. (GALVANI, a. a. O., S. 45).

dagegen von Volta anerkannt wurde, was zur Erfindung seiner „Säule“, dem Prototyp einer galvanischen Batterie, führte.[1]

Die weitere Darlegung des Commentars von Galvani enthält hauptsächlich theoretische Auseinandersetzungen. Die von ihm entdeckte „thierische Elektricität“ vergleicht er mit anderen Elektricitätsarten, so mit der künstlichen oder gewöhnlichen (*vulgaris*), mit der der elektrischen Fische und findet dabei eine grosse Aehnlichkeit derselben.[2] Daselbst wird auch die Hypothese erörtert, wonach der Nerv mit dem Muskel einer Leidener Flasche gleiche.[3] Die Muskeln dienen als Anhäufungsstätte für die Elektricität, das „elektrische Nervenfluidum“ wird aber im Gehirn gebildet, von wo es durch die Nerven nach den Muskeln zu fliesst. Dieser Strom fliesst durch die innere elektrisch leitende Substanz des Nerven, die — behufs Isolirung — von einer fettigen, nicht leitenden Schicht aus einer „idioelektrischen Substanz“ umgeben sei. Als Erzeugungsquelle der Elektricität im Gehirne diene wahrscheinlich die Wechselwirkung desselben mit dem Blute.

Es folgen ferner theoretische Erwägungen von Galvani in Bezug auf die Pathologie, Elektrotherapie und Hygiene, die vom Gesichtspunkte der Geschichte dieser Wissenschaften ein grosses Interesse bieten. Eine besonders wichtige Bedeutung schreibt Galvani der atmosphärischen Elektricität zu, die einen grossen Einfluss auf die thierische Elektricität in den Muskeln ausübe und die einen Abfluss von Elektricität aus diesen Organen bewirken könne. Ueberhaupt hänge das Wohlbefinden unseres Körpers, seiner Meinung nach, in vielen Beziehungen von der atmosphärischen Elektricität ab, und man

---

[1] Obgleich Galvani seine Hypothese „durch Versuche, Analogien und Vernunftschlüsse“ als genügend begründet betrachtet, so vermeidet er doch sorgfältig — um jeden Zweifel zu beseitigen — die Berührung mit anderen Gegenständen, vermeidet die Möglichkeit einer mechanischen Reizung, einer Elektricitätsübertragung von der „belegten Platte aus Glas oder Harz“ u. dgl, ignorirt aber zu gleicher Zeit die Möglichkeit der Elektrogenesis durch Metallcontact! (a. a. O., S. 36, 37, 40 u. a.).

[2] Rosenberger sagt in seinem Werke „Die moderne Entwickelung der elektrischen Principien“, Leipzig, 1898, S. 48: „Galvani erforschte die Eigenschaften seiner (thierischen) Elektricität in physikalisch sicherer und genial erfolgreicher Weise.“

[3] Diese Hypothese nahm auch Al. Volta am Anfange seiner Controluntersuchungen an (in einem Briefe an Baronio vom J. 1792).

kann nicht umhin, diese hypothetische Ansicht, die vielfach bei den Biologen und Hygienikern Anklang fand, mit den oben angeführten, in der neueren Zeit geäusserten analogen Meinungen zusammen zu stellen (siehe oben „Einleitung", S. 19 u. ff.).

Die Entdeckungen von Galvani machten einen starken Eindruck auf seine Zeitgenossen: viele Forscher, Physiker, Physiologen, Mediciner gaben sich mit dem Studium der Erscheinungen der „thierischen Elektricität" ab, der zu Ehren des Entdeckers gleich der Name „Galvanismus" beigelegt wurde.[1] In dem oben erwähnten Briefe an Tib. Cavallo behauptet Volta, in merkwürdiger genialer Weise voraussehend, dass das Werk von Galvani eine der herrlichsten und bewundernswerthesten Entdeckungen enthalte, die die Keime vieler anderen in sich berge (a. a. O., S. 303). Und in der That machte Volta während der streng wissenschaftlichen Prüfung der Galvani'schen Erscheinungen bald die Entdeckung, dass Elektricität auch beim einfachen Contacte zweier Metalle erzeugt wird, eine Methode, von der bisher Niemand irgend eine Ahnung hatte. Zu dieser Zeit (1792) anerkennt noch Volta „die natürliche thierische oder eigentlich die organische Elektricität" (a. a. O., S. 315); schon bald darauf aber beginnt er dieselbe ganz zu leugnen und fordert einen Beweis ohne Metallvermittelung. Einen solchen Beweis für die Existenz einer thierischen Elektricität wurde im dritten Abschnitte der Galvani'schen Untersuchungen geliefert — und zwar durch seinen berühmten Versuch, die „Zuckung ohne Metall": indem Galvani das centrale Ende des Nerven mit dem Muskel in Berührung brachte (indem er also einen Kreis ohne Metall erzeugte), bekam er Zuckungen. Als Elektricitätsquelle erwies sich zweifellos und ausschliesslich das Nervmuskelpräparat selbst.[2]

---

[1] Der Galvanismus wird bald darauf nicht nur für ärztliche, sondern auch für gerichtlich-medicinische Zwecke (in Fällen von Scheintod) benutzt. In Betreff der letzteren ist von Interesse der Artikel von Fr. X. Klein in Gren's Journal der Physik, 1795, Bd. I, S. 36—61. — Ueber die diesbezüglichen Versuche von Creve siehe ebenfalls Journal der Physik, Bd. VII, S. 326, 328 und C. H. Pfaff, Ueber thierische Elektricität und Reizbarkeit, Leipzig, 1795, S. 112.

[2] Anonymes Werk (Galvani) „Dell' uso e dell' attivita del' arco conduttore nelle contrazioni de' muscoli", Bologna, 1794; später erschien „Supplemento al Trattato dell' uso et dell' attivita" etc. (1794). Siehe E. du Bois-Reymond, a. a. O., auch Aldini, a. a. O., S. 19 u. a.

Volta lässt jedoch auch diesen Beweis nicht ohne Erwiderung, indem er nämlich darauf hinweist, dass beim Auffallen des Nerven auf den Muskel eine mechanische Reizung zu Stande kommen könne; von seiner ursprünglichen Meinung zurückkommend (siehe oben seinen Brief an Cavallo) leugnet er nun die „thierische Elektricität" ganz und will nur die metallische anerkennen.[1] Hier verleitete der Kampf Volta offenbar zu weit und liess ihn dem Versuche über die Zuckung ohne Metall „jede Beweiskraft" absprechen; den Nerven hält er bloss für eine neue Art Elektrometer von merkwürdig hoher Empfindlichkeit.

Die weiteren Untersuchungen von Galvani selbst, dann von E. Valli, Aldini, Pfaff, Alex. von Humboldt bestätigten vollständig die Entdeckung der thierischen Elektricität, hauptsächlich durch verschiedene Variationen des Grundversuches über die „Zuckung ohne Metall".[2] Wir sahen schon oben, welch' phantastische Hypothesen und Ansichten auf dem Boden dieser Entdeckung entstanden waren, während die factische, wesentliche Seite derselben vor den Entdeckungen von Matteucci und E. du Bois-Reymond sehr wenig vorwärts kam; nur dem Physiker L. Nobili gelang es, dieses Gebiet zu erweitern, dank der von ihm entdeckten *„la corrente propria della rana"* (1827). Allein Nobili selbst hielt offenbar diesen allgemeinen Strom des unversehrten Organismus für das Resultat nicht der elektrophysiologischen Eigenschaften desselben, sondern der rein äusseren physikalischen Bedingungen; er glaubte nämlich, der Strom sei thermoelektrischer Herkunft.[3] Wir haben es also wiederum mit der eigenthümlichen Thatsache zu thun, der wir schon bei Volta begegnet sind: ein hervorragender Physiker, dem die genauesten Untersuchungsmethoden zu Gebote stehen, wird von der richtigen wissenschaftlichen Würdigung einer Erscheinung deshalb abgelenkt, weil er bestrebt ist,

[1] Siehe seinen zweiten Brief an den Abbé A. M. Vassali in Gren's Neues Journal der Physik. 1795, Bd. II, S. 169 u. folg.

[2] Da diese Frage in keiner directen Beziehung mit dem Thema meiner Untersuchungen steht, so beschränke ich mich auf die angeführten geschichtlichen Notizen und möchte den Leser, der sich für eine ausführlichere Darlegung der Anfangsgeschichte der Lehre von der thierischen Elektricität interessirt, auf das citirte classische Werk von E. du Bois-Reymond verweisen. „Untersuchungen" u. s. w., Bd. I, S. 31—102.

[3] Siehe E. du Bois-Reymond, a. a. O. S. 106.

die Ursache derselben auf rein physikalische Bedingungen zurückzuführen, d. h. der Erscheinung eine einfachere Deutung zu geben. Wenn diese Bestrebung bei Volta zur genialen Erfindung seiner „Säule" Veranlassung gab, so verhinderte sie vielleicht Nobili daran, weitere Entdeckungen zu machen. Ein ganz analoges Schicksal hatte, wie wir schon oben sahen, der erste elektrokinetische Versuch von Galvani.

Indem ich auf das Hauptthema des vorliegenden Werkes zurückkomme, glaube ich — zur Erläuterung des weiter unten Dargelegten — noch daran erinnern zu müssen, dass der erste elektrokinetische Versuch über die Nervenreizung auf Distanz von Galvani bei der Bedingung der Funkenentladung, d. h. beim Funkenziehen aus dem Maschinenconductor, ausgeführt wurde. Dasselbe finden wir bei Aldini und später bei Biot. Von Zuckungen bei der „stillen" Entladung ohne Funken ist bei keinem Autor die Rede. Ich konnte ferner in der älteren Literatur in Betreff der unipolaren Wirkungen der Elektrisirmaschine auf die Nerven nichts auffinden; weder von der Bedeutung der Nachbarschaft leitender Massen, noch von einer Reizung, ohne dass der Nerv mit der Erde oder mit einem umfangreichen Leiter (mit dem menschlichen Körper — in den Versuchen Galvani's) verbunden wäre, ist irgendwo die Rede. Es interessirte sich offenbar auch Niemand für die rein methodologische Seite dieser Versuche. Der Galvani'sche Versuch, der als Anregung zur Entdeckung des Galvanismus diente, blieb überhaupt für die Lehre von der elektrokinetischen Wirkung auf die Nerven und Muskeln eine blosse Andeutung, die erst nach 100 Jahren eine gebührende Beachtung und weitere Entwickelung findet (siehe die nächsten Capitel). Die Entdeckung der elektrodynamischen Induction von Faraday und der elektrischen Strahlung von Hertz stellen vom physikalischen Gesichtspunkte aus die Grundlagen dar für den weiteren Fortschritt der Lehre von der elektrokinetischen Einwirkung auf Lebewesen und deren Organe. Der Fortschritt dieser Abschnitte der Physik würde vielleicht schon damals in viel schnellerem Tempo geschehen sein, wenn die Nachfolger Galvani's sich mit der physikalisch-physiologischen Bearbeitung seines ersten Versuches über die elektrische

Reizung auf Distanz beschäftigt hätten, anstatt denselben ohne die nöthige Beachtung gelassen zu haben. Ein eingehendes und vielseitiges Studium der Fernwirkung der Elektricität auf die Nerven würde freilich auch rein physikalische Untersuchungen in derselben Richtung zur Folge gehabt haben; die Entdeckung des unipolaren elektrischen Feldes ohne Mitwirkung von Funkenentladungen würde gewiss die directe und nächste Folge gewesen sein.

Zweites Capitel.

Weitere elektrokinetische Untersuchungen nach Galvani.

Der Mangel an physikalischen Kenntnissen in Bezug auf die Inductionserscheinungen und die Fortpflanzung der Elektricität in Form von „Strahlenenergie“ war während vieler Jahre, wie ich glaube, das Haupthinderniss für den Fortschritt der physiologischen Elektrokinesis. Die rasche Entwickelung der Lehre vom Galvanismus, der Fortschritt der physikalischen Methodik, die Bequemlichkeit und Genauigkeit der Anwendung des unmittelbaren elektrischen Reizes zum Zwecke der Einwirkung auf Nerven und Muskeln — all' dies verlieh andererseits dieser Contactmethode so viele Vorzüge sowohl in praktischer, als auch in theoretischer Beziehung, dass man es begreiflich findet, warum die Elektrokinese von den Physiologen während langer Zeit gänzlich ignorirt wurde.

Allein einige elektrophysiologische Probleme machten schon seit lange her die Anwendung der elektrokinetischen Methode erforderlich, d. h. einer inductiven Einwirkung auf den isolirten Nerven, ohne denselben mit irgend welchen Elektroden in Berührung zu bringen. Für E. du Bois-Reymond, der die elektrodynamische Theorie der Nerventheilchen aufgestellt hatte, war es von hohem Interesse, durch Induction eine Nervenerregung hervorzurufen. Von der physikalischen Seite her konnte nichts eingewendet werden, da Faraday schon im J. 1839 Inductionsströme in feuchten Leitern nachweisen konnte, was von ihm an Kautschukröhren, die mit stark verdünnter Schwefelsäure gefüllt waren, im J. 1854 wieder bestätigt wurde. Im J. 1849 versuchte nun E. du Bois-Reymond, einen starken Elektromagneten auf einen ringförmig zusammengelegten und isolirt zwischen den Polen des Magneten angebrachten Froschnerven einwirken zu lassen; allein das Resultat war ein negatives — weder Schliessung noch Oeffnung verursachte Zuckungen. Ob dabei irgend welche Veränderungen der Erregbarkeit des Nerven stattfanden, ist nicht angegeben; offenbar wurde diese Prüfung unterlassen. In einem zweiten Versuche, ebenfalls mit einem Elektromagneten, wurden Froschmuskeln zwischen den Polen in der Aequatorialebene isolirt angebracht; auch dieser Versuch misslang, sowie auch in denjenigen Fällen, wo an den Muskeln ein künstlicher Querschnitt angelegt wurde und dieselben ringförmig zusammengelegt wurden (geschlossener Kreis für den ruhenden Muskelstrom).[1] Glücklichere Versuche über das Verhalten der Nerven in einem elektromagnetischen Felde sind später von L. HERMANN u. A. ausgeführt worden (siehe unten).

Die im J. 1868 aus dem HELMHOLTZ'schen Laboratorium erschienenen Untersuchungen von F. W. ZAHN[2] bilden den ersten Fall von unipolarer elektrokinetischer Reizung vermittelst des Inductoriums, d. h. von Hervorrufen einer elektrischen Reizung in einem im variablen Felde isolirten Nervmuskelpräparate. Der Autor selbst gab offenbar seinen Resultaten eine etwas andere Deutung; damals war das Problem der Induction einer elektrischen Erregung in einem „unipolaren Felde“ noch unbekannt.

Zu seinen Untersuchungen wurde ZAHN veranlasst durch die Versuche von E. DU BOIS-REYMOND über unipolare Nervenreizung vermittelst seines Schlittenapparates, dessen zweiter Pol — behufs Verstärkung der Wirkung — zur Erde abgeleitet war.[3] Beim Wiederholen dieser Versuche bemerkte ZAHN, dass wenn das Nervmuskelpräparat durch einen Draht mit dem einen Pol der secundären Spirale dieses Inductoriums verbunden war und er selbst mit der einen Hand den zweiten Pol berührte, so konnte er Zuckungen und sogar Tetani hervorrufen, wenn er seine andere Hand dem NM näherte — ohne dasselbe zu berühren! Der verstärkende Einfluss der genäherten Hand auf die Reizung bei der unipolaren Methode wurde übrigens schon

---

[1] E. DU BOIS-REYMOND, Ueber die elektromotorische Kraft der Nerven und Muskeln. Archiv für Anat., Physiologie u. s. w. 1867, S. 496. Auch in seinen gesammelten Abhandlungen, Bd. II, 1877, S. 297.

[2] F. W. ZAHN, Ueber verstärkte Wirkung unipolarer Induction durch Influenz. PFLÜGER's Archiv für die ges. Physiologie, Bd. I, S. 255—262.

[3] E. DU BOIS-REYMOND, Untersuchungen, Bd. I, 1848, S. 429—438.

von E. du Bois-Reymond (a. a. O. S. 430) und Pflüger[1] beobachtet. Um den Zweifel auszuschliessen, die Reizung im beschriebenen Versuche könnte durch Ueberspringen von Funken oder durch Elektricitätsleitung vermittelst der Wasserdämpfe bedingt sein, brachte Zahn (statt der Luftschicht) eine Glasplatte zwischen der reizenden mit dem NM-Präparat verbundenen Elektrode (El) und der zweiten freien Elektrode (El′), welche mit dem zweiten Pol der secundären Spirale des Inductoriums verbunden war. Eine elektrische Influenz der einen Elektrode auf die andere, bezw. auf das NM, konnte also nur durch das dazwischen befindliche Glas, an dem die zweite freie Elektrode (El′) in Form eines Stanniolplättchens endigte, vor sich gehen. Es stellte sich dabei heraus, dass sogar relativ schwache Ströme schon einen Tetanus geben. Da in jedem Momente der Schliessung und Oeffnung der primären Spirale an den Enden beider Elektroden ungleichnamige elektrische Spannungen sich anhäuften, so wurde offenbar in diesen Versuchen die „unipolare“ Wirkung durch „Influenz“ der zweiten Elektrode verstärkt. Dasselbe ist bis zu einem gewissen Grade auch da der Fall, wo statt der zweiten Elektrode die Hand genähert wurde. Zahn nahm dann die Elektrode El vom NM-Präparat weg, welch' letzteres auf dem Glase vollständig isolirt liegen blieb; das Stanniolblättchen an der anderen, bezw. unteren Seite des Glases blieb dagegen, wie früher, mit El′ in Verbindung. Berührt man nun den Muskel mit der Hand, so kommen Zuckungen zu Stande; die Ursache ist also auf die Verbindung desselben mit der Erde zurückzuführen. Macht man den Strom stärker, so kann man Zuckungen hervorrufen, wenn man die eine Hand dem NM — ohne zu berühren! — nähert, während die andere die freie Elektrode El berührt, oder auch da ohne Berührung (a. a. O. S. 260); es ist dabei bequemer, ein Metallplättchen, welches man in der Hand hält, dem NM zu nähern. Wird der Strom im Schlittenapparat noch stärker, so kann man Muskelzuckungen erhalten durch die blosse Verbindung der Elektrode El mit der Erde, ohne dem NM-Präparat irgend welchen Leiter nähern zu müssen; das NM-Präparat bleibt die ganze Zeit von dem unter ihm befindlichen breiten Stanniolende der Elektrode El′, welche die ganze Zeit mit dem Inductorium in Verbindung steht, durch das Glas isolirt. Der Versuch gelingt noch besser, d. h. der

[1] F. W. Zahn, a. a. O. S. 256.

reizende Strom darf schwächer gewählt werden, wenn das NM-Präparat ebenfalls auf einem Stanniolblättchen liegt, d. h. wenn die beiden Flächen des Glases Metallbelege haben, die aber den Rand des Glases nicht erreichen.

Bei solchen Versuchen konnte der Reiz durch Ableitung des einen Poles zur Erde deutlich verstärkt werden, was für die unipolare unmittelbare Reizung E. du Bois-Reymond's bereits früher bekannt war.

Aehnliche Versuche gelingen auch dann, wenn man das Inductorium durch eine geladene Leidener Flasche ersetzt.

Was die Bedeutung der beschriebenen Resultate anbetrifft, so werden sie von Zahn selbst als „Folge einer durch Influenzwirkung verstärkten unipolaren Reizung" erklärt. Dieser Autor bringt seine Beobachtungen in keine Beziehung mit dem elektrokinetischen Versuche von Galvani, ja letzterer wird nicht einmal erwähnt — und doch haben diese Versuche einen allgemeinen wesentlichen Zug gemeinsam — nämlich eine vollständige Isolirung des Nerven von der metallischen Elektrode, bezw. vom metallischen Conductor. Da die Resultate von Zahn, wie meine Controlversuche ergeben haben, bei völlig trockenem Glas- oder Paraffinplättchen erhalten werden, ja sogar bei einem doppelten Plättchen mit einer Luftschicht dazwischen, so darf man als sicher annehmen, dass in seinen Versuchen die Reizung durch ein variables, unipolar erzeugtes elektrisches Feld bedingt wird.

Das zweifellose Verdienst von Zahn besteht darin, dass er die genau constatirte Thatsache der elektrokinetischen Nervenerregung ohne Funkenentladung zuerst geliefert hat.

J. Rosenthal[1] beschreibt auch eine Nervenreizung auf Distanz ohne Funkenentladung. Nähert man plötzlich einen mit freier Elektricität geladenen Conductor dem Ende eines recht empfindlichen Nerven, so bekommt man kleine Zuckung; nähert man ihn aber dem Muskelende, so verbleibt der NM in Ruhe.

Die chronologisch nächstfolgende Arbeit nach F. W. Zahn rührt von Tiegel her.[2] Zwischen zwei Metallkügelchen, die mit den Polen

[1] J. Rosenthal, Ueber unipolare Nervenreizung und falsche Nervenreizung durch Nebenleitung. Archiv von E. du Bois-Reymond, 1881, S. 62—65.

[1] Tiegel, Ueber Tetanisiren durch Influenz. Pflüger's Archiv für die ges. Physiologie, Bd. XII, 1876, S. 141.

eines Ruhmkorff'schen Inductoriums verbunden sind und etwa um 1 cm von einander abstehen, springen Funken über; in der Nähe derselben ist auf einem Glasplättchen ein Nervmuskelpräparat eines Frosches gelagert. In einer Entfernung von 2 cm von den Kügelchen kamen unregelmässige Zuckungen zu Stande; die Zuckungen gingen sofort in einen heftigen Tetanus über, sobald man den Nerven oder den Muskel oder sogar die feuchte Glasoberfläche mit einem Leiter berührte. Wird das Präparat in einer Entfernung von 1 dm von den Kügelchen angebracht, so hören die Zuckungen auf; sie erscheinen aber wieder und zwar ziemlich heftig, wenn man das Nervenende mit einer Nadel (freilich wird diese nicht isolirt in der Hand gehalten) berührt; wurde das NM-Präparat an einer anderen Stelle berührt, so waren die Zuckungen schwächer oder sie fehlten gänzlich.

Tiegel sieht einen Vorzug dieser Reizungsmethode darin, dass man dabei „das Maximum der Stromesdichtigkeit, also auch der Erregung auf einen einzigen Punkt concentriren kann".

Die kurze Notiz von Tiegel erscheint als kurze, vielleicht zufällige Beobachtung, die hauptsächlich im Sinne einer genauen Localisation der Reizung ein Interesse darbot. Weder Galvani noch Zahn werden da erwähnt. Im Grunde genommen ist der Tiegel'sche Versuch nichts anderes, als eine Modification des alten, vor etwa 100 Jahren ausgeführten elektrokinetischen Versuches von Galvani.

Im Verlaufe desselben Jahres 1876 erschien die Arbeit von Gergens[1], in der die Tiegel'sche Methode zum Zwecke einer genauen Localisation der Reflexreizung Anwendung findet. Als Quelle der elektrischen Einwirkung auf Distanz dient ein isolirtes metallisches Plättchen (Zn), welches vertical eingestellt und mit dem einen Pol des Ruhmkorff'schen Inductoriums verbunden ist; der zweite Pol desselben ist zur Erde abgeleitet. Ein zweites gleiches Plättchen (Zn') wird ebenfalls vertical und dem ersten parallel in einiger Entfernung von demselben angebracht. Das zweite Plättchen (Zn') wird durch einen Draht mit einem aufgehängten Frosche verbunden. Wird nun der Ruhmkorff in Thätigkeit gesetzt und berührt man irgend einen Hautpunkt mit einer Nadel, die man in der Hand hält, bezw. mit der Erde verbunden hat, so bekommt man eine bestimmte Reflex-

[1] Gergens, Versuche über Reflexbewegung mit Influenzapparat. Pflüger's Archiv für Physiologie, Bd. XIII, 1876, S. 61.

zuckung. Zur Verstärkung der Wirkung kann man bloss die beiden Plättchen Zn und Zn′ einander nähern, ohne die Stromstärke in der primären Spirale zu verändern; der Reflex kann dabei sogar auf eine blosse Annäherung der Nadel — ohne Berührung der Haut — zu Stande kommen.

Bei der angeführten Versuchsanordnung handelt es sich darum, dass im leitenden Plättchen Zn′ unter dem Einflusse des Elektrodenplättchens Zn Elektricität inducirt wird, die durch den Draht dem Frosche mitgetheilt wird; der Frosch wird also geladen; die Berührung bezw. Annäherung des mit der Erde verbundenen Leiters (der Nadel) bewirkt in diesem Punkte eine Entladung, die sogar in Form eines Funkens geschehen kann, je nach der Stärke der Ladung. Die Dichtigkeit des Entladungsstromes ist an der Berührungsstelle der Nadel sehr bedeutend, daher auch die grosse Intensität der Hautreizung. Das zweite leitende Plättchen Zn′, das mit dem Frosche verbunden wird, ist nicht wesentlich nothwendig; man kann sich mit der Elektrodenplatte Zn allein begnügen. Nur ist Zn′ deshalb bequem, weil man bei dessen Anwendung den Frosch in beliebiger und sogar grosser Entfernung von der Plattenelektrode Zn anbringen kann.

Die angeführte Versuchsanordnung von Gergens kann auch für den Menschen angewendet werden, wie ich mich auch in meinen Beobachtungen überzeugen konnte; vermittelst einer Platte Zn′ von grösserem Umfange (dasselbe gilt auch für Zn) erhält die auf Glas oder Paraffin stehende Versuchsperson elektrische Ladungen unipolar vom Ruhmkorff. Berührt man die Haut mit einer stumpfen Nadel, die man mit der blossen Hand hält, so kann man bei der Versuchsperson an bestimmten Punkten streng localisirte Empfindungen hervorrufen; letztere sind intensiver, wenn man mit der Nadel einem Hautnerven entlang über die Haut fährt (siehe unten auch die Versuche von Leduc). Ich habe mich überzeugt, dass diese Methode für die Untersuchung der Hautsinne sehr geeignet ist.

Was die Bedeutung der Gergens'schen Versuche für die physiologische Elektrokinese anbetrifft, so ist sie offenbar eine nebensächliche, da die Elektricität nicht unmittelbar im Thierkörper *per se* inducirt wird, sondern zu demselben aus dem Plättchen Zn′ geleitet wird; mit anderen Worten, der Körper und Zn′ stellen ein System von Leitern dar, die eine gewisse elektrische Capacität besitzen und unter einander durch einen Draht verbunden sind; die Elektrisirung des vom Zn entfernten Thieres ist die Folge einer primären elektrischen Induction in dem näher liegenden Plättchen Zn′. Letzteres werde also für das Thier zur unmittelbaren Elektricitätsquelle; eine solche Versuchsanordnung entspricht deshalb den Forderungen einer elektrokinetischen Einwirkung (nach unserer Terminologie) nicht, da bei der letzteren die elektrischen Ströme im lebenden Substrate selbst durch Induction entstehen. Von einem gewissen Gesichtspunkte aus kann es selbstverständlich ziemlich gleichgültig erscheinen, ob die Elektricität dem Nerven zugeleitet wird, oder ob sie inductiv im Nerven selbst entsteht; das Wesen ihrer Einwirkung auf die Nerventheilchen kann unter gewissen Umständen in beiden Fällen die gleiche bleiben. Wir kommen noch später auf diese Frage zurück, vorläufig aber wollen wir die elektrokinetische und die Contacteinwirkungen streng aus einander halten, wenn dies auch nur von der methodologischen Seite her vorläufig geschehen sollte.

Vom gleichen Gesichtspunkte aus müssen wir auch die weiteren Tiegel'schen Untersuchungen betrachten, welche den Zweck hatten, eine genau localisirbare und abstufbare elektrische Reizungsmethode durch Combination eines Inductoriums mit einem Condensator auszuarbeiten.[1] Die oben angeführte Versuchsanordnung von Gergens rührt eigentlich von Tiegel her; letzterer hatte sich ihrer auch für die in Rede stehende Arbeit bedient. Der eine Pol eines Schlitteninductoriums von E. du Bois-Reymond wird zur Erde abgeleitet, der andere ist mit einer isolirten Metallplatte Zn verbunden; der letzteren gegenüber befindet sich eine gleiche verschiebbare Platte Zn′, welche durch einen Draht mit dem Stanniolbelege einer Glasplatte in Verbindung steht; auf dem Belege kommt das Nervmuskelpräparat (NM) unmittelbar zu liegen; letzteres ist vermittelst eines Drahtes X zur Erde (Gasleitung) abgeleitet. Die Platten Zn und Zn′, die einander parallel stehen und durch ein Dielektricum (Luft) völlig getrennt sind, stellen einen Condensator dar. Eine Nervenerregung, welche sich in einer Zuckung des NM manifestirt, kommt nur beim Oeffnen des primären Kreises des Inductoriums zu Stande; beim Schliessen bleibt dagegen der Muskel in Ruhe. Die Reizung wird

[1] E. Tiegel, Ueber den Gebrauch eines Condensators zum Reizen mit Inductionsapparaten. Pflüger's Archiv für Physiologie, Bd. XIV, 1877, S. 330—340.

dadurch bedingt, dass aus der Platte Zn′ die inducirte Elektricität „von bestimmtem Vorzeichen und bestimmter Spannung durch das Nervmuskelpräparat zur Erde fliesst“. „Die Reizung erfolgt nur durch eine Elektricitätssorte“ sogar bei intermittirender Reizung, d. h. beim Schwingen des Hammers des Schlittenapparates. Wird das NM-Präparat mit der Erde nicht verbunden, so fehlen die Zuckungen. Berührt man verschiedene Punkte des Nerven und Muskels mit dem Drahtende X (von der Gasleitung), so kann man streng localisirte Reizungen erhalten. Durch Veränderung der Stromstärke in der secundären Spirale des Inductoriums oder durch Veränderung des Abstandes zwischen den Armaturen des Condensators, d. h. zwischen Zn und Zn′, können entsprechende Veränderungen in der Stärke der Reizung erzielt werden.

Wir haben es also auch hier, ebenso wie in den Versuchen von Gergens, nicht mit einer echten elektrokinetischen Reizung zu thun; die Elektricität wird dem Nerven unmittelbar zugeleitet und von demselben fliesst sie weiter zur Erde; man erhält offenbar einen echten Strom, der als Ursache der Reizung dient.

In den angeführten Versuchen von Tiegel wird das NM vom Zn′ geladen, erst wenn man es mit dem Drahtende X berührt, entsteht ein Strom, bezw. ein Entladungsstrom in die Erde. Man kann aber selbstverständlich auch umgekehrt mit Erfolg verfahren: Nerv und Muskel werden von vornherein und dauernd mit X (mit der Erde) verbunden, die Berührung, welche punktförmig und an einer beliebigen Stelle erfolgen kann, wird mit dem Drahtende (y) von Zn′ ausgeführt. In diesem Falle strömt die Elektricität im Berührungspunkte mit y in das NM ein, während sie im ersten Versuche durch den Berührungspunkt mit X aus dem NM ausströmte.

Von viel grösserem Interesse sind für unsere Frage die Versuche von M. Schiff, welche er behufs experimenteller Controle der positiven Resultate von Charcot unternommen hatte. Charcot brachte nämlich die anästhetischen Extremitäten seiner Patienten in ein Solenoid und beobachtete dabei eine Wiederherstellung der Sensibilität sogar bei Strömen von sehr schwacher Intensität und minimaler Spannung! Schiff[1] brachte ebenfalls die Extremitäten eines

[1] M. Schiff, Contributions à l'étude des effets des bobines d'induction sur le système nerveux. Archives des sciences physiques et naturelles, T. I.

Thieres in ein Solenoid hinein, in dem ein Strom von mehreren Elementen kreiste; die Hautsensibilität zeigte aber dabei keine Veränderungen. Ein ähnlicher Versuch wurde mit einem Nervmuskelpräparat angestellt und ergab ebenfalls ein negatives Resultat: es konnte weder eine Reizung noch eine Veränderung der Nervenerregbarkeit constatirt werden. Schiff (a. a. O. S. 501) erwähnt auch die negativen Resultate von Regnard, der einen Nerven innerhalb einer Spirale brachte und konnte unter dem Einflusse der elektrodynamischen Induction der Spirale keine Veränderung der elektromotorischen Eigenschaften des Nerven constatiren.

Was die Wirkung des Elektromagneten anbetrifft, so beobachtete Schiff in seinen früheren Versuchen bloss eine Verlängerung des Zeitraumes zwischen der Nervenreizung (durch einen Inductionsschlag) und dem Beginn der Muskelzuckung, d. h. eine Verlängerung der mechanischen Latenzzeit. Würde sich dieser Einfluss des Elektromagneten als constant erweisen, hätte man alle Fehlerquellen und Nebeneinflüsse ausschliessen können, so könnte diese Thatsache als Erscheinungsform der Neuroelektrokinese, mit anderen Worten als Beweis für den Einfluss der Induction auf die Erregungsprocesse im Nerven und Muskel, eine grosse positive Bedeutung erlangen. Leider darf der erwähnten Beobachtung keine solche positive Bedeutung beigemessen werden, da diese Beobachtung offenbar eine zufällige war und als constant und sicher nicht gelten kann. Berücksichtigt man übrigens die geringe Spannung der Ströme in den Solenoiden von Schiff, so könnte man schon *a priori* erwarten, dass diese einen geringen oder sogar gar keinen Einfluss auf die physiologischen Processe in den feuchten Leitern von ungemein grossem Widerstande — bei den Bedingungen der Schiff'schen Versuche — werden ausüben können. An die negativen Resultate von Schiff und Regnard schliessen sich die gleichen Versuchsresultate von L. Hermann an dessen Versuche den Zweck hatten, die elektrodynamische Theorie von E. du Bois-Reymond an den Erscheinungen des Elektrotonus zu controliren.[1] L. Hermann suchte eine elektrodynamische Richtungskraft des Stromes auf die drehbaren elektromotorischen Nerven-

1879, p. 226; von demselben Autor: Recueil des mémoires physiologiques, T. I, 1894, p. 496 u. folg. u. 568.

[1] L. Hermann, Ueber eine Wirkung galvanischer Ströme auf Muskeln und Nerven. Pflüger's Archiv für Physiologie, Bd. VI, 1872, S. 312.

theilchen — auf Distanz zu entdecken, wenn diese Theorie richtig wäre. Die Versuchsanordnung war folgende: ein Nerv wurde in ein Glasröhrchen eingesetzt; die beiden Enden des Nerven wurden mit einer sehr empfindlichen Bussole verbunden. Das Röhrchen wurde in den Centralcanal eines Elektromagneten eingeführt, dessen Drahtwindungen in der Längsrichtung, d. h. der Axe — und in Folge dessen auch dem Nerven — parallel verliefen; die Mitteldistanz zwischen dem letzteren und den Drahtwindungen war etwa 5 mm. Beim Durchleiten eines starken Stromes durch die Drahtwindungen konnte „nicht die mindeste Spur einer elektrotonischen Erscheinung" constatirt werden; „alles was merklich war, war eine sehr schwache bei Oeffnung und Schliessung auftretende Inductionsablenkung" (a. a. O. S. 335).

Im J. 1885 wurde von Magini[1] ein kleiner Artikel veröffentlicht, in welchem er, ohne seine Vorgänger zu erwähnen, interessante Beobachtungen über elektrische Nervenreizung auf Distanz anführt, die im Wesentlichen den Ergebnissen von Zahn analog sind. In mancher Beziehung ist der Inhalt dieser kurzen Notiz nicht genügend klar, und zwar in Betreff der Versuchsanordnung; nicht ganz verständlich ist auch die Erklärung der Erscheinungen, die der Autor selbst durch den Ausdruck „Erregung durch den unipolaren Inductionsstrom" geben will. All dies beeinträchtigt aber nicht die Bedeutung der Magini'schen Thatsachen selbst, die im Wesentlichen durch meine Controlversuche bestätigt wurden. Der Autor selbst, ebenso wie früher Zahn, betrachtete diese Erscheinungen nicht als einen directen Beweis für die Reizwirkung elektrischer Wellen, welche in einem Dielektricum (Luft, Glas) sich fortpflanzen und Inductionsströme im Nerven hervorrufen.

Magini arbeitete mit einem Schlittenapparate von E. du Bois-Reymond und einem kleinen Ruhmkorff, welcher Funken von etwa 10 mm Länge gab. Der secundäre Kreis war nicht geschlossen; die Pole waren frei, ohne Drähte; nur in einigen Versuchen wurde ein Draht in einem Pol eingesetzt; das freie Drahtende diente als Elektrode zur Reizung auf Distanz. Das Nervmuskelpräparat eines

[1] J. Magini, Erregung der Nerven durch den unipolaren Inductionsstrom. Moleschott's Untersuchungen zur Naturlehre, Bd. XIII, 1885, S. 409 bis 413.

Frosches befand sich entweder direct unmittelbar auf der Hülle der secundären Spirale des Schlittenapparates oder es wurde durch Glas, Papier, Seide isolirt. Könnte noch im ersten Falle die Hinlänglichkeit der Isolation angezweifelt werden, so wäre bei der Versuchsanordnung im zweiten Falle ein solcher Zweifel gänzlich ausgeschlossen. Die Beobachtungen sind beim Schwingen des Hammers des Inductoriums, d. h. bei intermittirender Reizung gemacht worden.

Wird der Nerv auf der secundären Spirale parallel zu deren Axe, bezw. senkrecht auf den Verlauf der Drahtwindungen derselben gelagert, so zuckt der Muskel; bei der umgekehrten Lagerung dagegen, d. h. wenn das NM-Präparat den Windungen entlang, bezw. senkrecht auf die Axe gelagert wird, kommt keine Nervenerregung zu Stande, der Muskel bleibt in Ruhe. Man kann übrigens auch bei dieser unwirksamen Lagerung Zuckungen hervorrufen, wenn man das Nervenende hakenförmig umbiegt, d. h. wenn man es schräg oder quer zu den Spiraltouren lagert. Diese Thatsache beweist also nicht nur das Vorhandensein eines activen elektrischen Feldes um der secundären Spirale des Inductoriums, sondern sie erläutert auch gleich die Bedeutung der Orientirung des Nerven in Bezug auf die Spiraltouren oder genauer auf die Vertheilung der Kraftlinien der elektrischen Energie in diesem Felde.

Konnte man die Existenz eines physiologisch activen elektrischen Feldes schon auf Grund der Untersuchungen von Zahn annehmen, so war die Thatsache der Orientirung, d. h. der wirksamen und unwirksamen Lagerung in ein und derselben Entfernung von der Spirale, gänzlich neu; damit hat sich Magini sicher ein Verdienst erworben, wenngleich er selbst diese Thatsache bloss als einfache empirische Regel betrachtete.

Ein nicht geringes Interesse bietet die folgende Beobachtung von Magini dar, die im Grunde genommen bloss eine Wiederholung des Zahn'schen Versuches darstellt, der im Artikel von Magini gar keine Erwähnung findet. Ein Pol des Inductoriums wird mit einem Draht (*a*) verbunden, dessen freies Ende die Nervenreizung auf Distanz (1—10 cm) hervorbringt; das freie Drahtende war dabei zwischen zwei feinen Glasplättchen eingeklemmt.

Die Orientirungsregel gilt auch in Bezug auf Reizung durch einen Draht auf Distanz: ist der Nerv parallel dem Drahte gelagert, so bleibt die Reizung aus; es kommen dagegen Zuckungen zu Stande, wenn der Nerv senkrecht auf den Draht liegt. Wird dagegen ein blossgelegter isolirter, aber nicht durchschnittener Nerv der gleichen unipolaren Einwirkung (d. h. der Wirkung nur einer Drahtelektrode) ausgesetzt, so ist die Wirkung auf Distanz, durch einen Isolator hindurch, gleich Null; Zuckungen kommen nur bei der unmittelbaren Nervenreizung durch dieselbe Elektrode „in senkrechter oder paralleler Richtung" zu Stande.

Bei ähnlichen Versuchen mit dem Rückenmarke des Frosches, d. h. mit einem geköpften Thiere, konnte Magini die gleiche Gesetzmässigkeit der Orientirung constatiren: liegt der Frosch parallel den Spiraltouren, so bleibt er in Ruhe; ist er dagegen auf der secundären Spirale parallel zu deren Axe gelagert, so kommen heftige Muskelzuckungen zu Stande. Es äussert sich offenbar darin das Orientirungsgesetz in Bezug auf das Rückenmark. Da ich in dieser Richtung keine eigenen Controlbeobachtungen habe, so kann ich auch nicht behaupten, inwiefern der Schluss von Magini in Bezug auf das ganze Thier berechtigt ist. Was aber die Orientirung des Nerven, genauer — des Nervmuskelpräparates anbetrifft, so kann man sich von der Richtigkeit dieses Resultates durch eigene Versuche leicht überzeugen. Man hat nur eine entsprechende Stromstärke zu wählen, bei der der Unterschied der Reaction in beiden Lagerungsweisen deutlich hervortritt.

Wenn vom unitarischen physikalischen Standpunkte der neueren Ansichten Elektricität und Magnetismus als Erscheinungsformen „derselben Kraft" betrachtet werden, so stellen begreiflicher Weise auch ihre physiologischen Wirkungen ein Interesse in der gleichen Richtung dar. Wir müssen daher in unserem Ueberblick auch die experimentelle Arbeit von L. Hermann über die physiologische Wirkung des magnetischen Feldes berücksichtigen[1], welche Arbeit auf Veranlassung der in dieser Richtung von den Neuropathologen durch Beobachtungen am Menschen gewonnenen positiven Resultate unternommen wurde.

Beim Studium der Fernwirkung eines starken Elektromagneten von Ruhmkorff auf die motorischen Nerven des Frosches gelangte

[1] L. Hermann, Hat das magnetische Feld directe physiologische Wirkungen? Pflüger's Archiv für Physiologie, Bd. XLIII, 1888, S. 217.

L. Hermann zu negativen Resultaten: der Magnet beeinflusst weder die Höhe der Einzelzuckung oder des Tetanus, noch die Reizschwelle, noch die Erregbarkeit, noch die Erscheinungen der Superposition der Zuckungen, noch den Verlauf der Zuckungs- und Ermüdungscurve u. s. w.; der Effect bleibt der gleiche, mag der zu prüfende Reiz auf den Nerven oder direct auf den Muskel einwirken; es ist auch gleichgültig, ob ein Magnet in der Nähe thätig ist oder nicht. Das gleiche negative Resultat bekam L. Hermann ferner auch dann, wenn das Nervmuskelpräparat zwischen den Polen des Elektromagneten in der Längs- oder Querrichtung, d. h. in der Aequatorialebene gelagert war: in allen Fällen, sowohl beim Schliessen, als auch beim Oeffnen des Stromes, d. h. beim Entstehen und Verschwinden des Magnetismus, kam keine Zuckung zu Stande, der Muskel blieb in Ruhe.

L. Hermann überzeugte sich ferner davon, dass der Magnetismus bei keinen Bedingungen irgend einen Einfluss auf die elektromotorischen Eigenschaften des Nerven und des Muskels (Actions- und Demarcationsströme) ausübt; die Ablenkungen der Nadel des Galvanometers blieben die gleichen, sowohl mit, als auch ohne den Elektromagneten.

L. Hermann brachte nun seinen Kopf oder ganze Thiere zwischen die Pole des Elektromagneten und konnte dabei irgend einen Einfluss des Magnetismus auf die Sensibilität nicht constatiren.

Endlich versuchte L. Hermann vergeblich, ebenso wie E. du Bois-Reymond, eine Nervenerregung durch einen Magneten zu induciren; letzterer konnte offenbar im Nerven keine Entstehung irgend welcher neuen elektromotorischen Kraft hervorrufen.

Viel erfolgreicher waren die Versuche von L. Hermann über die Induction eines Stromes in einem Kreise aus lebenden erregbaren Organen, und zwar aus Muskeln und Nerven. An der Aussenseite der primären Spirale eines Schlittenapparates von E. du Bois-Reymond bildete er um die Spirale herum einen ringförmigen secundären Kreis aus mehreren Muskeln und einem Nerven, welcher den Muskelkreis schloss. Beim Schwingen des Unterbrechers — des Wagner'schen Hammers — kamen Muskelzuckungen zu Stande. In einem einzigen Ringe aus feuchten Leitern rief also die Induction einen Strom hervor, der stark genug war, um den Nerven zu reizen; werden aber zur Bildung dieses Kreises mehrere Nerven verwendet, so bleiben die Zuckungen aus, offenbar deshalb, weil unter dem Einflusse des grossen Widerstandes der dünnen Nervenstämme der Strom stark geschwächt wird.

Ein gleiches positives Resultat ist auch dann erhalten worden, wenn die primäre Spirale eines Inductoriums von einer einzelnen ringförmigen Drahtwindung umringt war; in der letzteren entstand ein Inductionsstrom, der stark genug war, um eine Nervenreizung hervorzubringen.[1]

Ungeachtet des vollständig negativen Schlusses von L. Hermann in Bezug auf die Möglichkeit einer physiologischen Einwirkung des Magnetismus auf Nerven und Muskeln, kann doch jede Möglichkeit einer physiologischen Activität des Magnetismus nicht gänzlich geleugnet werden, eben wegen der physikalischen Identität (im gewissen Sinne) von Elektricität und Magnetismus. Es sind damit freilich verschiedene Combinationen in der Versuchsanordnung gemeint; es ist z. B. sehr wahrscheinlich, dass bei gewissen Bedingungen die Bewegung eines Nerven, als Leiter in einem magnetischen Felde, in gewisser Beziehung zur Richtung der Kraftlinien, im Nerven selbst einen zum Hervorbringen einer Reizung ausreichenden Inductionsstrom hervorrufen wird; es kann ferner *a priori* nicht geleugnet werden, dass eine bestimmt orientirte Bewegung eines Nerven in der Nähe eines Magneten oder *vice versa* eine inducirende Wirkung auf die elektromotorischen Eigenschaften der Nerven und Muskeln ausüben könne u. s. w. Ich glaube, kurzum, dass entfernt nicht alle Bedingungen der magnetischen Einwirkungen experimentell erschöpft worden sind und es wäre daher zu weit gegriffen, wenn man den negativen Schluss von L. Hermann auf alle denkbaren Bedingungen der magnetischen Einwirkung ausdehnen wollte.[2] Es wäre andererseits irrationell, von der physiologischen Wirkung des Magnetismus (wenn diese sich als positiv erweisen sollte) etwas „Geheimnissvoll-

[1] Vgl. unten meine Versuche bei der gleichen Anordnung.

[2] Es mag an dieser Stelle erwähnt werden, dass bei gewissen Bedingungen ein elektrischer Körper unter dem Einflusse des magnetischen Stromes seine positive Ladung verliert (C. E. S. Phillips, s. Ref. in Naturwiss. Rundschau, Bd. XV, S. 46), dass eine elektrische Entladung durch ein Rohr unter dem Einflusse des magnetischen Feldes ausbleibt (Gassiot), dass ein elektrisches Feld eine bestimmte Wanderung eines Elektrolytes hervorbringen kann (O. Urbasch) u. s. w.

neues“, etwas anderes, als der Wirkung der Elektricität nahestehende, völlig verwandte Erscheinungen zu erwarten. Es ist höchst wahrscheinlich, dass die Wirkung des Magnetismus im Wesentlichen auf die Wirkung elektrischer Ströme sich hätte zurückführen lassen; letztere können im Nerven, ebenso wie in irgend einem anderen Leiter, entstehen, wenn dieser selbst bewegt wird oder wenn das magnetische Feld einen variablen Charakter hat. Auf die Möglichkeit einer activen Wirkung des magnetischen Feldes weisen auch die unten angeführten Versuche von McKendrick hin.

Freilich habe ich damit nicht die Absicht, die Richtigkeit oder Wahrscheinlichkeit verschiedener Mittheilungen über die positive Wirkung des Magnetismus auf den kranken und gesunden Menschen zu bekräftigen. Bei der Lösung derartiger Probleme darf man sich am wenigsten auf subjective Angaben, besonders von kranken Personen, verlassen; es gehört dazu nicht nur Beobachtungsfähigkeit, sondern auch Sachverständniss, daher auch die Fähigkeit, sich zu eigenen Empfindungen kritisch zu verhalten. Das ist auch zum Theil der Grund, warum ich verschiedene Mittheilungen über die Fernwirkung der Elektricität auf kranke Personen übergehen zu dürfen glaube. Dasjenige, was als objectiv richtiges Resultat mehr Vertrauen verdient, wird in anderen Abschnitten meiner elektrokinetischen Untersuchungen Berücksichtigung finden. An dieser Stelle mögen nur experimentelle, objective Ergebnisse angeführt werden. Mit noch grösserer Vorsicht, mit noch grösserem Skepticismus hat man sich zu den Mittheilungen über die Wirkung des Magneten auf hypnotisirte Personen zu verhalten.

Dem allgemeinen Schluss von L. Hermann über das scheinbar indifferente Verhalten des Froschnerven und -Muskels zum Elektromagneten widersprechen einige Versuche von Mc Kendrick vom J. 1879.[1] Indem ich diejenigen seiner Versuche übergehe, wo der Nerv die Pole des Magneten unmittelbar berührte oder mit denselben in metallischer Verbindung stand, wo man in Folge dessen das Zustandekommen einer Stromverzweigung vermuthen kann, will ich hier die Resultate nur derjenigen Beobachtungen anführen, in denen diese

[1] Mc Kendrick, Observations on the influence of an electromagnet on some of the phenomena of a nerve. The Journal of anatomy and physiology, Bd. XIII, 1879, S. 219—223.

Fehlerquelle ausgeschlossen war. Ein Nerv wurde auf einer dünnen Glasplatte zwischen den Polen eines Elektromagneten (genauer — zwischen Polschuhen aus weichem Eisen) so gelagert, dass er die magnetischen Kraftlinien rechtwinkelig kreuzte. In einigen Fällen wurde beobachtet, dass „*the nerve was affected. Occasionally the muscle contracted*". Die Erscheinungen waren offenbar wechselnd, die positiven Resultate unbeständig. Da dieser Autor glaubte, „*highly probable that nervous activity may be affected by magnetic action*", so beabsichtigte er, diese Untersuchung fortzusetzen; so viel mir aber bekannt ist, hatte er keine weiteren Mittheilungen veröffentlicht. Ob von anderen Autoren Controlversuche in dieser Richtung unternommen worden sind, ist mir nicht bekannt. In dem oben citirten Artikel (1888) verhält sich L. Hermann skeptisch zu den positiven Resultaten von McKendrick. Meine Versuche[1], von denen im zweiten Theile dieser Untersuchungen ausführlich die Rede sein wird, bestätigen bis zu einem gewissen Grade das positive Resultat von McKendrick in den Fällen, wo der Nerv mit der Erde oder mit irgend einem grossen Leiter verbunden wird; das Nervmuskelpräparat wurde sowohl vom Tische als auch vom Elektromagneten isolirt. Bei diesen Bedingungen beobachtete ich Muskelzuckungen in der Nähe eines starken Elektromagneten, sogar in einer Entfernung von 1 m! Controlversuche machten aber den Schluss sehr wahrscheinlich, dass das magnetische Feld an sich an dieser Reizung kaum betheiligt ist; letztere wird offenbar durch die Elektrisirung des Eisenkernes des Elektromagneten, d. h. durch ein variables elektrisches Feld bedingt. Der Kreis des letzteren braucht bei gewissen Bedingungen nicht einmal geschlossen zu sein! Verbindung des Kernes mit der Erde lässt die Muskelzuckungen verschwinden.[2]

---

[1] Siehe meine Mittheilung „De l'excitation des Nerfs par les rayons électriques" auf dem XII. internationalen medicinischen Congresse in Moskau i. J. 1897.

[2] Was die directe Wirkung des Magneten und Elektromagneten auf Menschen und Thiere in physiologischer Beziehung anbetrifft (Charcot, d'Arsonval, Edison, Peterson und Kenelly, Ziegler, Maggiorani u. A.), so wollen wir uns hier damit nicht aufhalten. Mehr Beachtung verdienen die Versuche von d'Arsonval (Exposé des titres et travaux scientifiques, 1894, p. 68, wo die Mittheilung in der Société de Biologie am 22. April 1882 erwähnt wird). Auf die Bewegungen des körnigen Protoplasmas in Pflanzen-

Im Zusammenhange mit den oben angeführten Ergebnissen über die physiologischen Wirkungen des Magnetismus auf die thierischen Gewebe entsteht die Frage, ob vielleicht dabei die diamagnetischen Eigenschaften der letzteren zur Geltung kommen? Schon nach den älteren Bestimmungen von FARADAY besitzen viele thierische und pflanzliche Säfte und Gewebe diamagnetische Eigenschaften (getrocknetes Fleisch, frisches Fleisch, frisches, sowie auch eingetrocknetes Blut, Aepfel u. a.). PLÜCKER bestätigte den Diamagnetismus des Blutes und bemerkte, dass die Blutkörperchen stärker diamagnetisch sind als das Serum oder Wasser; erstere werden daher vom Elektromagneten stärker abgestossen, als die genannten Flüssigkeiten. Dasselbe Verhalten constatirte er auch in Bezug auf das Serum und die Kügelchen der Milch. — DE LA RIVE und BRUNNER banden einen Frosch so zusammen, dass er sich nicht mehr bewegen konnte; wurde dann der Frosch in die Nähe eines Elektromagneten gebracht, so konnten sie deutlich sehen, dass der Frosch von den Polen des Elektromagneten abgestossen wurde; der Frosch ist also diamagnetisch. Daraus zogen die Autoren den Schluss, dass im lebenden Thiere kein elektrischer Strom vorhanden sei, da sonst das Thier sich dem Elektromagneten gegenüber wie ein magnetischer Körper verhalten müsste; wenn in demselben elektrische Ströme doch zu Stande kommen, so sind sie derart, dass sie sich gegenseitig aufheben.[1]

Ungeachtet der deutlich ausgesprochenen diamagnetischen Eigenschaften der Nerven und Muskeln ist es schwer anzunehmen, dass bei den Bedingungen der oben erwähnten Versuche mit Elektromagneten diese Eigenschaften eine wesentliche, active Rolle spielen könnten. Später, bei anderen Bedingungen der Magneteinwirkung auf den Nerven, könnte es eventuell gelingen, dem letzteren eine „moleculare Erschütterung“ zu ertheilen dank dem Diamagnetismus seiner Theilchen. Es muss jedoch zugestanden werden, dass in den bisher ausgeführten magneto-physiologischen Untersuchungen auch nicht die Spur einer solchen denkbaren Reizungsmethode zu finden ist.

---

zellen (Chara, Tradescantia) erweist der Elektromagnet keine Wirkung (J. REINKE, PFLÜGER's Archiv für Physiologie, Bd. XXVII, 1882, S. 140—151).

[1] Siehe das Referat von E. DU BOIS-REYMOND in Fortschritten der Physik i. J. 1847, Berlin, 1850, S. 447 und 576. — Siehe noch Anhang 3 am Ende dieses Buches.

Seit etwa 10 Jahren hat die Elektricitätslehre dank den genialen physikalischen Untersuchungen von Hertz und dann von seinen Nachfolgern über die Fortpflanzung der Elektricitätsenergie in Form von Strahlen eine neue Epoche zu verzeichnen. Es wurde das als Thatsache festgestellt, wovon man früher bloss dunkle Ahnungen hatte, was in den theoretischen Erdichtungen der alten Physiker als verschwommenes Bild vorgeschwebt hatte: ebenso wie das Licht kann sich die elektrische Kraft bei gewissen Bedingungen in der Luft in Form von geradlinigen Strahlen fortpflanzen.

Werden die Hertz'schen Strahlen von einem Metallspiegel reflectirt und treffen sie dann einen in richtiger Weise als Resonator angebrachten „secundären Leiter", so induciren sie bekanntlich in dem letzteren elektrische Schwingungen, welche bei ausreichender Potentialdifferenz als kleines Fünkchen zum Vorschein kommen. Da die Energie der elektrischen Strahlen überhaupt sehr klein ist, so ist es begreiflich, warum man schon von den ersten derartigen Untersuchungen an bestrebt war, so z. B. Hertz selbst, den Funken durch eine andere empfindlichere elektroskopische Reaction zu ersetzen, unter Anderem auch durch ein Nervmuskelpräparat des Frosches. Die ersten derartigen Versuche sind zuerst von Ritter[1] mit Erfolg ausgeführt worden. Die von einem parabolischen Spiegel reflectirten elektrischen Strahlen wurden durch Zuckungen eines Froschschenkels angezeigt, dessen Nerv am hinteren Ende eines oder beider Drähte des „secundären Leiters" hinter dem zweiten auffangenden Spiegel gelagert war. Die Reizung geschah also uni- oder bipolar, wenn der Nerv die beiden Drähte, die Funkenstrecke, überbrückte. Es ist von Interesse, dass nach den Beobachtungen von Ritter die Zuckungen des Froschschenkels stärker und constanter waren, wenn der Nerv unipolar, d. h. nur mit dem einen Drahte des „secundären Leiters" und nicht mit beiden verbunden war. Die Erklärung dieser paradox klingenden Thatsache liegt, wie ich glaube, in einer verstärkten elektrostatischen Ladung des NM-Präparates bei der unipolaren Verbindung. Die Ritter'schen Versuche sind von mir im physikalischen Laboratorium des Charkower technologischen Institutes mit Erfolg wiederholt worden. Bringt man ein Metallgitter von Hertz zwischen

---

[1] Ritter, Bemerkungen zu den Hertz'schen Versuchen . . . Wiedemann's Annalen der Physik, Bd. XL, 1890, S. 53.

dem „secundären Leiter“ und dem ersten reflectirenden Spiegel, so kann man, je nach der Orientirung der Gitterdrähte, die Muskelzuckungen nicht zu Stande kommen lassen, d. h. die auffallenden elektrischen Strahlen abhalten, oder man kann die letzteren durchlassen und damit eine Nervenreizung hervorbringen. Ich habe mich ferner überzeugt, dass, wenn der Nerv nur den einen Draht des „secundären Leiters“ berührt, die Zuckung bedeutend verstärkt werden kann, wenn man das andere Ende des Froschschenkels zur Erde ableitet.[1]

Was die Bedeutung der Ritter'schen Beobachtung vom Gesichtspunkte der **physiologischen Elektrokinesis** anbetrifft, so gehört diese keineswegs zur letzteren; die Reizung des Nerven ist nicht das Resultat einer directen Wirkung der elektrischen Strahlen auf den Nerven, sondern einer Umwandlung der Energie dieser Strahlen in elektrische Schwingungen im „secundären“ metallischen Leiter, der den Nerven durch unmittelbaren Elektrocontact reizt. Ein Interesse bietet dieser Versuch nur wegen der eigenartigen Quelle dieser elektrischen Reizung.

Jacques Loeb versuchte, ein Nervmuskelpräparat des Frosches der directen Wirkung elektrischer Strahlen, ohne Vermittelung irgend welcher Leiter, auszusetzen; er bekam aber dabei entweder vollständig negative Resultate oder Zuckungen in Folge einer „Influenzwirkung“. J. Loeb zieht daraus den Schluss, dass „die Muskeln und Nerven für den von uns benutzten Entlader keinen Resonator bildeten“. Was die Methoden zur Erzeugung der elektrischen Strahlen anbetrifft, so beschränkt sich J. Loeb auf den Hinweis, er habe zu diesem Zwecke eine „Toepler-Holtz'sche Influenzmaschine“ benutzt; der Abstand der Kugeln des Entladers betrug gewöhnlich 2—5 cm; von der Anwendung eines Hertz'schen Vibrators wird nichts erwähnt.[2] Dieser Autor glaubte scheinbar, die gewöhnlichen Ent-

---

[1] An beiden Enden des geradlinigen Resonators kommen die stärksten periodischen Potentialschwankungen zu Stande, während die Stromstärke da gleich Null ist; dagegen sind diese Schwankungen an der Unterbrechungsstelle — der Funkenstrecke — in der Mitte des Resonators minimal, während da die Stärke des Wechselstromes maximal ist; siehe A. Righi, Die Optik der elektrischen Schwingungen, Leipzig, 1898, S. 20.

[2] J. Loeb, Zur Theorie des Galvanotropismus, V. Mittheilung, Influenzversuche, Pflüger's Archiv für Physiologie, Bd. LXVII, 1897, S. 483—491. —

ladungen der Elektrisirmaschine seien vollständig ausreichend zur Erzeugung von Hertz'schen Strahlen und dann zur Anwendung derselben als Reiz. Eine solche Versuchsanordnung kann kaum als zweckmässig bezeichnet werden[1]; das Gleiche gilt auch von der Methode der Verwendung eines Metallspiegels zur Reflexion der elektrischen Strahlen nach dem Nervmuskelpräparate hin.

Ich versuchte ebenfalls bis jetzt erfolglos, einen Nerven der unmittelbaren Reizung durch elektrische Strahlen zu unterwerfen, indem ich den Nerven als „secundären Leiter" — statt des metallischen — in die Brennlinie des zweiten reflectirenden parabolischen Spiegels brachte (Hertz'sche Versuchsanordnung). Selbstverständlich musste man dabei nicht nur die Lage des Nervmuskelpräparates ändern, sondern auch seine Grösse variiren; bald wurden kleine Frösche zur Präparation verwendet, bald mehrere NM-Präparate der Länge nach hinter einander angeordnet, bald wurde der Hertz'sche Vibrator behufs der Erzeugung von verschiedenen Wellen gewechselt u. dgl. Trotz allen Proben blieb das Resultat negativ; der Nerv „resonirte" nicht auf die elektrischen Strahlen, welche — in der Brennlinie sich sammelnd — offenbar auch das NM-Präparat trafen. Wurde durch entsprechende Maassnahmen der Einfluss des vom Vibrator erzeugten elektrischen Feldes beseitigt, so blieb der Muskel in vollständiger Ruhe; bei keinen Bedingungen konnte ich bisher eine directe Nervenerregung constatiren. Da ich auf die physiologische Wirkung der elektrischen Strahlen in einem der folgenden Theile dieses Werkes noch werde zurückkommen müssen, so will ich mich hier bloss auf die Bemerkung beschränken, dass der Hauptgrund des Misserfolges in einer ungenügenden Energie der elektrischen Strahlen in meinen Versuchen bestehen könnte, daher auch eine ungenügende Ladung des NM-Präparates, welches sogar auf eine nachfolgende Ab-

---

S. 490 sagt dieser Autor in Betreff seiner Resultate Folgendes: „Der Umstand, dass in diesem Falle nur Influenz und nicht elektrische Wellen die Ursache der Ströme im Nerven waren, ist physiologisch belanglos (!). Auch die elektrischen Wellen können nur dadurch erregend auf das Nervmuskelpräparat wirken, dass sie Ströme von genügender Dichte in dem Nerven (oder Muskel) hervorrufen." Die gleichen negativen Resultate sind von J. Loeb auch im Artikel „Ueber die physiologische Wirkung elektrischer Wellen" in derselben Zeitschrift angeführt worden. Bd. LXIX, 1898, S. 99—114.

[1] Siehe Anhang 6 am Ende dieses Buches.

leitung zur Erde nicht reagirte. Es ist nicht ausgeschlossen, dass bei einer günstigeren Versuchsanordnung mit besseren Quellen für elektrische Strahlenenergie eine Nervenerregung noch hätte erzielt werden können. Andererseits aber ist anzunehmen, dass die Nerventheilchen nicht im Stande sind, auf eine directe Wirkung der Strahlen sichtbar zu reagiren, da der Einfluss der letzteren sich in Form einer ausserordentlich frequenten intermittirenden „Reizung" darstellt, deren Periodik die Höhe von 100 Millionen Schwingungen pro Secunde erlangen kann. Ein elektrischer Strahl von so kleiner Wellenlänge, der sich geradlinig mit sehr wenig Energie fortpflanzt, wirkt auf den Nerven ebenso, wie ein Lichtstrahl auf die Netzhaut des Auges. Physiologische Angaben gestatten jedoch zu behaupten, dass der motorische Nerv des Frosches zu „träg" ist, seine erregbaren Theilchen zu wenig beweglich sind, sein physikalisch-chemisches Gleichgewicht zu stabil ist, um unmittelbar auf einen so frequenten intermittirenden Reiz an sich mit einem Erregungsprocesse reagiren zu können. In dieser Beziehung kann die „resonatorische" Fähigkeit des Nerven eine beschränkte sein, aber innerhalb der Grenzen seiner physiologischen Empfänglichkeit für Elektricität, bezw. seiner Erregbarkeit „resonirt" der Nerv mit einer Erregung auf intermittirende Impulse von verschiedenster Frequenz. Damit die Hertz'schen Strahlen den Nerven erregen, ist ausser deren genügenden kinetischen Energie noch eine (im Nerven oder in seiner Endplatte stattfindende) Transformation ihrer jenseits der Grenze der „resonatorischen" Empfänglichkeit des Nerven liegenden Periodik erforderlich.[1] Im vorigen Jahre ist von Einthoven gezeigt worden, dass der motorische Nerv des Frosches von elektrischen Schwingungen, deren Frequenz sogar eine Million Perioden pro Secunde beträgt, noch gereizt wird.

Anders gestaltet sich jedoch die Sache, wenn wir die andere Seite der elektrokinetischen Wirkung der Strahlen berücksichtigen — und zwar nicht die reizende Wirkung derselben an sich als solche, sondern den Einfluss derselben auf die elektrostatische Ladung

[1] Dass elektrische Strahlen im Körper Inductionsströme („*des extracourants induits*") hervorrufen, darüber siehe die Mittheilung von Thomas Tommasina „Ueber den Nachweis von Extraströmen, welche durch die elektrischen Wellen im menschlichen Körper inducirt werden", in der Zeitschrift für Elektrotherapie, November 1899, S. 151, auch in Archives des Sciences phys. et natur., T. VII, 1899, p. 430—432.

des Nervmuskelpräparates. Eine solche Transformation der elektrischen Energie kann vermuthlich eine ziemlich starke Ladung hervorbringen, welche bei gewissen Bedingungen in einen dynamischen Zustand versetzt werden kann, der dann als genügend starker Reiz dienen kann. Hier existirt aber freilich keine Analogie mehr zwischen der Nervenerregung durch elektrische Strahlen und der Netzhauterregung durch Lichtstrahlen. Das Gleiche gilt auch von denjenigen Fällen, wo das Nervmuskelpräparat schon vorher eine bestimmte Ladung zeigt und dann der einzelnen oder wiederholten, intermittirenden Wirkung elektrischer Strahlen unterworfen wird. Ein nicht geringeres Interesse stellt auch die Frage dar von der Wirkung der elektrischen Strahlen auf die elektromotorischen Eigenschaften der Nerven und Muskeln.

Die hierher gehörenden Untersuchungen werden später zur Sprache kommen. Vorläufig mag schon hier erwähnt werden, dass es manche Thatsachen giebt, die zu Gunsten einer positiven Lösung dieser beiden Probleme sprechen.

Weiter oben haben wir bei der Darlegung der Hermann'schen Untersuchungen gesehen, dass man bei gewissen Bedingungen durch elektrodynamische Induction in einem Kreise aus feuchten Leitern (Nerv, Muskeln) einen Strom hervorrufen kann, der stark genug ist, um den Nerven zu reizen. Andererseits aber haben wir bereits weiter oben die negativen Resultate von Schiff in Bezug auf die physiologische Wirkung der Solenoide kennen gelernt; die schwache Spannung des Stromes in seinem Solenoide war, aller Wahrscheinlichkeit nach, die Ursache des Misserfolges bei der Einwirkung auf Leiter von grossem Widerstande. Deshalb bieten die positiven Resultate ein besonderes Interesse, welche d'Arsonval vermittelst Solenoide, die von Strömen hoher Spannung und ausserordentlich grosser Frequenz (*„haute fréquence"*) durchströmt waren, erhalten hat.[1] Innerhalb eines Solenoides befand sich eine Versuchsperson, die, in keiner Verbindung mit irgend einem Leiter stehend, gänzlich isolirt war. Im Körper der Person entstanden durch Induction Ströme, die in demselben

[1] d'Arsonval: 1. L'autoconduction ou nouvelle méthode d'électrisation des êtres vivants, Compt. rend., T. CXVII, 1893, p. 34; 2. Action physiologique et thérapeutique des courants à haute fréquence, Annales d'Electrobiologie, d'Electrothérapie et d'Electrodiagnostic, Paris, 1898, Nr. 1, S. 1—28, — auch andere Mittheilungen.

auch geschlossen wurden — daher die Bezeichnung dieser Methode „*autoconduction*". Durch den Solenoiddraht wurde ein Condensator, und zwar die äusseren Armaturen von 2—12 Leidener Flaschen entladen, während die inneren Belege der Flaschen mit den Polen der secundären Spirale eines kräftigen Transformators und mit einem Entlader, zwischen dessen Kugeln Funken übersprangen, verbunden waren.

Durch den Draht des Solenoids gingen also Ströme, bezw. oscillatorische Entladungen von ungemein grosser Frequenz, bis $^1/_2$ bis 1 Million pro Secunde, und colossalem Potential. Im Körper des innerhalb des Solenoids befindlichen Menschen kreisen nach D'ARSONVAL die inducirten Ströme nicht nur an der Peripherie, sondern auch in den tieferen Schichten; als Beweis wird die Wirkung der „*autoconduction*" auf die Nervencentra angeführt (siehe unten). „*De plus, l'ecoulement superficiel n'est vrai que pour les conducteurs métalliques. La pénétration est d'autant plus profonde que la résistance spécifique du conducteur est plus grande*" (Annal. d'Electrobiologie, a. a. O. S. 26).[1]

Die Person, welche sich innerhalb des Solenoids befand, in dessen „variablem magnetischem Felde" hatte gar keine Empfindungen, ihre Muskeln blieben ebenfalls in völliger Ruhe, sowie ihre Psychik. Man könnte daher im Zweifel sein, ob in einem solchen Felde wirklich elektrische Ströme von entsprechender Spannung im Körper der Versuchsperson inducirt werden. Das Vorhandensein von Strömen kann aber auf zweierlei Weise bewiesen werden: 1. Umgreift die Versuchsperson das Solenoid, ohne es zu berühren, mit beiden Armen und bringt man zwischen denselben eine kleine elektrische Glühlampe so an, dass sie den von den gestreckten Armen

[1] Dieses Eindringen der inducirten Ströme in die Tiefe ist der Quadratwurzel aus dem specifischen Widerstande direct und der Quadratwurzel aus deren Frequenz umgekehrt proportional. Nimmt man einen Cylinder, der dem Umfange des menschlichen Körpers und dem specifischen Widerstande desselben entspricht, so erweist sich nach der Berechnung die Vertheilung dieser Ströme als ziemlich gleichmässig (D'ARSONVAL, a. a. O. S. 27). Auf Grund der Untersuchungen und Berechnungen von EINTHOVEN (PFLÜGER's Archiv, Bd. LXXXII, 1900, S. 130) glaubt auch HOORWEG gegenwärtig, dass Ströme von sehr hoher Frequenz, z. B. bis 2 Millionen Schwingungen pro Secunde, tief in den Körper eindringen, dank dem grossen specifischen Widerstande desselben (PFLÜGER's Archiv, Bd. LXXXIII, S. 89).

gebildeten Kreis schliesst, so wird sie sofort bis zur Weissgluth erhitzt, wird leuchtend, während die oben erwähnten physiologischen Effecte, ebenso wie früher, ganz fehlen; nur bei sehr starken Strömen kann eine leichte Wärmeempfindung an der Stelle des Stromeintrittes und -Austrittes zu Stande kommen[1]; 2. ist von D'ARSONVAL gezeigt worden, dass im Körper des Thieres und des Menschen, der sich innerhalb des Solenoids befindet, offenbar die Oxydationsprocesse gesteigert werden, es machen sich wenigstens eine deutliche Verstärkung der Athembewegungen und eine Steigerung des Chemismus der Athmung bemerkbar — die Mengen der ausgeathmeten Kohlensäure und des resorbirten Sauerstoffes ist vermehrt; die Körpertemperatur wird jedoch (beim Kaninchen) nicht erhöht, weil der Wärmeverlust gesteigert wird (Versuche mit dem Anämokalorimeter). Das Körpergewicht sinkt (beim Meerschweinchen). Die physiologische Wirkung des Solenoids giebt sich ausserdem noch nach anderen Richtungen hin kund.[2] Der arterielle Blutdruck sinkt (in den Versuchen am Hunde), es kommt eine vermehrte Schweissabsonderung zu Stande die Hautgefässe werden erweitert. Der Einfluss der *„autoconduction“* auf die Circulation kann auch beim Menschen vermittelst des Sphygmographen gezeigt werden (*„inhibition du système nerveux vasomoteur“*)

Diese physiologischen Erscheinungen bei der *„autoconduction“* als sicher constatirte anerkennend, würden wir dieselben wohl den eigenartigen Eigenschaften des magnetischen Feldes zuschreiben müssen, welche Eigenschaften durch die in den Windungen des Solenoids kreisenden Ströme bedingt werden. Ich hatte ebenfalls die Gelegenheit, derartige Beobachtungen zu machen, indem ich einen Menschen innerhalb eines Solenoids einführte, dessen Windungen von einem starken Strome direct aus einem sehr grossen Ruhmkorff — aber nur bei 2—4 Unterbrechungen des primären Kreises pro Secunde —

---

[1] D'ARSONVAL brachte zwischen zwei Personen vier Glühlampen an (125 Volt, 1 Ampère) und liess einen Strom *„haute fréquence“* durchgehen; die Lämpchen wurden dabei glühend, während in der Haut der Arme gar keine Empfindungen zu Stande kamen.

[2] D'ARSONVAL und CHARRIN brachten Culturen des *Bacillus pyocyaneus* innerhalb solcher Solenoide von *haute fréquence* und erzielten dadurch eine Abschwächung der Bacillenvirulenz. Ueber die unmittelbare directe Wirkung der Ströme *„haute fréquence“* auf Mikrobenculturen und auf Schlangengift siehe D'ARSONVAL, Annales d'Electrobiologie, a. a. O.

durchflossen waren. Der secundäre Kreis war vollständig geschlossen. Ungeachtet der ungemein grossen Spannung des Stromes (keine „*haute fréquence*"!) — die Funken erreichten bei der Unterbrechung eine Länge von 40 cm — hatte die isolirt stehende Person absolut keine besonderen Empfindungen. Nur wenn man sie mit der Erde verband, kamen unangenehme, ja sogar schmerzhafte Empfindungen an der Berührungsstelle des zur Erde leitenden Drahtes zu Stande. Eine Ladung des Körpers geschah zweifellos; es wurden darin FOUCAULT'sche Ströme inducirt. Vielleicht werden sorgfältigere Beobachtungen solche physiologische Ergebnisse zur Folge haben (z. B. Seitens der Hautsensibilität, der Hautcirculation u. a.), die ein wissenschaftliches Interesse darbieten werden.

Die Resultate von D'ARSONVAL in Bezug auf die gesteigerte CO_2-Production unter dem Einflusse des variablen elektromagnetischen Feldes innerhalb eines von „*haute fréquence*"-Strömen durchflossenen Solenoids sind von N. USCHINSKY bestätigt worden. Indem er Meerschweinchen (während 6 Stunden) innerhalb eines solchen Solenoids hereinbrachte, beobachtete er eine Steigerung der ausgeathmeten CO_2 um 15—25 Procent gegenüber der Periode der Unthätigkeit des Solenoids. Die Bestimmung des Gaswechsels wurde nach der Methode von W. PASCHUTIN ausgeführt. Eine Steigerung der Körpertemperatur konnte nicht constatirt werden; Meerschweinchen, die der Stromwirkung ausgesetzt waren, zeigten eine deutliche Steigerung des Körpergewichtes, ihr Appetit besserte sich; der Stickstoffwechsel steigert sich offenbar gleichfalls.[1]

[1] Professor N. USCHINSKY, Ueber die physiologische Wirkung der Ströme von hoher Spannung und hoher Frequenz der Unterbrechungen (russisch). Arbeiten der russischen medicinischen Gesellschaft an der kaiserlichen Universität in Warschau, Bd. VIII, 1897, 1—2. ISCHEWSKY hat einige positive Resultate der Wirkung der Autoconduction auf den Menschen beschrieben (Dissertation, St. Petersburg, 1900, russisch). Vgl. auch die Mittheilungen von J. CARVALHO, TH. GUILLOZ, A. EULENBURG u. A. (Zeitschrift für Elektrotherapie, 1900, September und December).

Negative Resultate hat L. QUERTON beschrieben (Institut Solvay, Travaux de laboratoire publiés par P. HÉGER, T. III, 1899, fasc. 1) und auch A. LOEWY und TH. COHN (Ueber die Wirkung der Teslaströme auf den Stoffwechsel, Berliner klin. Wochenschr., 1900, Nr. 34) und N. SPASSKI (Le physiologiste russe, 1899, Vol. 1, S. 235).

Ausführlicheres über „*haute fréquence*" siehe im zweiten Theile dieses Werkes.

Die Untersuchungen von D'ARSONVAL und USCHINSKY weisen also auf ganz eigenartige Wirkungen der durch Ströme „*haute fréquence*" bedingten Elektrokinesis hin. Begünstigt einerseits das colossale Potential überhaupt das Entstehen von Inductionsströmen im Leiter, der sich innerhalb des Solenoids befindet, so verleiht andererseits die ungemein hohe Frequenz seiner Schwingungen jene Specifität der Wirkung „*haute fréquence*", die diese Ströme von allen anderen so scharf unterscheiden lässt. Wegen der ungemein grossen Schnelligkeit und der wechselnden Richtung dieser Ströme unterscheiden sich dieselben überhaupt in elektrochemischer Beziehung von den gewöhnlichen Strömen; die Wirkung der Ströme „*haute fréquence*" kann auf eine gewöhnliche, einfache elektrolytische Dissociation nicht zurückgeführt werden und es muss daher noch eine mechanische Vorstellung von einem „*ébranlement moléculaire*" unter dem Einflusse dieser Ströme als Hülfserklärung herbeigezogen werden (D'ARSONVAL). Es ist daher das ungemein grosse Interesse, welches die Neuroelektrokinesis bei einer derartigen Elektricitätseinwirkung darstellt, verständlich. Es sind aber vor Allem elektrochemische Untersuchungen mit Strömen „*haute fréquence*" erforderlich, was bis jetzt, so viel mir bekannt ist, ausser den Arbeiten von DE HEMPTINE, noch keine systematische Bearbeitung gefunden hat.

Die letzte Arbeit vor dem Beginne meiner Untersuchungen im J. 1896, betreffend die Neuroelektrokinesis, rührt von den französischen Forschern LEDUC, ROUXEAU und DAULY her, deren separate Mittheilungen vom J. 1893 bis zum J. 1895 veröffentlicht worden sind. Von diesen Autoren gab LEDUC, Professor der Physik zu Nantes, die Methoden an; ROUXEAU leitete als Physiologe den experimentellen Theil der physiologischen Untersuchungen, während ihr Schüler DAULY in seiner Dissertation eine ausführliche Darstellung der Methoden und Resultate giebt.[1]

[1] Mittheilungen von LEDUC über Courants alternatifs de haute tension obtenus à l'aide des machines électro-statiques in den Séances de la Société française de physique, 1893, p. 232—235; auch in den Compt. rend. de la Société de Biologie, 1893, Nr. 25, p. 711.

ROUXEAU, Notes sur l'emploi en physiologie expérimentale des courants alternatifs de haute tension produits par les machines électro-statiques. La gazette médicale de Nantes 1895 und Archives d'Electricité médicale, 1895, p. 1—10.

DAULY, Le courant alternatif obtenu à l'aide des machines électro-statiques, ses propriétés physiques et physiologiques. Thèse, Paris 1894.

Das Wesen der Leduc'schen Methode besteht in einer Verbindung der Elektrisirmaschine mit dem Condensator. Zu diesem Zwecke verwendete er die Maschine von Wimshurst mit zwei Glasscheiben von 0,7 m Durchmesser und verband die Pole mit den inneren Belegen zweier Leidener Flaschen; die äusseren Armaturen derselben wurden vermittelst Elektroden mit einander durch einen Leiter von grossem Widerstande verbunden, und zwar durch den Körper des Versuchsthieres oder Menschen; bei einer Funkenentladung zwischen den Polkugeln der Maschine entstehen in diesem Leiter elektrische Schwingungen von einer ungemein grossen Spannung („Wechselströme von sehr hoher Spannung"). Schiebt man die Pole der Maschine weit aus einander, so wird dadurch die Spannung bedeutend erhöht, die Potentialschwankungen werden aber dafür schwächer. Nähert man dagegen die Pole an einander bis Funken zum Vorschein kommen, so entstehen in dem aus Körper und Condensatoren gebildeten Kreise Wechselströme von sehr hohem Potential. Ausser der genannten Methode kam noch eine andere zur Anwendung: es wird nämlich der äussere Beleg der einen Leidener Flasche zur Erde abgeleitet, während die andere Flasche als Quelle elektrischer Wellen bleibt, welche sich von derselben durch die Luft fortpflanzen (zweite Methode).

Analoge Ströme sind ebenfalls vermittelst einer Elektrisirmaschine schon vorher von Morton erhalten worden, der sie als *„Franclinic interrupted current"* bezeichnete, bei der Verbindung mit den Leidener Flaschen dagegen als *„static induced current"*. Diesen Strömen ist von Morton eine grosse Bedeutung für die Elektrotherapie zugeschrieben worden.

Unter Mitwirkung von Rouxeau untersuchte Leduc die Wirkung seiner *courants alternatifs de haute tension* auch auf die Nerven. Es stellte sich dabei heraus, dass diese nicht nur unipolar bei der unmittelbaren Berührung der Elektroden gereizt werden, sondern auch auf Distanz, d. h. elektrokinetisch; *„grâce à leur puissance inductrice si grande, on peut, sans contact avec la machine, sans électrode et sans conducteur, produire un effet excitant utile"* (Rouxeau). Dank dieser hohen *puissance inductrice* rufen die Wechselströme im Nerven entsprechende elektrische Schwingungen hervor, die für diesen zum unmittelbaren Reize werden; zu diesem Zwecke wird ein Nervmuskelpräparat in die Nähe einer einzigen, nur mit einer

Leidener Flasche verbundenen Elektrode gebracht — unipolare Wirkung.

Bringt man in die Nähe einer Maschine ohne Elektroden zwei Personen, und streicht eine derselben mit dem Finger die Haut der zweiten, so kommt bei der zweiten Methode von Leduc eine deutliche Reizung des darunter gelegenen Nerven zu Stande („*sensation de fourmillement, trémulation fibrillaire*"); ein Ueberspringen von Funken kann dabei noch vor dem Momente der Berührung beobachtet werden. Offenbar entsteht durch Induction im Körper des Menschen ein elektrischer Schwankungszustand von sehr hohem Potential. Es lässt daran auch folgender Versuch denken: Ein Nervmuskelpräparat wird an einem Metallstativ aufgehängt, daneben stellt sich eine Person, beide können von der Elektrisirmaschine sogar bis um einige (bis 4!) Meter entfernt werden; die Versuchsperson ist dann im Stande, eine Reihe von Muskelzuckungen hervorzurufen, wenn sie das Stativ mit einem Leiter, den sie in der Hand hat, berührt. In diesem Falle freilich ist der Entstehungsort der Inductionsströme im Körper der Versuchsperson selbst; dem NM-Präparat werden dann die Ströme von der Versuchsperson durch Berührung vermittelst der Leiter (Stativ u. s. w.) unmittelbar zugeleitet. Dieser Versuch darf also auf eine physiologische Elektrokinesis nicht bezogen werden; dagegen gehört offenbar folgende Beobachtung von Leduc dieser Methode vollständig an. Die Versuchsperson befindet sich zwischen der Elektrisirmaschine und dem NM-Präparat, ohne dieselben zu berühren; nun braucht die Versuchsperson ihren gestreckten Arm dem NM bloss zu nähern, um sofort Zuckungen hervorzubringen; diese verschwinden, wenn der Arm gesenkt wird, beim Strecken desselben erscheinen sie wieder; die Entfernung der Versuchsperson vom Nervmuskelpräparat kann dabei sogar einen Meter erreichen.[1] Um solche „*contractions par induction à distance*" zu erhalten, ist es erforderlich, dass die Combination der Elektrisirmaschine mit den Condensatoren Ströme von sehr hoher Spannung erzeuge. Um in diesem Versuche eine wahre Neuroelektrokinesis anzunehmen, muss man sicher sein, dass das NM-Präparat mit keinem genügend grossen Leiter in Verbindung

[1] „*Lorsqu'on opère dans de bonnes conditions, la main peut être encore à plusieurs mètres de l'animal que déjà le gastro-cnèmien entre en contraction!*" (Rouxeau.)

stand, z. B. mit dem oben erwähnten Metallstativ, welches an sich zum Entstehungsort von Inductionsströmen werden könnte, welche dann auf den Nerven übertragen werden konnten. Leider ist die Klarheit der LEDUC'schen Mittheilungen in einigem Maasse durch deren Kürze beeinträchtigt; es ist übrigens auch möglich, dass diese Seite der Frage ihn nicht interessirte, sowie auch die Fragen von der Bedeutung der Nachbarschaft leitender Massen, vom Einflusse der zwischen dem NM-Präparat und der Quelle des elektrischen Reizes befindlichen Leiter („undurchsichtige Schirme"), von der Bedeutung des Ableitens zur Erde u. dgl. Weiter unten bei der Darlegung meiner Untersuchungen wird darauf hingewiesen werden, wie sehr all' diese Bedingungen die Resultate des Versuches über die elektrokinetische Reizung beeinflussen; wie sehr die Resultate unbeständig sind, wenn diese Bedingungen nicht berücksichtigt werden und an sich nicht erforscht sind; ohne dieselben erforscht zu haben, ist es auch äusserst schwierig, die Gesetzmässigkeit der Erscheinungen selbst festzustellen.

In seiner Dissertation wiederholt DAULY die physiologischen Versuche von LEDUC nur mit einigen unwesentlichen Abänderungen und Ergänzungen. Der Experimentator (*A*) steht zwischen der Elektrisirmaschine und dem Frosche, dessen blossgelegter Nerv durch einen Kupferhaken mit einem Quecksilbernäpfchen verbunden ist; wird nun die Hand (um 30 cm) dem letzteren genähert oder berührt man den Nerven direct mit einem metallischen Leiter, so entstehen Zuckungen. Wird die Menge des Quecksilbers vermindert oder entfernt man letzteres vollständig, so wird die Reizung durch den vorgestreckten Arm schwächer, und die Hand muss sehr nahe, in eine Entfernung von etwa 2 cm (4—5 cm bei trockener Luft), dem Kupferhaken gebracht werden, ja man muss sogar letztere mit der Hand berühren, um Zuckungen hervorzurufen. Berührung des Nerven mit Glas oder Knochen (statt des Metallhakens) lässt *„tout effet disparaître"* (ROUXEAU).

Befindet sich während dieses Versuches[1] bei Anwesenheit des Quecksilbers eine andere Person (*B*) (auf einem Isolator? die erste

[1] LEDUC sagt über denselben Folgendes: *„L'expérience qui nous a causé le plus de surprise a été la contraction à distance à l'aide des courants développés eux-mêmes par induction dans le corps humain."*

Person ebenfalls?) hinter dem Frosche, d. h. noch weiter von der Maschine — in einer Entfernung von 4 m von derselben — und berührt diese Person die metallischen Theile des Miographions, so wird die Reizung *à distance* durch diese Bedingung begünstigt: der gestreckte Arm der Person *A* vermag Zuckungen hervorzurufen in einer grösseren Entfernung als ohne diese Bedingung. Leider ist der unklaren Beschreibung von DAULY (a. a. O. S. 46—47) nicht zu entnehmen, ob der metallische Theil des MAREY'schen Myographions mit dem Frosche in leitender Verbindung stand oder nicht; mit anderen Worten: es bleibt die Frage bestehen, ob die Verstärkung der Reizung durch die Nachbarschaft des Leiters *B* oder durch Vermehrung der „Endmasse" — der Capacität — bewirkt wurde (siehe unten Versuch 5, Capitel IV).

Was die Ermüdung des Nerven anbetrifft, welche nach den Angaben von DAULY gegenüber dem *courant alternatif de haute tension* grösser sein soll, als den faradischen Strömen gegenüber, so muss man darin mit ROUXEAU einverstanden sein, dass man aus den Vergleichsversuchen von DAULY „*aucune conclusion serieuse*" ziehen darf (ROUXEAU, Gazette med. Nantes a. a. O. S. 8—9). Das Gleiche gilt den Schlüssen von DAULY über den starken und schnellen Einfluss dieser Wechselströme in Form eines „*bain statique*", auf die Blutcirculation, Athmung und Temperatur des Menschen (DAULY, a. a. O. S. 62); all' dies wird von ROUXEAU als noch zu wenig erforscht angesehen, um daraus „*la moindre conclusion*" ziehen zu können (a. a. O. S. 10).

ROUXEAU selbst führt in seinen Mittheilungen solche Thatsachen an, die schon früher von LEDUC und besonders von DAULY beschrieben worden sind. Es mag noch erwähnt werden, dass ein curarisirter Muskel, nach den Versuchen der genannten Forscher, unter dem Einflusse der LEDUC'schen Ströme auf Distanz sich schwach contrahirt. Wir finden noch ausserdem bei ROUXEAU die Beschreibung einer von LEDUC angegebenen Vorrichtung zur Abstufung der Stärke ihrer Ströme. Diese Vorrichtung besteht darin, dass die Elektrode der Leidener Flasche mit einer isolirten Metallplatte (*A*), der gegenüber eine andere gleiche (*B*) aufgestellt ist, verbunden wird; von *B* zieht ein Draht zur Elektrode (*excitateur*), welche zur Berührung des Nerven dient. Je nach der Entfernung der Platten *A* und *B* von einander ist die Reizung bald stärker, wenn die Platten einander näher stehen, bald schwächer — im umgekehrten Falle. Es handelt sich hier offenbar nicht um eine Neuroelektrokinesis, sondern um eine Leitung der in der Platte *B* inducirten elektrischen Schwingungen („Ströme") unmittelbar zum Nerven. Diese Vorrichtung ist im Wesentlichen eine Wiederholung der TIGEL-GERGENS'schen Methode (siehe oben); diese Forscher sowie auch die anderen Vorgänger in der Nervenreizung auf Distanz finden aber gar keine Erwähnung bei den französischen Autoren.

Nachdem wir also alle von den genannten französischen Forschern erwähnten auf die Neuroelektrokinesis[1] sich beziehenden Thatsachen angeführt haben, müssen wir dieselben als eine gewisse Bestätigung des alten GALVANI'schen Versuches betrachten, welcher im Sinne einer Potentialerhöhung und Wechselstromerzeugung modificirt worden ist.

Bisher haben wir uns mit der physiologischen Wirkung des variablen elektrischen Feldes und der HERTZ'schen Wellen oder Strahlen beschäftigt. Ausser diesen sind aber letzthin andere Strahlen elektrischer Natur entdeckt worden, so z. B. die RÖNTGEN'schen X-Strahlen, die auch vom physiologischen Standpunkte aus ein Interesse darbieten. Mit dieser Frage hatte sich J. R. TARCHANOFF beschäftigt.[2] Er stellte Versuche über Frösche an, die unter einen umgekippten Holzkasten gebracht wurden; eine CROOKES'sche Röhre, welche mit einer RUHMKORFF'schen Spirale verbunden war, befand sich über demselben in einer Höhe von etwa 11 cm; nach diesem Autor „spürten die röntgenisirten Frösche in dieser Entfernung in verschiedenem Maasse auch die von dieser Röhre verbreiteten stillen elektrischen Entladungen nicht".

---

[1] Die Versuche mit „genauer Localisation" der Reizung, sowie auch die der Contactmethode angehörigen Versuche hier anzuführen, wäre, glaube ich, überflüssig.

[2] J. TARCHANOFF, Ueber die physiologische Wirkung der Röntgenstrahlen auf das Centralnervensystem, BOTKIN'sche Zeitung, 1896, Nr. 33 u. 34 (S. 754 u. 786, russisch). Von demselben: Versuche über die Wirkung der RÖNTGEN'schen X-Strahlen auf den Thierorganismus. Mittheilungen des Petersburger biologischen Laboratoriums, redigirt von P. LESSHAFT (russisch), Bd. I, 1896, Heft 3, S. 47—52.

Die X-Strahlen wirken auf die willkürlich-motorischen Centra der Gehirnhemispären in etwas herabsetzender Weise ein; diese Wirkung dauert eine kurze Zeit auch nach der Röntgenisirung an. In gleicher Weise wird auch die Reflexthätigkeit sowohl normaler, als auch enthirnter Frösche von den X-Strahlen deprimirend beeinflusst: die Säurereflexe sind herabgesetzt. Diese Wirkung ist das Resultat des Einflusses der X-Strahlen auf das Hirn-Rückenmarkssystem — am wahrscheinlichsten — auf die Centra selbst. In vielen Fällen erwies sich die Röntgenisirung als wirksam bei der Verhütung von heftigen Strychninkrämpfen bei Fröschen sogar dann, wo die erhöhte tactile Reizbarkeit und die Neigung zu krampfhaften Bewegungen schon eingetreten waren. Auf die Reizbarkeit der Nerven und Muskeln üben die X-Strahlen keinen merklichen Einfluss aus. „Das Centralnervensystem ist nach unseren Versuchen hauptsächlich, wenn nicht ausschliesslich, das Object der Einwirkung der X-Strahlen" (a. a. O. S. 52).

Nachdem meine Mittheilungen über die reizende Wirkung des elektrischen Feldes auf die Nerven in der Charkower medicinischen Gesellschaft und im „Wjestnik Medriziny" (russisch, Ende 1896) veröffentlicht worden waren, nachdem ich solche Versuche im Januar 1897 vielen Physiologen, Physikern und Medicinern in Petersburg und in Moskau demonstrirt hatte, konnte natürlich das Bedenken entstehen: ist es vielleicht möglich, dass bei der physiologischen und therapeutischen Anwendung der X-Strahlen auch das von der Crookes'schen Röhre erzeugte elektrische Feld selbst eine active Rolle spiele?[1] Ein solches Bedenken ist in der Discussion von den erwähnten Specialisten geäussert worden. Diese Frage bot ein theoretisches und ein praktisches Interesse dar. Schon die ersten Beobachtungen, die von mir in dieser Richtung vermittelst einer zur Erde abgeleiteten

[1] Ueber die active Bedeutung des elektrischen Feldes bei der therapeutischen Anwendung der Crookes'schen Röhre (X-Strahlen) siehe z. B. den Artikel von P. Guichard in La Tribune médicale, 1899, S. 452 u. a. — In einer Mittheilung in Betreff des *érythème radiographique* giebt Balthazard zu, dass *„les effets physiologiques, attribués aux rayons X, sont en realité dus, en grande partie du moins, aux effluves électriques"* (Soc. de Biol. 1897, S. 727). — Ueber die Anwendung eines zur Erde abgeleiteten Zwischenplättchens aus Aluminium bei physiologischen Versuchen (beim Keimen der Samen) siehe die interessante Mittheilung von Maldiney und Thouvenin in den Compt. rend., Bd. CXXVI, 1898, S. 548.

Aluminiumplatte (behufs der Beseitigung des elektrischen Feldes) angestellt worden sind, haben ergeben, dass bei dieser Bedingung die physiologische Wirkung der CROOKES'schen Röhre, namentlich die Reizung des motorischen Nerven sogar in einer Entfernung von 20—30 cm und näher vollständig ausbleibt.

Um seine oben erwähnten Untersuchungen in dieser Richtung zu prüfen, ging auch J. TARCHANOFF, durch die Resultate meiner Arbeiten[1] veranlasst, an das Studium der physiologischen Wirkung der „stillen Entladungen" der CROOKES'schen Röhre auf den motorischen Nerven des Frosches. Auf Grund seiner Controlversuche glaubt nun TARCHANOFF, dass „an der Wirkung der CROOKES'schen Röhre auf den Thierorganismus zwei Factoren zu unterscheiden wären: namentlich die X-Strahlen und die stillen elektrischen Entladungen". Was die ersteren anbetrifft, so glaubt dieser Autor, dass die physiologische Wirkung der X-Strahlen bei Anwendung aller nöthigen Vorsichtsmaassregeln nochmals zu untersuchen wären. Leider lässt der Autor selbst diese Frage fast ganz bei Seite und in seiner späteren Mittheilung „*L'auteur insiste que les tubes de Crookes en action présentent la source de deux énergies qui influencent surtout le tissu nerveux des animaux*" — das sind die X-Strahlen und die elektrische Energie.[2] Offenbar, so viel dem Referate zu entnehmen ist, betrachtet der Autor die Wirkung der

[1] BOTKIN'sche Zeitung (russisch), 1897, Nr. 13, S. 459—466.

[2] JEAN DE TARCHANOFF, Actions physiologiques des tubes de CROOKES à distance, Referat in Compt. rend. de la Soc. de Biologie, 1897, S. 740—743 (Séance du 17 juillet). In dieser Mittheilung, die nach der Veröffentlichung meiner Artikel in russischer Sprache und nach meinen Mittheilungen im Juni desselben Jahres in der Pariser Akademie der Wissenschaften gemacht worden ist, führt dieser Autor Versuche an, die zum grössten Theil eine Wiederholung, zum Theil eine unwesentliche Modification meiner Beobachtungen darstellen. Als neue Thatsache kann angeführt werden, dass nach den Versuchen von J. DE TARCHANOFF eine „*patte galvanoscopique*" des Frosches zu zucken aufhört, wenn die „*ligne interpolaire*" der CROOKES'schen Röhre mit dem Nerven des Präparates einen rechten Winkel bildet; die Zuckung fällt dagegen am stärksten aus, wenn dieselben einander parallel sind. Zum Schlusse der Mittheilung wird noch darauf hingewiesen, dass alle beschriebenen Effecte der Wirkung der CROOKES'schen Röhre auch ohne dieselbe erzielt werden können, „*mais d'une manière moins nette*". „*A la fin l'auteur insiste sur la grande analogie qui existe entre l'action des décharges électriques invisibles du tube de Crookes et celle des décharges obscures de la spirale de Ruhmkorff signalée par B. Danilewsky.*"

Röntgenstrahlen an sich auf das Nervensystem (die Centra) als bewiesen! Die physiologische Wirkung der CROOKES'schen Röhre erklärt J. TARCHANOFF durch *„décharges électriques invisibles"*.[1]

CAS. RADZIKOWSKY brachte ein Nervmuskelpräparat des Frosches in ein elektrisches Feld in die Nähe einer GEISSLER'schen oder CROOKES'schen Röhre, welche in den Kreis der secundären Spirale eines RUHMKORFF's eingeschaltet war, und beobachtete ebenfalls Muskelzuckungen.

Wir wollen endlich noch eine Arbeit erwähnen, welche übrigens ein negatives Resultat ergeben hat. Beim Auffallenlassen der Röntgenstrahlen auf das verlängerte Mark (des Menschen) konnten N. ZUNTZ und SCHUMBURG keine Pulsveränderung constatiren, was doch zu erwarten wäre, wenn diese Strahlen die Nervencentra beeinflussen könnten.[2]

Die oben angeführte geschichtliche Uebersicht gestattet uns den Beginn der physiologischen Neuroelektrokinesis auf das Ende des vorigen Jahrhunderts zu beziehen: eine solche Beobachtung ist zuerst von GALVANI beschrieben worden. Seine Darstellung ist leider nicht genügend klar, so ist z. B. derselben nicht zu entnehmen, wo sich diese Person befand, welche den Nerven mit einem Leiter berührte. Wenn diese Person sich zwischen dem Conductor der Elektrisirmaschine und dem Nervmuskelpräparat befand, wie dies in den Versuchen von LEDUC-ROUXEAU der Fall war, so entstanden die Inductionsströme im Körper der Person und wurden erst dann dem

[1] Es mögen hier zwei physikalische Facta zusammengestellt werden. Nach den Beobachtungen von FOVEAU DE COURMELLES werden CROOKES'sche und GEISSLER'sche Röhren (auch kleine Glühlampen) zum Leuchten gebracht, wenn sie in die Nähe von thätigen CROOKES'schen Röhren gebracht werden; letztere bringen also eine elektrische Induction hervor (Journal der russischen physik.-chemisch. Gesellschaft, Bd. XXIX, 1897, physikalischer Theil, S. 51, russisch). Damit stimmt zum Theil die Beobachtung von BORDIER und SALVADOR über das Entstehen elektromotorischer Kraft in einem Elektrolyten, welcher sich in der Nähe einer CROOKES'schen Röhre befindet, unter dem Einflusse der *„décharge obscure"*, aber durchaus nicht der X-Strahlen (Compt. rend., T. CXXVIII, p. 1511).

[2] N. ZUNTZ und SCHUMBURG, Archiv für Physiologie von E. DU BOIS-REYMOND, 1896, S. 552.

Nerven zugeleitet. Bei einer solchen Versuchsanordnung handelte es sich also um keine echte Elektrokinesis. Es ist aber durchaus möglich, dass diese Berührung mit demselben Erfolge auch so geschah, dass die Ströme, bezw. Ladungen auch im NM-Präparat selbst inducirt wurden. Jedenfalls hatte GALVANI zuerst die Anordnung des neuroelektrokinetischen Versuches angegeben und den Inhalt desselben richtig beschrieben.

Die folgende Arbeit bezieht sich schon auf das J. 1868. W. ZAHN hatte zuerst genaue Angaben über die Möglichkeit einer unipolaren Nervenreizung vermittelst eines Inductoriums (und auch elektrostatischer Apparate) auf Distanz gemacht. Als Ausgangspunkt diente bei ihm die unipolare Reizung nach E. DU BOIS-REYMOND: durch unmittelbares Berühren des NM-Präparates mit einer Elektrode. Indem ZAHN diese Berührung durch Annäherung der Hand ersetzte und dann auch letztere beseitigte, ging er zur völligen Trennung des NM von der Elektricitätsquelle durch Luft und Glas über. In einigen seiner Versuche, namentlich da, wo der Nerv von der Elektrode völlig isolirt war und dem Glase (nicht dem Stanniolblättchen!) direct auflag, haben wir es mit einer reinen Form der Elektrokinesis zu thun.[1] Aber weder das Programm noch die Anordnung der Versuche machte ZAHN sowie auch TIEGEL auf diejenigen Erscheinungen und Bedingungen aufmerksam, die von so wesentlicher Bedeutung für die Neuroelektrokinesis sind (Bedeutung der Nachbarschaft von Leitern, der Orientirung, der Zwischenschirme, des Nebenbogens, der Endmassen u. s. w. siehe Capitel IV).

Was die theoretische Frage von der Neuroelektrokinesis anbetrifft, so finden wir weder bei den eben genannten Forschern, noch bei den späteren Autoren MAGINI, LEDUC und ROUXEAU, welche so viel Interessantes an der Elektrokinesis entdeckt haben, eine entsprechende Formulirung dieser Frage — vom Induciren einer Nervenerregung auf elektrodynamischem Wege; wir finden auch keine Formulirung des Problems vom Entstehen elektrischer Schwingungen, bezw. Inductionsströme in einem Nerven, welcher in ein oscillatorisches elektrisches Feld gebracht wird. Freilich gehört eigentlich die eben er-

[1] Aus der Beschreibung der eigenen Untersuchungen (siehe unten Versuch 19 u. a.) wird ersichtlich sein, dass die Orientirung des NM-Präparates in den ZAHN'schen Versuchen (parallel zur Ebene der Stanniolelektrode) für das Zustandekommen der Reizung eine ungünstige war.

wähnte Aufgabe in's Gebiet der Physik: wenn die physikalischen Bedingungen eines elektrischen bezw. elektromagnetischen Feldes gegeben sind, wenn die Eigenschaften desselben bekannt sind, so ist es auch leicht, den Charakter und die Eigenschaften derjenigen inducirten elektrischen Schwingungen zu bestimmen, welche in einem gegebenen Leiter — einem NM-Präparat — entstehen müssen, wenn die geometrischen und physikalischen Eigenschaften des letzteren, sowie auch seine Orientirung in Bezug auf die Quelle der elektrischen Energie im gegebenen Felde bekannt sind. Die Stärke, Spannung und der zeitliche Verlauf des berechneten, durch Induction entstandenen Stromes im Nerven sind bestimmende Momente für die Erregung; der Wirkungseffect kommt als Muskelzuckung zum Vorschein. Der physiologische Erregungsprocess kommt zu Stande als directe Folge der elektrischen Bewegung, welche im Nervmuskelpräparat selbst erzeugt wird, aber nicht von aussen her eingebracht wird. Dieser Process ist offenbar, seiner Entstehung nach, ein eigenartiger im Vergleich mit der gewöhnlichen elektrischen Reizung nach Contactmethode.

Allein nicht nur von der methodologischen, sondern auch von der theoretischen Seite her bietet das Problem der Neuroelektrokinesis ein grosses Interesse dar sogar da, wo die eben erwähnte physikalische Aufgabe öfters ungelöst bleibt. Die Fernwirkung der elektrischen Induction auf den Nerven stellte schon seit lange her ein interessantes Thema für die Physiologen dar, besonders in Anbetracht der elektrodynamischen Moleculartheorie von E. du Bois-Reymond, welche scheinbar als Grundlage für die Aufklärung der physikalisch-physiologischen Eigenschaften der Nerventheilchen dienen konnte. Dessen ungeachtet sind die Versuche von Zahn und Magini, welche eine passende und taugliche Einwirkungsweise angaben, fast ganz in Vergessenheit gerathen; es ist mir aus der Literatur nicht bekannt, dass die von ihnen entdeckten Erscheinungen eine systematische Bearbeitung in der oben erwähnten Richtung gefunden hätten.[1] Es ist wohl möglich, dass die von Magini entdeckte Erscheinung

[1] Biedermann erwähnt in seinem ausgezeichneten umfangreichen Werke „Elektrophysiologie“ (Jena, 1895) im Capitel „Unipolare Wirkungen“ (S. 630 bis 631) die Versuche von Zahn und Tiegel, lässt aber die Arbeit von Magini sowohl im Texte als auch in dem Literaturverzeichniss gänzlich unerwähnt; gleichfalls die Versuche Leduc-Rouxeau.

der Orientirung sich deshalb als nicht genügend gesetzmässig, als nicht beständig erwiesen, dass sie deshalb einen vielleicht etwas launischen Charakter zeigten, weil dabei solche wichtige Bedingungen, wie die Nachbarschaft leitender Massen, der Nebenbogen am NM-Präparate u. s. w., unaufgeklärt blieben. Dieser ungünstige Umstand konnte natürlich sehr wenig dazu beitragen, den erwähnten Erscheinungen in der Wissenschaft Bürgerrecht zu verschaffen; dies war vielleicht auch der Grund, warum dieselben keine systematische Bearbeitung gefunden haben. Und doch verdiente die wichtige von Magini entdeckte Thatsache der Orientirung des Nerven in Bezug auf die secundäre Spirale schon an und für sich eine aufmerksame Beachtung; diese Thatsache allein genügte, um zu zeigen, dass es sich hier nicht um eine solche „unipolare Reizung“, wie bei Zahn, handelt, sondern um die Aeusserung besonderer physikalischer Eigenschaften des elektrischen Feldes, bezw. um den speciellen Verlauf der Faraday'schen Kraftlinien.

Was die Untersuchungen von Leduc-Rouxeau und deren Schüler Dauly anbetrifft, so können sie als eine Vervollkommnung der Erscheinungen von Galvani betrachtet werden, als eine sehr gelungene Anwendung der Ströme hoher Spannung zur Erzeugung eines intensiveren elektrischen Feldes. Die Einführung solcher Ströme zur Erzeugung einer elektrokinetischen Wirkung ist überhaupt das Verdienst der französischen Forscher, von denen d'Arsonval zuerst die Ströme *„haute fréquence“* für einen geschlossenen Kreis angewendet hatte. Bei Leduc-Rouxeau dagegen wurden die Ströme hoher Spannung auch unipolar angewendet, d. h. sie untersuchten die physiologische Wirkung des elektrischen Feldes, welches von einem geöffneten Kreise erzeugt wird. Streng genommen haben wir auch in den erwähnten Versuchen von d'Arsonval keinen vollständig geschlossenen Kreis, denn die elektrischen Schwingungen, welche im Kreise des Solenoids weiter fortschreiten, entstehen in den Condensatoren, in denen von einer Continuität der Leiter keine Rede sein kann. Beide Enden des Kreises kehren zu den äusseren Belegen der Condensatoren zurück, deren innere Armaturen, zusammen mit dem Entlader und mit der secundären Spirale des Transformators ebenfalls einen besonderen Kreis bilden, welcher durch einen Funken geschlossen wird. In denjenigen Versuchen von Leduc-Rouxeau, in denen eine Leidener Flasche frei blieb, gingen also von derselben unipolar *„ondes électriques“* aus, welche in einem Leiter, z. B. in einem in diesem elektrischen Felde sich befindenden NM-Präparate, „*courants alternatifs*“ induciren.

Das Verdienst von LEDUC-ROUXEAU besteht also gegenüber den Versuchen von ZAHN, TIEGEL und MAGINI darin, dass sie eine elektrokinetische Reizung fern von der Elektrisirmaschine angewendet haben, dort nämlich, wo die „Organisation“ des elektrischen Feldes aus Kraftlinien weniger complicirt ist, als überhaupt in der Nähe von complicirt gebauten Quellen elektrischer Energie. Beim Physiker LEDUC wurde der Nerv bloss als ein sehr empfindliches Elektroskop verwendet; der Physiologe ROUXEAU sah in diesen Versuchen vor Allem einen Beweis dafür, dass man durch die LEDUC'schen Ströme eine Reizung auf Distanz erzielen kann; das Interesse lag also in der Eigenartigkeit der Methode. Das Problem der Neuroelektrokinesis findet dagegen in ihren Mittheilungen gar keine theoretische Erörterung.

Bisher war die Rede von den Versuchen mit einem geöffneten Kreise. Was die Neuroelektrokinesis, welche unter dem Einflusse eines in einem benachbarten vollständig geschlossenen Kreise fliessenden elektrischen Stromes anbetrifft, so haben wir in dieser Richtung die positive Thatsache von L. HERMANN. Wie oben erwähnt beobachtete er eine Nervenerregung in einem neuromusculären Ringe, welcher die primäre Spirale eines E. DU BOIS-REYMOND'schen Schlittenapparates umgab. Aber indem wir den Strom, welcher im geschlossenen Kreise aus Nerv und Muskeln inducirt wird, als Quelle der Reizung anerkennen, sind wir begreiflicher Weise dadurch noch nicht berechtigt zu schliessen, dass die Nerventheilchen einer elektrodynamischen Einwirkung, nach Art der AMPÈRE'schen Ströme im Magneten, unterworfen sind. Im erwähnten Kreise würde freilich ebenso gut wie in jedem beliebigen physikalischen Leiter ein Strom entstehen, auch wenn die neuromoleculäre Organisation im Sinne E. DU BOIS-REYMOND's völlig fehlte; die reizende Wirkung desselben würde im Wesentlichen die nämliche bleiben. Der Nerv, welcher diesen Kreis schloss, diente bloss als Leiter für die dynamische Elektricität, wenn dem Versuche wirklich nur eine dynamische Induction (Extrastrom!) zu Grunde lag, ohne Mitwirkung der elektrischen Ladung der primären Spirale (siehe unten).

Wir haben schon oben gesehen, dass man das bezügliche Problem auch auf einem anderen Wege anzugreifen versuchte, indem man die elektrodynamische Inductionswirkung auf die elektromotorischen Eigenschaften des Nerven untersuchte. Dieser directe Weg zur Lösung der Frage vom Elektrodynamismus der Nerventheilchen hat vorläufig negative Resultate ergeben (Schiff, Regnard, L. Hermann). Vielleicht hätte die Anwendung geschlossener Ströme von hoher Spannung günstigere Resultate liefern können. Man darf aber nicht ausser Acht lassen, dass wir bei gewisser Construction der Inductionsapparate zu gleicher Zeit mit der Entstehung der Inductionsströme hoher Spannung fast immer auch eine Elektrisirung zu Stande kommen sehen, so z. B. in den Inductionsapparaten von Ruhmkorff. Letztere kann zu einem grossen Hinderniss werden, indem sie in der ganzen leitenden Masse der secundären Spirale sowie in den Elektroden der letzteren geleitet werden bezw. entstehen.[1] Zur Lösung der erwähnten Aufgabe muss der Einfluss des im geschlossenen Kreise circulirenden Stromes von dem der „freien" Elektricität womöglichst genau getrennt werden. Eine solche Aufgabe harret noch der Lösung. Die Neuroelektrokinesis bei geschlossenem secundären Kreise, d. h. in einem elektromagnetischen Felde, stellt also ein neues Problem dar, welches sich an die gleiche Erscheinung im „unipolaren" Felde als deren directe Fortsetzung anschliesst.

In solchem Zustande befand sich die Frage von der **physiologischen Elektrokinesis,** speciell von der **Neuroelektrokinesis,** als ich das experimentelle Studium dieses Problems im Jahre 1896 begonnen hatte.

[1] Näheres wird darüber weiter unten im Capitel VI über Nervenreizung in der Nähe eines geschlossenen secundären Kreises ausgeführt werden.

Drittes Capitel.

Eigene Untersuchungen.

Allgemeine Formulirung der Aufgabe und Anordnung der Versuche.

1. Indem wir hier die **allgemeinen Probleme** der Neuroelektrokinesis, insofern sie unsere eigenen Untersuchungen in dieser Richtung betreffen, erörtern wollen, werden wir das schon oben Gesagte zum Theil wiederholen müssen.

Der Leser hat schon gesehen, dass diese Probleme sich auf denjenigen Fall beziehen, wo zwischen der Quelle der kinetischen elektrischen Energie und dem Nerven ein Nichtleiter, ein Dielektricum sich befindet, im einfachsten Falle — reine Luft. Statt der Newton'schen *actio in distans* wird jetzt mit Faraday allgemein anerkannt, dass das dazwischen liegende Dielektricum seinen Zustand ändert, es wird polarisirt. Ein solcher Zustand des Dielektricums bedingt das Entstehen im Nerven, als in einem Leiter, einer Inductionsladung bezw. eines Inductionsstromes, zu welchem sich die lebenden Theilchen desselben Nerven different verhalten. Bringt die Elektricitätsquelle eine elektrostatische Ladung von bestimmten Vorzeichen und constanter Spannung hervor, so kann das ganze System in Ruhe verharren, ohne jede sichtbare Veränderung des Nerven bezw. des Nervmuskelpräparates zu zeigen. Uebt eine solche Ladung auf die physiologischen Eigenschaften des letzteren irgend einen Einfluss aus? Wenn auch keine sichtbare Erregung zum Vorschein kommt, so erleiden vielleicht die Ernährungsbedingungen, die Reizbarkeit, das Leitungsvermögen, die elektromotorischen Eigenschaften doch irgend welche Veränderungen? Auf solche Fragen haben wir bisher noch keine bestimmte Antwort.

Wir gehen nun zu einem anderen Falle über, wo sich „freie“ Elektricität im Nerven nicht im statischen, sondern im dynamischen

Zustande befindet, wo deren Vorzeichen, Spannung, Vertheilung im NM-Präparate sich ändert. Bei solchem dynamischen Zustande der Elektricität im Nerven sind wir schon offenbar berechtigt, einen sichtbaren Effect, z. B. in Form einer Veränderung der Reizbarkeit und des Leitungsvermögens oder einer deutlichen, in einer Muskelzuckung sich offenbarenden Erregung zu erwarten. Die einfachste Form des Versuches wird also im Induciren einer oscillatorischen elektrischen Ladung in einem motorischen Nerven bestehen. Nehmen wir an, dass in einem gegebenen Momente verschiedene Nerventheile sich nicht im gleichen Zustande befinden, so können wir von einem Entstehen elektrischer „Ströme" im Nerven sprechen. Diese können auf den Nerven reizend und modificirend einwirken, als ob sie von aussen her unmittelbar durch Elektroden zugeleitet wären. Die Abwesenheit der letzteren verändert aber freilich die Entstehungsweise der Ströme im Nerven: es kommt keine Polarisation zu Stande, es ist kein geschlossener Kreis mit einem Nerven da, es ist die Möglichkeit ausgeschlossen, dass irgend eine fremde elektromotorische Kraft zum Vorschein komme, es kommt keine Uebertragung der elektrischen Ladungen durch die Anionen und Kationen auf ein äusseres Medium zu Stande u. s. w.

Stellen wir uns vor, dass der Nerv eine bestimmte elektrische Ladung erhalten hat, so kann dann ein Strömen, ein Schwingungszustand, überhaupt eine dynamische Form dieser Ladung auf verschiedenerlei Art erzielt werden. Damit aber eine sichtbare physiologische Action, eine Zuckung zu Stande käme, genügt es bloss, dass diese Schwingungen *sensu lato* mit einer gewissen Schnelligkeit und Intensität innerhalb der Grenzen der elektrischen Nervenreizbarkeit vor sich gehen.

Viel bequemer kann eine elektrokinetische Reizung erzielt werden, wenn man den Nerven von vorn herein in ein oscillatorisches elektrisches Feld bringt; dann geht die Ladung und Entladung bezw. Inductionsvorgänge überhaupt selbst in abwechselnder Weise vor sich, wodurch bei ausreichendem Potential und genügend grosser Schwingungsamplitude eine intermittirende Reizung leicht hervorgebracht werden kann. Diese Methode wurde nun auch in meinen unten dargelegten Versuchen angewendet.

Theoretisch gesprochen kann man das Entstehen elektrischer Schwingungen, bezw. Ströme im Nerven, als einen Leiter erzielen, wenn man diesen bei gewissen Bedingungen der Wirkung des magnetischen Feldes, des elektrostatischen oder elektromagnetischen Feldes, oder der elektrischen Strahlen, oder sogar der der ultravioletten, Röntgen'schen und anderer Strahlen unterwirft. Eine jede dieser Einwirkungsformen stellt ein grosses Interesse dar, sowohl in methodologischer als auch in theoretischer Hinsicht. Für die erste spricht das Fehlen berührender Elektroden, das Fehlen der gewöhnlichen Polarisation an den Stellen des Stromeintrittes und -Austrittes und anderer specifischer Folgen der Contactmethode. Aus denselben eigenartigen Bedingungen der elektrokinetischen Einwirkung folgt auch das theoretische Interesse derselben, worauf schon im vorigen Capitel hingewiesen worden ist.

Es ist wohl möglich, dass man in der Zukunft für manche Zwecke complicirte elektrokinetische Methoden wird anwenden müssen, so z. B. eine Combination des elektrischen oder magnetischen Feldes mit der Strahlenwirkung, desgleichen für die Contactmethode der elektrischen Reizung und für die Fernwirkung u. dgl. Einen weiten Kreis für Untersuchungen bietet die physiologische Wirkung der verschiedenartigen elektrischen und anderen Strahlen elektrogenetischer Herkunft, wie die Kathoden- und Röntgenstrahlen u. a. Je nach ihrer Natur, je nach den Bedingungen der Einwirkung und den Eigenschaften des Leiters, auf welchen sie fallen, können diese Strahlen sich weiter fortpflanzen oder absorbirt werden, chemische Veränderungen bedingen oder sich indifferent verhalten, elektrostatische Ladungen verändern oder dieselben unverändert lassen, das elektrische Leitungsvermögen beeinflussen, überhaupt elektiv wirken u. s. w. Zeigt das Protoplasma gegenüber der Wirkung der Strahlen, welche es mit einer genügend grossen Energiemenge treffen, eine grosse Empfindlichkeit oder eine Reactionsfähigkeit im Allgemeinen, so wären entsprechende Veränderungen in dessen Biodynamismus schon *a priori* zu erwarten. Sobald elektrische Energie von einem gegebenen Substrat auf diese oder jene Weise absorbirt wird, so geschieht dabei auch offenbar eine Umwandlung derselben in eine andere Energieform, in die chemische z. B., für welche das lebende Protoplasma so empfindlich ist. Um eine Reaction des letzteren hervorzubringen, braucht es keine grosse Quantität absorbirter Energie; deren hohe Spannung (bei der Elektrokinesis) kann eine Activität der Einwirkung in genügender Weise garantiren.

Von den verschiedenen Arten differenzirten Protoplasmas können wir das „Neuroplasma“ oder die physiologisch-active Nervensubstanz als einen besonders empfindlichen Resonator auf die verschiedenartigen elektrischen Schwingungen betrachten.

Solche periodische Oscillationen, Wellen oder Strahlen bieten noch ein ungemein grosses Interesse im Sinne ihres wahrscheinlich differenzirten oder elektiven Verhaltens zum Neuroplasma je nach der Verschiedenheit der Organisation, der Entwickelungsstufe und der Function des letzteren. Sollte sich vielleicht in der Zukunft die Möglichkeit präsentiren, verschiedenartig functionirende Nervenelemente als verschiedene Resonatoren auf bestimmte Typen elektrischer Strahlen oder Schwingungen überhaupt zu unterscheiden? Würde sich vielleicht der ganze Unterschied bloss auf eine Verschiedenheit der Schwingungszahl zurückführen lassen? Ob vielleicht auch andere Eigenschaften der Wellen sich als determinirend erweisen werden? — Die Beantwortung dieser Fragen bleibt der Zukunft vorbehalten. Bestimmungen des Optimum für die elektrische Wirkung auf bestimmte Typen des „Neuroplasma“ werden vielleicht in der Zukunft ermöglichen, diese oder jene „Stimmung“ des letzteren als Kennzeichen seines physiologischen Charakters festzustellen.

All’ dies ist natürlich ein Zukunftsproblem; ich glaubte aber darauf hinweisen zu dürfen, um die möglichen Aufgaben *in spe* anzudeuten, bei deren Lösung die Neuroelektrokinesis sich ebenfalls zweifellos bewähren wird. Wenn die Contactmethode, d. h. die unmittelbare Zufuhr von Elektricität zum Nerven durch Elektroden, beim Studium vieler Probleme ausgezeichnete Dienste leistet und ungemein grosse Vorzüge bietet, so ist man doch wohl deswegen noch nicht berechtigt, die Tauglichkeit der elektrokinetischen Methode für zukünftige Untersuchungen in der Nervenphysiologie in Abrede zu stellen.

Am Ende des vorigen Capitels ist schon darauf hingewiesen worden, dass das Interesse des Problems der Neuroelektrokinesis durch die eigenartige Entstehungsweise der elektrischen Bewegung im Nerven bedingt ist, welch’ letztere als nächste Ursache dieser oder jener physiologischen Reaction des Nerven erscheint. Es ist mir gelungen, zu zeigen (siehe unten), dass durch gewisse Maassnahmen, namentlich durch Anlegung eines „Nebenbogens“ oder Nebenschlusses eine solche elektrische Reizung mehr oder weniger localisirt werden kann; dass wir im Stande sind, den Muskel und die peripheren oder centralen Endapparate von der directen Wirkungssphäre dieser Reizung — sozusagen — auszuschliessen und dass man umgekehrt den Nervenstamm in den Nebenkreis einführen und dadurch die elektrokinetische Einwirkung auf dessen Endtheile concentriren kann. Die methodologische Bedeutung dieser Maassnahme ist augenscheinlich. In anderen Fällen, z. B. bei der Wirkung von Strahlen elektrischer oder elektrogenetischer Herkunft, ist eine Localisation ebenfalls erreichbar, z. B. beim Durchlassen dieser Strahlen durch eine Oeffnung in entsprechenden metallischen Schirmen u. dgl. Die Elektrokinesis eröffnet überhaupt einen weiten Wirkungskreis für zukünftige Untersuchungen sowohl wegen der methodologischen Seite, als auch wegen der Vielfältigkeit der Einwirkung.

Das Problem der Neuroelektrokinesis hat aber, wie schon oben erwähnt, noch eine andere Seite, die hier ebenfalls noch zu erörtern wäre: das ist die directe inductive Einwirkung auf die Nerventheilchen, abgesehen vom elektrischen Strome, welcher im Nerven als Reiz inducirt wird. Bisher handelte es sich um eine solche physiologische Wirkung, bei der dieser Strom als nächste, unmittelbare Ursache erscheint. Kann aber vielleicht der Nerv auf eine Elektrokinesis auch unabhängig von der Stromwirkung reagiren? Wäre es vielleicht möglich, die Induction einer elektrischen Schwingung im ganzen zu reizenden Objecte irgend wie zu beseitigen und zu gleicher Zeit eine durch Elektrokinesis hervorgerufene physiologische Reaction zu entdecken? Es handelt sich hier offenbar darum, dass man gleichsam die Möglichkeit einer Umwandlung der durch Induction entstandenen elektrischen Energie, *in statu nascendi,* in eine andere Form voraussetzt, wobei der elektrische Reizungsstrom als solcher im Nerven auch nicht vorhanden sein könnte. Stellt man sich den Nerven als einen Complex beweglicher elektromotorischer Theilchen vor, analog dem hypothetischen Schema von E. du Bois-Reymond, so könnte man eine physiologische Reaction erwarten, auch wenn sie nicht die Folge eines vorhergehenden summarischen elektrischen Stromes wäre; die directe Wirkung der Elektrokinesis könnte auch vielleicht ohne Mitwirkung des letzteren zu Stande kommen. Wollen wir z. B. eine solche Anordnung der Elektrokinesis annehmen, bei der im gegebenen Nerven eine — durch Induction entstehende — Potentialdifferenz nicht existirt, hingegen eine Ladung (gleichnamige) vorhanden ist. Wenn nun die allen activen Nerventheilchen („Neurophoren")[1] gemeinsame Spannung — vorausgesetzt, dass der Nerv in einer äquipotentialen Fläche liegt — Schwankungen von gewisser Frequenz und Amplitude darstellen würde, so würde dann eine solche elektromotorische Einwirkung für die physiologischen Eigenschaften der Neurophore ohne Einfluss bleiben? Ich glaube, dass von der experimentellen Lösung dieses Problems eher ein positives Resultat zu erwarten wäre.

Auf den ersten Blick könnte es scheinen, dass die eben aufgestellte Frage von der directen Wirkung der Neuroelektrokinesis ohne Mitwirkung des inducirten elektrischen Stromes eine unausführbare Forderung in sich schliesst. Allein es ist mir doch gelungen, eine Thatsache aufzufinden, die mir für die Möglichkeit einer solchen Wirkung zu sprechen scheint (siehe Capitel VII): legt man an einem Nervmuskelpräparat einen Nebenbogen an, so kommt eine elektrokinetische Reizung gar nicht zu Stande oder sie ist subminimal, die Muskeln bleiben in vollständiger Ruhe; aber nach einem solchen Verweilen im elektrischen Felde erweist sich die Nervenerregbarkeit als verändert. Eine physiologische Reaction kann also auch bei Beseitigung (vollständiger?) der elektrischen Schwingungen, d. h. des inducirten Stromes, entdeckt werden.

Diese Seite des Problems der Neuroelektrokinesis bietet ein grosses Interesse vom theoretischen Standpunkte, obgleich eben von dieser Seite her Einwendungen gegen unsere Formulirung der Frage möglich sind. Indem wir letztere der Zukunft überlassen, wollen wir hier bloss auf die Schwierigkeit ihrer experimentellen Lösung, sowohl in physikalischer als auch in physiologischer Beziehung hinweisen.

Am Anfange hatte ich die Absicht, bloss die allgemeinen Bedingungen der elektrokinetischen Einwirkung in einer einfacheren und bequemeren Anordnung, sowohl nach dem Untersuchungsobjecte als auch nach den Eigenschaften der Elektrokinesis selbst zu studiren. Ich wählte also vor Allem die Reizung des motorischen Nerven mit seiner klaren Reaction — der Muskelzuckung — durch die Wirkung des elektrischen und elektromagnetischen Feldes.

Das Problem der unten dargelegten Untersuchungen besteht also im Erforschen der elektrokinetischen Reizung des moto-

[1] Siehe unten Anhang 5.

rischen Froschnerven durch den geöffneten und geschlossenen secundären Kreis des Inductoriums. Von dieser verhältnissmässig einfachen Aufgabe wäre dann leicht zur Untersuchung der gleichen Einflüsse auf die Erregbarkeit, auf die elektromotorischen Eigenschaften, auf die sensiblen Nerven, auf die Nervencentra u. s. w. überzugehen. Es kommt dann an die Reihe die Untersuchung der physiologischen Wirkung der elektrischen Strahlen, des magnetischen Stromes und der Combinationen von verschiedenartigen elektrischen Einflüssen. Mit diesen vereinbart kommen nun auch die Fragen von der physiologischen Bedeutung der elektrischen Polarität, vom Einflusse der elektrischen Induction auf den Chemismus u. s. w.

---

2. **Versuchsanordnung.** Im Vorworte sind schon die äusserst ungünstigen Verhältnisse, unter denen die vorliegende Arbeit ausgeführt wurde, zur Sprache gekommen. Es ist daher begreiflich, warum ich vielfach bei den Versuchsanordnungen gezwungen war, mich nicht nach den Bedürfnissen des Problems selbst, sondern nach rein äusserlichen Verhältnissen zu richten, je nachdem über welche Apparate und überhaupt über was für Mittel ich im gegebenen Momente verfügen konnte. Es erklärt sich daraus manche Lücke in der Paralleluntersuchung des elektrischen Feldes durch physiologische (NM) und physikalische Elektroskope.

In einigen Versuchen bediente ich mich zur Erzeugung eines elektrischen Feldes der elektrostatischen Maschinen, vornehmlich der von Voss und von Holtz; hauptsächlich gebrauchte ich aber Inductionsapparate, am häufigsten das Ruhmkorff'sche System, viel seltener das E. du Bois-Reymond'sche. Der zuletzt genannte Apparat bietet einen Vorzug wegen der Bequemlichkeit, mit welcher man die Stärke des Inductionsstromes und die Frequenz der Unterbrechungen ändern kann, sowie auch wegen der Leichtigkeit der Handhabung seines Eisenkernes. Andererseits aber ist dafür das vom Schlittenapparate erzeugte elektrische Feld verhältnissmässig sehr schwach und erfordert eine bedeutende Annäherung des NM-Präparates; eine bedeutende Verstärkung des Stromes in der primären Spirale würde leicht zu einer Beschädigung derselben führen.

Was die Ruhmkorff'sche Spirale überhaupt anbetrifft, so stellt sie einen entfernt nicht genau arbeitenden Apparat dar, dessen Theorie zur Zeit als abgeschlossen kaum angesehen werden darf.[1] Es hängt in demselben Vieles von den — sozusagen — individuellen Eigenschaften ab, von der Construction des gegebenen Apparates, vom Gange seines Unterbrechers, von der Anordnungsweise und dem Symmetriegrade der Windungen u. s. w. Diese Bedingungen können eine Ungleichheit der erzeugten Inductionsströme bewirken, sowie das Verhältniss der Polspannungen zu einander, das Elektrisirungsvorzeichen des Apparates, den zeitlichen Verlauf der Induction, das Maximum der Spannung u. dgl. beeinflussen. Uebrigens, für die meisten meiner unten dargelegten Versuche hatten solche Fehler der Constanz und der Genauigkeit des Apparates keine wesentliche Bedeutung.

Bekanntlich ertheilt jeder Pol der Ruhmkorff'schen Spirale einen Schliessungs- und einen Oeffnungsinductionsschlag und erzeugt also ein entsprechendes elektrisches Feld; da aber der erstere bei Weitem schwächer ist, so bezieht sich der Unterschied der Pole auf Momente der Oeffnung. Die Polarität bestimmte ich, indem ich die Funken durch Flüssigkeiten, welche Jodkaliumstärkekleister oder ein Gemenge von Salzen und Phenolphtaleïn enthielten, hindurchgehen liess; die Spannung des Inductionsstromes kann, wo es nicht auf einen genauen Vergleich ankommt, vergleichsweise für beide Pole, ungefähr nach der Länge des Funkens, welcher *ceteris paribus* von diesem oder jenem Pole zwischen einen Draht und einer zur Erde abgeleiteten Metallplatte erzeugt wird, beurtheilt werden. In den von mir benutzten Inductionsapparaten zeigte sich der negative Pol gewöhnlich stärker, als der positive. Die benutzten Apparate waren von verschiedener Grösse, die kleinsten gaben Funken von etwa 1 cm Länge, die grössten von etwa 30 ja sogar 40 cm; für die unten beschriebenen Versuche waren sie alle brauchbar.

---

[1] A. Oberbeck, Ueber die Spannung an dem Pole eines Inductionsapparates, Wiedemann's Annalen, 1898, Nr. 2, S. 212. Ueber die Eigenschaften dieser Apparate siehe auch Wiedemann, Die Lehre von der Elektricität, Bd. IV, 1. Abth., 1885, S. 208—218, 338—359, 2. Abth., S. 680 u. folg.

Sehr viele werthvolle Bemerkungen über die Eigenschaften der Inductionsapparate finden sich in den Abhandlungen von B. Walter in Wiedemann's Annalen, Bd. LXII, 1897, S. 300—322 und Bd. LXVI, 1897, S. 623—635.

Von den älteren Arbeiten benutzte ich die Abhandlung von Poggendorff in seinen Annalen, Bd. IV, S. 289—333.

Um einzelne Potentialschwankungen bei der Schliessung oder Oeffnung im elektrischen Felde zu bewirken, gebrauchte ich einen Quecksilberunterbrecher mit einem ziemlich spitzen Stifte aus amalgamirtem Kupfer und mit einer Alkoholdurchspülung über dem Quecksilber.

Um sehr frequente Potentialschwankungen im elektrischen Felde zu erzielen, benutzte ich den elektrolytischen Unterbrecher von WEHNELT. Bei der Anwendung dieses Unterbrechers erhielt ich ein sehr starkes elektrisches Feld; in der secundären Spirale wird eine ungemein grosse Menge elektrischer Energie erzeugt, welche dem Felde regelmässig periodische Wellen bezw. elektrische Strahlen — im weiten Sinne des Wortes — zusendet.

Da die RUHMKORFF'sche Spirale um sich selbst ein ziemlich starkes elektrisches Feld erzeugt, so wurde behufs Beseitigung ihres eigenen activen Feldes der ganze Apparat sammt dem Unterbrecher von allen Seiten her von einem metallischen zur Erde abgeleiteten Gehäuse umgeben. Zuweilen musste dieselbe Vorsichtsmaassregel auch für die Accumulatoren, welche die Spirale speisen, getroffen werden. Durch Oeffnungen im Deckel des Gehäuses gingen dickwandige Glasröhren durch, welche die Elektroden durchgehen liessen und den Polen der secundären Spirale aufgesetzt werden konnten. Der Abstand zwischen der Spirale und dem Nervmuskelpräparat war immer gross und zwar betrug er bei starken Strömen 2—6 m.

Die Drahtelektrode war an ihrem Ende mit einer viereckigen Metallplatte versehen, welche gewöhnlich eine Quadratform hatte und vertical und isolirt befestigt war. Diese Platte, die wir weiter unten mit ZnEl bezeichnen wollen, diente nun als Quelle der elektrischen Wellen in der Luft; man könnte sie deshalb „Vibrator" nennen; sie dient demnach als „Reizungs"elektrode. Diese, gewöhnlich aus Zink bestehende Platte kann mit einer isolirenden Paraffin- oder Glasschicht bedeckt werden; allein es ist dies nicht absolut nothwendig: wo es die specielle Aufgabe des Versuches nicht erforderlich macht, kann man dies bequem entbehren. Die Grösse der Platte ZnEl variirte von 10×10 bis 40×40 cm und mehr, je nach der Stromstärke bezw. nach den Erfordernissen des Versuches: je grösser diese Platte *ceteris paribus* ist, desto stärker ist das elektrische Feld.

Die RUHMKORFF'sche Spirale wurde verschieden angewendet: 1. zur Erzeugung einer unipolaren Reizung wurde der eine Pol durch einen Draht mit der Platte ZnEl verbunden, während der andere zur Erde abgeleitet wurde; die letzte Bedingung verdoppelt die Spannung am ersten freien Pol und schützt ausserdem den Apparat vor inneren Entladungen; statt der directen Ableitung zur Erde kann man zwischen dieser und der Spirale einen Condensator einschalten; 2. zur bipolaren Reizung endigten beide Pole in zwei gleiche Platten ZnEl; 3. beide von den Polen der Spirale kommende Drähte werden fern vom Apparate durch einen geraden oder spiralig gewundenen Draht, welcher ein actives elektromagnetisches Feld erzeugt, mit einander verbunden; der Reiz ging demnach in diesem Falle vom geschlossenen Kreise der secundären Spirale aus; 4. in einigen Versuchen wurde in diesen letzten Kreis 1 oder 2 Leidener Flaschen eingeschaltet, wodurch eine sehr starke elektrische Reizung hervorgerufen werden konnte; 5. in manchen Versuchen wurden die beiden Enden des secundären Kreises durch Geissler'sche, Crookes'sche u. a. Röhren mit einander verbunden; die Wirkung des von diesen Röhren erzeugten Feldes unterscheidet sich im Wesentlichen von einer durch andere Methoden hervorgebrachten elektrokinetischen Reizung durchaus nicht; 6. es wurden endlich die zwischen den Elektroden beider Pole oder unipolar zwischen der einen ZnEl und einem zur Erde abgeleiteten Drahte erfolgenden Funkenentladungen in Bezug auf ihre reizende Wirkung *à distance* untersucht.

Ausser den beschriebenen Anwendungsmethoden der Ruhmkorff'schen Spirale benutzte ich noch dieselbe beim Studium der elektrokinetischen Fernreizung durch *„haute fréquence“* von d'Arsonval, d. h. durch Ströme von hoher Spannung und ausserordentlich hoher Frequenz (siehe im zweiten Theile dieses Werkes).

Fast in allen Versuchen bestand das Nervmuskelpräparat (NM) des Frosches — nur *Rana esculenta,* möglichst grosse — aus dem Unterschenkel mit dem Fusse, dem erhaltenen Femur (zur Befestigung) und dem unversehrten N. ischiadicus mit einem Stückchen aus der Wirbelsäule. Das Präparat wird am Femur einfach mit den Fingern gehalten — in denjenigen Versuchen, in denen die Wirkung der leitenden Masse des eigenen Körpers erforderlich ist — oder es wird mit einer Klemme in einem Stativ fixirt, wobei diese beiden Theile nicht aus Metall, sondern aus einer mehr oder weniger isolirenden Substanz, aus Hartgummi oder Holz bestehen sollen. Es ist endlich sehr bequem, das Präparat mit Stecknadeln an Paraffinplättchen von ausreichender Dicke zu fixiren. Zur Anwendung der graphischen Methode für die Aufzeichnung der Muskelzuckungen wurde ein Myographion aus Hartgummi speciell construirt. Eine Glasglocke schützte das Präparat mehr oder weniger vor dem Vertrocknen; die Anwendung einer echten feuchten Kammer war dagegen aus rein physikalischen Erwägungen contraindicirt. Alle Bestandtheile des Myographions — Platte, Axe, Klemme, Schrauben, Rolle u. s. w. — waren aus Ebonit. Ein kleiner Schreibhebel zeichnete entweder vollständige Myogramme auf einer Bultzar'schen Trommel oder nur Zuckungshöhen auf einem berussten Glase. Im ersten Falle musste man, *nolens volens*, darauf gefasst sein, in der Nähe des Myographions die umfangreiche leitende Masse des metallischen Kymographions zu haben, dessen Nachbarschaft natürlich eine Deformation der Kraftlinien des activen elektrischen Feldes hervorbringen musste. Um die Bedeutung dieser Unbequemlichkeit zu verringern, blieb die Lage des Kymographions während der Controlbeobachtungen in Bezug auf das NM-Präparat und auf die Reizelektrode (ZnEl) womöglichst immer die gleiche. Ausserdem stand das Kymographion in leitender Verbindung weder mit irgend einem anderen Leiter, noch mit dem Nervmuskelpräparat.

Während in den Versuchen mit den Hertz'schen Strahlen, d. h. mit den Schwingungen von sehr grosser Frequenz und kurzer Wellenlänge, die Nachbarschaft leitender Massen keinen besonders störenden Einfluss auszuüben vermag, kann eine solche Nachbarschaft das Resultat unserer elektrokinetischen Reizung sehr bedeutend beeinflussen in denjenigen Fällen, wo es sich, wie in meinen unten beschriebenen Versuchen, um langsame elektrische Schwankungen bezw. um Wellen von sehr bedeutender Länge handelt. Es genügt manchmal, dass der Experimentator, der neben ZnEl oder NM steht, seine Lage ändert, sich bewegt oder sich, bloss zum NM z. B., bückt, oder seinen Arm streckt, um dadurch die Erscheinung bedeutend zu beeinträchtigen; am häufigsten wird dabei die Muskelzuckung schwächer, manchmal bleibt sie sogar ganz aus. Es hängt Vieles davon ab, ob der Experimentator seitlich oder hinter dem Nervmuskelpräparat, d. h. neben dem distalen Ende desselben steht. Im letzteren Falle kann bereits eine Annäherung des Armes oder eine einfache Neigung des Kopfes nach dem NM die Reizung verstärken. Die Annäherung an die Zn-Elektrode wirkt dagegen umgekehrt. In viel geringerem Grade macht sich die schädliche Wirkung benachbarter unbeweglicher leitender Massen, irgend welcher metallischer Apparate oder Gas- und Wasserleitungsröhren, geltend. Jedenfalls gelingen die elektrokinetischen Versuche am besten, wenn solche Complicationen, die das elektrische Feld deformiren und schwächen, nicht vorhanden sind.

In einigen Versuchen mit diesem Felde, bei schwacher Reizung, ist der Feuchtigkeitsgrad der Luft von nicht unwichtiger Bedeutung: je feuchter die Luft, um so schwächer *ceteris paribus* ist — für gewisse Bedingungen der Versuchsanordnung — das elektrokinetische Feld; besonders macht sich dies in den Versuchen mit Elektrisirmaschinen bemerkbar.

Die allgemeinen Bedingungen, welche die Stärke der elektrokinetischen Reizung beeinflussen, folgen theils aus den oben angeführten Hinweisen, theils aus gewissen Ergebnissen der allgemeinen Physiologie der Nervenfaser.

Eine hohe Erregbarkeit des Nervmuskelpräparates, seine Frische ist eine Grundbedingung für solche Versuche, wo der Reiz an sich schwach ist, wie dies z. B. bei der Reizung in der Nähe des geschlossenen secundären Kreises des Inductoriums der Fall ist. Da bei der Elektrokinesis die Reizung hauptsächlich im Nervenstamm vor sich geht, so ist nun der Effect um so stärker, je länger der Nerv ist. Bekanntlich ist die Vertheilung der Stromdichte in einem Leiter bei elektrischen Schwingungen eine andere als beim directen Durchleiten eines galvanischen Stromes: in der oberflächlichen Schicht ist die Stromdichte grösser als im Centrum des Leiters. Je höher die Schwingungsfrequenz ist, auf eine desto dünnere Aussenschicht beschränkt sich die elektrische Bewegung, wenn der Widerstand des Leiters nicht sehr gross ist.

Eine sehr wichtige physikalische Bedeutung hat das mit dem Nerven stehen gelassene Stückchen Wirbelsäule. Je kleiner es ist, desto schwächer ist *ceteris paribus* auch die Muskelzuckung. Wenn wir nun die Masse des Wirbelsäulenstückchens durch Umwickeln mit leitenden Massen aus feuchtem Papier, Stanniol oder Muskelstücken vergrössern, wodurch die Oberfläche der Wirbelsäule und hiermit deren elektrische Capacität vergrössert wird, so verstärken wir zu gleicher Zeit die Erregung in sichtbarer Weise, weil durch diese Bedingung die Menge der inducirten Elektricität vermehrt, und daher auch die Intensität ihrer Schwingungen bezw. ihres Stromes verstärkt wird. Ungeachtet der ungemein wichtigen physikalischen Bedeutung, welche diese Bedingung für allerlei mit Nerven angestellte elektrokinetische Versuche hat, ist doch die Untersuchung dieser Umstände von meinen Vorgängern unterlassen worden. Die allgemeinen Bedingungen Seitens RUHMKORFF's Inductoriums sind selbstverständlich. Je stärker der Strom in seiner primären Spirale ist, je frequenter seine Unterbrechungen sind, desto intensiver ist die elektrokinetische Einwirkung auf den Nerven. Im selben Sinne wirken: Ableitung zur Erde des einen Pols bei unipolarer Reizung, Vergrösserung der Plattenelektrode, Annäherung derselben zum Nervmuskelpräparat, Verbindung des letzteren mit irgend einem umfangreichen Leiter oder noch besser mit der Erde u. dgl.

Jede Deformation des elektrischen Feldes — im Sinne einer Ablenkung der Kraftlinien bezw. der elektrischen Energie durch irgend welchen fremden benachbarten Leiter — muss die Intensität der elektrokinetischen Reizung schwächen. Umgekehrt wirkt die Concentration der Kraftlinien in der Richtung des Nervmuskelpräparates bei gewissen Versuchsbedingungen in verstärkendem Sinne, namentlich da, wo die Reizung proportional ist der Zahl der Kraftlinien, welche das NM-Präparat schneiden.

Viertes Capitel.

Unipolare elektrokinetische Nervenreizung.

Es ist schon höher oben erörtert worden, dass wir diesen Ausdruck für die Nervenreizung in einem elektrischen Felde, welches von einem einzigen Pole des Ruhmkorff erzeugt wird, während der zweite Pol freibleibt oder behufs Verstärkung der Spannung am ersten Pole, d. h. an der Reizelektrode (Zn El) zur Erde abgeleitet wird, gebrauchen wollen. Bekanntlich entstehen im geöffneten secundären Kreise des Inductoriums bei Unterbrechungen des Stromes in der primären Spirale eigenartige elektrische Schwingungen, welche von Helmholtz, Schiller, Bernstein, Mouton, Colley u. A. untersucht worden sind. Die Zahl dieser Schwingungen, in Apparaten mit starker Selbstinduction, kann bis 10 000 pro Secunde betragen; die maximale Dauer derselben und zwar der ersten Schwingung beträgt kaum 0,00011 sec (Mouton)[1]; er beobachtete etwa 30 solcher Schwingungen um Null herum nach beiden Seiten hin. Bernstein[2], der ebenfalls Bestimmungen der Periodicität solcher Potentialschwankungen in einem offenen secundären Kreise eines Inductoriums (mit zwei Grove'schen Elementen) unternommen hatte, fand die allgemeine Schwingungsdauer für den Oeffnungsinductionsstrom nicht länger als 0,0014 sec; bei einem Daniell'schen Elemente bloss 0,0007 sec; für die Einzelschwingung fand Bernstein eine mittlere Dauer von 0,0001 sec (a. a. O. S. 65).

Bei gewissen Bedingungen, namentlich bei genügender Selbstinduction der Spirale und bei relativ kleiner Capacität der Enden des geöffneten Kreises können diese elektrische Wechselschwingungen nach der Oeffnung in der secundären Spirale regelmässig periodisch,

---

[1] Journal de Physique, T. VI, 1877, p. 5 u. 46.

[2] Poggendorff's Annalen, Bd. CXLII, 1871, S. 54.

aber mit einer sich verkleinernden Amplitude, vor sich gehen. Im Gegentheil wird die Periodik dieser Potentialschwankungen weniger regelmässig, wenn die Enden mit relativ grossen Condensatoren verbunden werden; bei dieser Bedingung „geht die periodische Elektricitätsbewegung in eine aperiodische über“.[1]

Der Oeffnungsinductionsschlag kann demnach als ein plötzliches Absinken des Potentials bis auf Null betrachtet werden, welches Absinken von einer ganzen Reihe wechselnder, nach den Pendelgesetzen oscillirender, allmählich verklingender Entladungen begleitet wird. Diese werden stärker, wenn man die Enden der geöffneten secundären Spirale mit Körpern von grosser Capacität, z. B. mit dem Belege eines Condensators verbindet und dadurch der Elektricität die Möglichkeit verschafft, sich an dieser Stelle in grosser Menge anzuhäufen.[2] In einem elektrischen Felde, welches von der Endplatte der freien Elektrode des Ruhmkorff (Zn El), deren zweiter Pol zur Erde abgeleitet ist, erzeugt wird, haben wir demnach zweierlei Potentialschwankungen: die einen stärkeren entsprechen den Veränderungen der Stromstärke im primären Kreise, den Unterbrechungen desselben; die anderen hingegen werden durch die oben erwähnten Helmholtz'schen elektrischen Oscillationen in der secundären geöffneten Spirale bedingt.

In der primären Spirale mit der grossen Zahl von Drahtwindungen entstehen ebenfalls wechselnde elektrische Schwingungen, die den oben erwähnten in der secundären Spirale entsprechen.

Es wäre von Interesse, eine vergleichende Untersuchung der physiologischen Wirkung einer einzigen „primären“ Potentialschwankung vorzunehmen, d. h. bei möglicher Ausschliessung der „secundären“, nachfolgenden Oscillationen und bei der stärksten Mitbetheili-

---

[1] R. Colley, Zur Theorie des Apparates von Ruhmkorff, Journal der Russ. physik.-chemischen Gesellschaft, Bd. XXIII, 1891, physikal. Theil, S. 7 bis 29 (russisch).

[2] Wiedemann, Die Lehre von der Elektricität, Bd. IV, 1885, Th. 1, S. 218.

Siehe auch Oberbeck in Wiedemann's Annalen, Bd. VI, 1879, S. 210, Bd. XVII, 1882, S. 816—841 („Elektrodynamische Interferenz“ dieser elektrischen „Sinusschwingungen“) sowie auch Walter König in Wiedemann's Annalen, 1899, S. 535.

gung derselben. In dieser Richtung ist die Frage in Bezug auf die Elektrokinesis experimentell noch nicht untersucht worden.[1]

Die unipolare Reizung lässt sich also auf die Wirkung der mit den Unterbrechungen im primären Kreise isochron erfolgenden Potentialschwankungen mit nachfolgenden Oscillationen zurückführen. Die primären Schwankungen können verschiedenerlei Art sein, einfache und complicirte, periodische und aperiodische. Beim regelmässigen Gange des Unterbrechers haben wir regelmässige periodische Oscillationen, die sich im Dielektricum — Luft — fortpflanzen, d. h. wir haben elektrische Wellen von bestimmter Periodicität. Ist die Zahl der Unterbrechungen nicht gross (Unterbrecher von Neef-Wagner, Foucault), so ist die Wellenlänge ausserordentlich gross; sogar beim Anwenden eines Wehnelt'schen Unterbrechers, der z. B. 2000—3000 Schwingungen pro Secunde macht, bekommen wir doch kolossale Wellen, im Verhältniss zu denen der Raum des Laboratoriums viel zu klein ist. Die Eigenschaften der elektrischen Wellen als solche können demnach in unseren Versuchen unberücksichtigt bleiben. Der Wellentheil innerhalb des Zimmerraumes erscheint in Bezug auf den physiologischen Resonator, das Nervmuskelpräparat, als ein variables elektrisches Feld von periodisch schwankendem Potentiale. Hätten wir die Möglichkeit, die Zahl der Unterbrechungen im primären Kreise allmählich zu steigern (bis Millionen Mal und mehr pro Secunde), so würden wir dadurch elektrische Wellen von entsprechend sich verkleinernder Länge erhalten; diese Wellen würden dann den Charakter elektrischer Strahlen von besonderer Ordnung annehmen, und endlich würden sie sich, ihren Eigenschaften nach, der Kategorie der Hertz'schen Strahlen nähern. Diese Erwägung allein genügt, glaube ich, um nicht die Neuroelektrokinesis, die in einem oscillatorischen elektrischen Felde stattfindet, von der in der Wirkungssphäre elektrischer Wellen *sensu stricto* stattfindenden Elektrokinesis dem Wesen nach so streng zu unterscheiden, als ob denselben specifisch verschiedene Einwirkungen zu Grunde lägen.

---

[1] Bei der unmittelbaren unipolaren Nervenreizung misst Aug. Charpentier (Archives de physiologie, 1896, S. 64 u. 97) diesen nachfolgenden Elektricitätsschwankungen in der geöffneten secundären Spirale eine physiologische Bedeutung bei. Siehe seine weiteren Versuche in dieser Richtung Compt. rend. Acad. des Sc., T. CXXVIII, p. 1603 und T. CXXIX, p. 38.

Es ist selbstverständlich, dass der scharfe quantitative Unterschied in den physikalischen Eigenschaften der langsamen elektrischen Wellen einerseits und der elektrischen Strahlen der HERTZ'schen Ordnung andererseits, sowie auch die Verschiedenheit in der Fortpflanzungsweise derselben, im Verhalten derselben zu Leitern und Nichtleitern, zur elektrischen Leitungsfähigkeit u. s. w. auch die physiologische Wirkung derselben auf den Nerven, und zwar qualitativ beeinflussen können; allein dies wird eher von der Reactionsfähigkeit des „resonirenden" Organs, als von einer muthmaasslichen, vermeintlich wesentlichen Verschiedenheit der Schwingungen beider Art abhängig sein.

Weiter unten werden wir sehen, dass die Reizung eines Nerven in einem elektrischen Felde von der Orientirung desselben in Bezug auf äquipotentiale Flächen, sowie auch natürlich von der Entfernung desselben vom „Vibrator" Zn El abhängig ist. Je grösser die Zahl dieser Flächen ist, welche vom Nervmuskelpräparate durchschnitten werden, um so grösser ist die Potentialdifferenz, welche sich im letzteren einstellt, um so stärker also ist der in demselben inducirte Strom; daher auch eine Steigerung der Reizung. Es ist selbstverständlich, dass die Anwesenheit sowohl des Nervmuskelpräparates selbst, als auch irgend welcher benachbarter Leiter im elektrischen Felde auf den Verlauf der Kraftlinien und demnach auch auf die Form und Anordnung der äquipotentialen Flächen einen entscheidenden Einfluss hat. Daher wird schon *a priori* dieser oder jener Einfluss, welchen die Nachbarschaft leitender Massen, je nach dem Umfang, der Lage derselben u. s. w., auf das Resultat der Reizung ausüben, verständlich.

Was die Bedeutung der Elektropolarität bei der unipolaren Reizung anbetrifft, so wird die Erörterung dieser Frage in der folgenden Lieferung unserer elektrokinetischen Untersuchungen stattfinden.[1] Es mag hier bloss darauf hingewiesen werden, dass, wie schon oben erwähnt, die gewöhnliche Anwendungsweise des RUHMKORFF für eine Abgrenzung und genaue Vergleichung der Wirkung der positiven oder negativen Elektricität ungeeignet ist. Schon POGGENDORFF, der die Eigenschaften der Inductionsapparate studirte, hatte sich von der Ungleichheit der Spannung an beiden Polen,

[1] Siehe das Vorwort.

wenn der secundäre Kreis offen ist, überzeugt: die am negativen Pole gezogenen Funken schienen immer stärker, als die am positiven Pole.[1] Ein vollkommen gleiches Verhalten hatte ich ebenfalls mehrmals Gelegenheit zu beobachten. Soviel man aus meinen unten angeführten Versuchen über die unipolare Nervenreizung schliessen konnte, bestand kein besonders deutlicher constanter Unterschied in der Wirkung beider Pole des Inductoriums bei gewöhnlicher Anordnung.[2]

Eine sehr wichtige Bedeutung wird auch wohl die Richtung des inducirten elektrischen Stromes im Nerven haben: ob der Entladungsstrom im letzteren in aufsteigender oder absteigender Richtung circulirt. Wir müssen aber vorläufig auch diese mit der vorher genannten in wesentlichem Zusammenhange stehende Frage unerörtert lassen. In den unten angeführten Versuchen finden wir keinen wesentlichen Unterschied, in physiologischer Beziehung, zwischen der distalen oder proximalen Lagerung des Nerven in Bezug auf ZnEl, wenn die physikalischen Bedingungen möglichst unverändert bleiben.

Die allgemeine Versuchsanordnung bei der unipolaren Reizung ist zum Theil schon oben angedeutet worden. Der eine Pol des Ruhmkorff wird zur Erde abgeleitet, der andere wird durch einen langen Draht mit der Elektrodenplatte ZnEl verbunden, die in einer Entfernung von 1—6 m vom Ruhmkorff vertical und isolirt aufgestellt wird. Die Reizstärke wurde regulirt entweder durch den Abstand zwischen dem Nervmuskelpräparat (NM) und der Zn-Elektrode, oder durch Veränderung der Stromstärke in der primären Spirale, oder durch die Häufigkeit der Unterbrechungen, oder endlich durch Aenderung der Spannung nur in ZnEl in folgender Weise (siehe Fig. 1): je kleiner die Funkenstrecke *a b* ist, desto schwächer

---

[1] Poggendorff, Beitrag zur Kenntniss der Inductionsapparate und deren Wirkungen in Annalen der Physik und Chemie, 4. Reihe, Bd. IV, 1855, S. 308.

[2] In Betreff der Anwendung dieser oder jener „Sorte“ Elektricität (+ oder −) für die Nervenreizung vgl. z. B. die Versuche von Tiegel in Pflüger's Archiv, Bd. XIV, 1877, S. 331 u. folg.

ist die Spannung in Zn El, desto schwächer ist auch das oscillatorische elektrische Feld und umgekehrt. Hier findet schon freilich eine Abweichung von der typischen Anordnung des Versuches über die „unipolare“ Reizung statt, da die Einschaltung des Entladers und das Vorhandensein von Funken zwischen den einander genäherten Enden desselben die Bedingungen des Entstehens und den Charakter selbst der elektrischen Schwingungen im secundären Kreise und folglich auch in Zn El, sowie in dem von dieser erzeugten Felde verändern. Um diesen Missstand zu vermeiden, kann man auch anders verfahren (Fig. 2): vom Elektrodendrahte m El geht ein Zweig ab, der in einer Metallplatte *a* endigt; dieser gegenüber wird eine gleiche Platte *b* angebracht; letztere ist zur Erde abgeleitet; der Reiz wird durch den Abstand zwischen *a* und *b* regulirt; berühren sich dieselben, so sinkt die Spannung in Zn El bis auf 0, und die Muskelcontractionen bleiben aus.

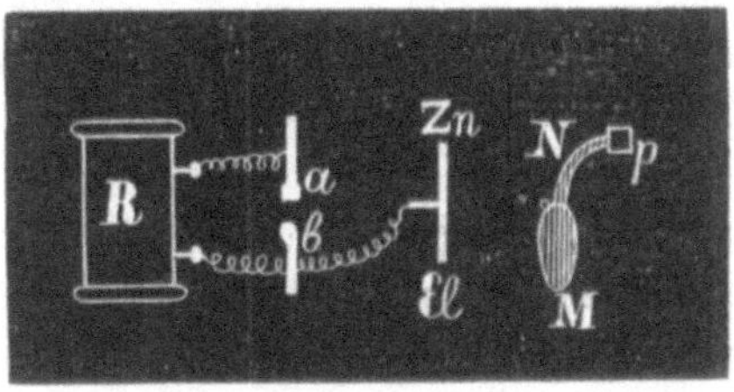

Fig. 1.

R Ruhmkorff: *ab* Entlader: *Zn El* Plattenelektrode: *NM* Nervmuskelpräparat: *p* Stück der Wirbelsäule. — Zwischen *ab* und *Zn El* — eventuell ein „undurchsichtiger“ Schirm.

Das Nervmuskelpräparat wurde in einem Holzstative fixirt; in der Klemme des Stativs zwischen trockenen Korkplatten wurde der Oberschenkelknochen eingeklemmt, Unterschenkel und Fuss hingen vertical herab, der Nerv sammt dem Stückchen Wirbelsäule (*p*) wurde distal in einer schiefen oder horizontalen Ebene gelagert; sein centrales Ende *p* muss einem Isolator, Paraffin z. B., aufliegen. Weniger zweckmässig ist die umgekehrte Anordnung, bei welcher der Nerv nach unten herabhängt, während der Unterschenkel mit dem Fusse nach oben gerichtet sind. Sehr bequem ist die Fixirung des NM-Präparates auf einem dicken Paraffinplättchen vermittelst Stecknadeln, welche durch die Wirbelsäule *p* und die Kniegelenkkapsel

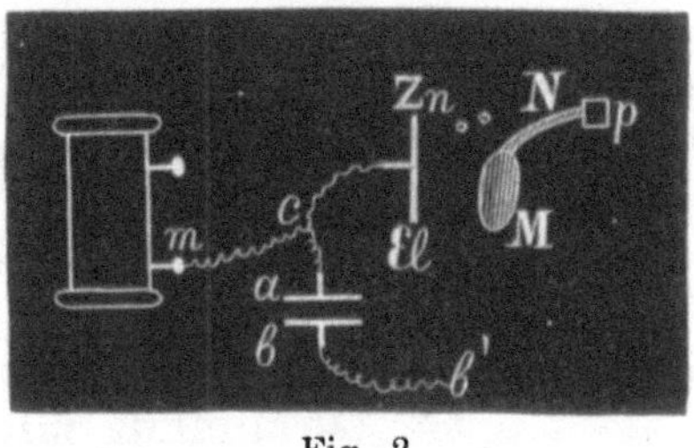

Fig. 2.

R Ruhmkorff; *m* Pol; *Zn El* Elektrodenplatte: *a* Nebenplatte: *b b'* Draht zur Erde mit Endplatte.

hindurch gehen (siehe Fig. 15). Dabei muss sorgfältig überwacht werden, dass durch die Flüssigkeit, die das Plättchen eventuell bedeckt, durch ein feuchtes Stückchen Papier u. s. w. zwischen den Muskeln und der Wirbelsäule sich kein Nebenschluss bilde. Um dieser Gefahr vorzubeugen, verfährt man am besten, wenn man die Wirbelsäule und das Kniegelenk auf den eingestochenen Stecknadeln von der Paraffinplatte abhebt, damit der Nerv die Oberfläche der letzteren gar nicht berührt. — Bei der Anwendung des oben erwähnten Ebonitmyographions wurde das NM-Präparat in gewöhnlicher Weise fixirt.

In den zu beschreibenden Versuchen, besonders aber bei den vergleichenden Beobachtungen ist es von grosser Wichtigkeit, dass die Lage des Experimentators selbst, wie schon oben erwähnt, unverändert bleibt. Da er durch seine grossen Dimensionen die Eigenschaften des elektrischen Feldes beeinflusst, so kann eben dadurch auch das Resultat der Reizung in merklicher Weise beeinflusst werden, wenn der Experimentator sich das eine Mal dem NM-Präparate nähert, das andere Mal sich von demselben entfernt, oder bald vor, bald hinter demselben, bald der ZnEl näher sich befindet (siehe oben). Steht er auf einem Isolator, so kann sein Einfluss sich anders gestalten, als wenn er mit der Erde verbunden wäre. In Anbetracht all' dieser Umstände verfährt man am besten, wenn man sich während der Reizung möglichst weit von ZnEl und dem NM-Präparat befindet.

Alle Leiter in der Nachbarschaft sowie auch der Körper des Experimentators selbst, die sich in der Wirkungssphäre der Reizelektrode befinden, werden selbst zu Entstehungsstellen inducirter elektrischer Schwingungen.

Wir wollen nun zur Beschreibung der Versuche übergehen.

Elektrische Ladung des Nervmuskelpräparates, Contractionen bei Verbindung mit einem Condensator.

Versuch 1 (Fig. 3). Das NM-Präparat befindet sich in einer so bedeutenden Entfernung von der Plattenelektrode (ZnEl), dass trotz der häufigen Unterbrechungen der Ruhmkorff'schen Spirale der Muskel in Ruhe bleibt; der Reiz ist also gleich 0 oder subminimal. Diese Entfernung ist verschieden je nach der Stromstärke, nach der Erregbarkeit des Nerven u. dgl. Für kleinere Inductionsapparate beträgt sie 30—40 cm; bei grosser Spannung des elektrischen Feldes und bei grösserer Masse des NM-Präparates muss dagegen das letztere um 60 bis 80 cm und noch mehr von ZnEl entfernt werden. Nachdem man sich von der völligen Ruhe des Muskels überzeugt hat, wird der Kreis der Spirale geöffnet und sofort das centrale Ende des Nerven unter gewissen Vorsichtsmaassregeln unmittelbar mit dem Muskel verbunden, d. h. der Kreis des NM-Präparates selber wird geschlossen; man bekommt dabei „Zuckungen ohne Metall", die vor dem Einwirken des elektrischen Feldes gar nicht oder nur sehr schwach vorhanden gewesen sein konnten. Dann wird der Versuch wie vorher fortgesetzt; die Spirale ist wieder im Gange; der Muskel befindet sich in Ruhe, der Nerv berührt, wie vorher, denselben nicht mehr und ist z. B. distalwärts umgelegt. Berühren wir nun das Präparat und zwar bei *p* oder *N*, oder sogar am Knochen vermittelst eines Drahtes, welcher mit irgend einem grossen weit entfernten isolirten Leiter (Zn'), oder noch besser mit der Erde verbunden ist; sofort kommen Contractionen zum Vorschein, die wir als „abgeleitete" bezeichnen wollen, zum Unterschiede von den „spontanen", welche ohne jede Berührung bezw. ohne irgend einen anderen Einfluss auf NM zu Stande kommen (siehe unten). Dieselben Zuckungen bekommt man auch dann, wenn man das NM-Präparat direct mit der Hand berührt, besonders wenn man sich vorher mittels eines Drahtes mit der Erde verbunden hat, aber auch ohne dies. Der Beobachter muss hinter dem NM-Präparate, d. h. noch weiter von ZnEl stehen. Berührung des Nerven giebt viel stärkere Zuckungen, als die unmittelbare Berührung des Muskels, was übrigens vollkommen verständlich ist.[1]

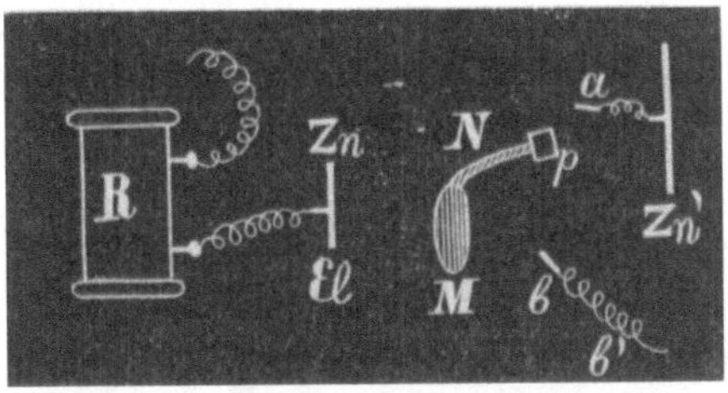

Fig. 3.

R Ruhmkorff; *ZnEl* Reizelektrode; *NM* Nerv u. Muskel; *Zn'* grosser Condensator; *bb'* Draht zur Erde.

[1] Dieses Verhalten ist schon seit lange bei den „unipolaren Zuckungen" bemerkt worden (siehe GRÜNHAGEN, Zeitschrift für rationelle Medicin, 1865, S. 154 u. folg.).

Zur Aufklärung der physikalischen Seite dieser Erscheinung muss folgender Versuch berücksichtigt werden: nähert man der Elektrode ZnEl eine GEISSLER'sche Röhre in senkrechter Richtung auf ZnEl und berührt man mit der Hand irgend einen Punkt der Röhre, so kommt ein starkes Leuchten zu Stande, aber nur in demjenigen Theil der Röhre, welcher sich zwischen dem Finger und ZnEl befindet (siehe KALISCHER). Von der Richtigkeit dieses Resultates kann man sich leicht überzeugen. Die elektrischen Schwingungen erreichen offenbar den hinteren dunklen Theil der Röhre nicht, da sie durch die Hand ganz zur Seite abgelenkt werden. Dasselbe findet beim Berühren des Nerven in einem Punkte statt; an dieser Stelle ist die Stromdichte am grössten.

Es kann dabei freilich ein Zweifel entstehen, ob das NM-Präparat an sich im elektrischen Felde geladen wurde und ob durch die Berührung der Wirbelsäule (p) z. B. mit dem Finger die elektrischen Schwingungen in MN in Folge der Verbindung mit einem Körper von grosser Capacität bloss verstärkt wurden; mit anderen Worten, man könnte befürchten, dass die Reizung durch Uebertragung von elektrischen Schwingungen auf das NM-Präparat von unserem Körper her, welcher in demselben elektrischen Felde geladen wird, zu Stande kommt. Obgleich diese Annahme durch einen gleichen Versuch mit Berührung von einem Leiter, der von ZnEl weit entfernt ist, bis zu einem gewissen Grade widerlegt wird, so ist doch eine definitive Beseitigung des erwähnten Zweifels wünschenswerth. Dies wird leicht durch die folgende Anordnung erreicht (Fig. 4). A ruft Zuckungen im Muskel M hervor, wenn er p berührt; die gleiche Berührung eines entfernteren N′M′-Präparates mit der anderen Hand kann bei gewissen Bedingungen den Muskel M' in Ruhe lassen. Eine Muskelzuckung müsste auch im zweiten Falle zu Stande kommen, wenn der Körper der Person A als directe Quelle der elektrischen Reizung dienen würde.

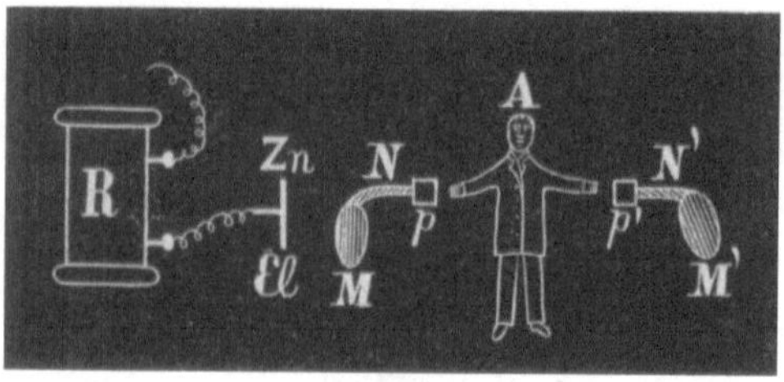

Fig. 4.

R Ruhmkorff; *ZnEl* Elektrode; *NMp* u. *N′M′p′* Froschpräparate; *A* dazwischen stehende Person.

Das Resultat des beschriebenen Versuches erklärt sich dadurch, dass die durch Induction hervorgerufenen oscillatorischen Ladungen und Entladungen des NM-Präparates sich als zu schwach, „subminimal“ erweisen, wenn NM sich in bedeutender Entfernung von ZnEl befindet; verbindet man dagegen NM mit der Erde oder mit einem Leiter von relativ grosser elektrischer Capacität, so werden die elektrischen Schwingungen im NM-Präparat dadurch verstärkt und werden bereits ausreichend, um eine Nervenreizung hervorzubringen; die Elektricitätsmenge, welche jetzt durch den Nerven fliesst, wird bedeutend vergrössert.

Eine vollkommen analoge Erscheinung ist den Physikern schon längst bekannt. Es mag hier eines der vielen Beispiele angeführt werden. Verbindet man nur das eine Ende einer GEISSLER'schen Röhre mit einem Pole eines Ruhmkorff, so kann die Röhre bei ungenügender Spannung des Stromes auch nicht leuchtend werden; ein helles Leuchten setzt aber sofort ein, wenn man das zweite Ende der Röhre mit der Hand berührt. Das Gleiche findet auch in der von MARSILLAC[1] beschriebenen Modification des TESLA'schen Versuches statt (siehe unten Versuch 38 mit einer GEISSLER'schen Röhre).

„Secundäre Induction.“

Versuch 2 (Fig. 5). — Nachdem wir uns überzeugt haben, dass durch die Verbindung des NM-Präparates mit einem grossen Leiter oder mit der Erde die Reizung merklich verstärkt wird, können wir nun versuchen, eine analoge Verstärkung ohne jede Berührung, bloss durch Annäherung eines Leiters zu erzielen. Zu diesem Zwecke verstärken wir ein wenig den Strom im Ruhmkorff, oder einfacher: wir nähern NM dem Vibrator ZnEl; der Muskel bleibt

---

[1] P. MARSILLAC, A simple experiment. The Electrician, London, T. XXXI, p. 125. Lumière électrique, T. XLVIII, p. 121 (siehe Fortschritte der Physik i. J. 1893, S. 707 u. 804).

Ueber dasselbe O. ROSENBACH, Ueber unipolare Inductionswirkungen in GEISSLER'schen Röhren unter dem Einfluss des menschlichen Körpers. Jahresber. d. Schlesisch. Gesellsch. für Vaterländ. Cultur, Naturwiss. Section, 1894. — E. DUCRETET u. L. LEJEUNE, Journal de physique, T. II, 1893 (3), S. 128. — O. LEHMANN, Molecularphysik, Bd. II, 1889, S. 232.

wie vorher in Ruhe: „spontane“ inducirte Zuckungen sind keine vorhanden. Nähert man nun dem distalen Ende des NM-Präparates (d. h. der Stelle *p*, oder der Stelle *M*, wenn das Präparat umgekehrt liegt) die Hand oder ein metallenes Plättchen (*Cu*), welches zur Erde abgeleitet ist, so kommen sofort Zuckungen zu Stande. Die elektrischen Schwingungen in NM werden offenbar nicht nur bei Verbindung mit einem Condensator (Versuch 1), sondern auch bei blosser Annäherung desselben verstärkt. Diesen Einfluss können wir als „secundäre Induction“ bezeichnen, da eine primäre von der Vibratorelektrode Zn El ausgeht.

Fig. 5.

R Ruhmkorff; *Zn El* Elektrode; *NMp* Froschpräparat; *Cu* ein metallisches Plättchen, das durch *bb'* zur Erde abgeleitet ist.

Es ist selbstverständlich, dass diese Erscheinung in gewissem Sinne dem entspricht, was in gewöhnlichen Condensatoren vor sicht geht. Folgender Versuch ist wohl geeignet, die Bedingungen der „secundären“ Induction in dieser Richtung hin aufzuklären (Fig. 6).

Das NM-Präparat wird durch einen langen Draht mit einer weit und isolirt aufgestellten Metallplatte Zn′ (etwa 20 × 20 cm gross) verbunden, dieser gegenüber wird eine gleiche, durch den Draht *bb′* zur Erde abgeleitete Platte Zn″ gebracht. Zuerst wird eine so schwache Reizung bezw. eine so grosse Entfernung zwischen Zn El und NM gewählt, dass ohne Zn″ der Muskel in Ruhe bleibt. Nähert man dann Zn″ an Zn′, so bekommt man endlich Zuckungen, z. B. bei einer Entfernung von etwa 5—10 cm zwischen Zn″ und Zn′; die Zuckungen sind anfangs schwach, sie werden aber in dem Maasse stärker, als man Zn″ und Zn′, welche quasi Armaturen eines Condensators darstellen, einander nähert.

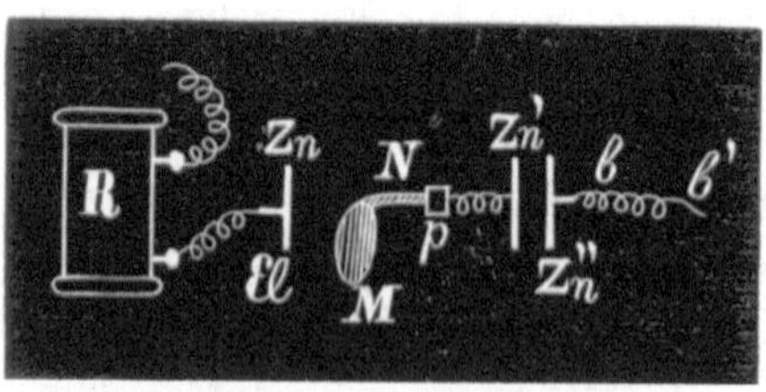

Fig. 6.

R Ruhmkorff; *NMp* Froschpräparat; *Zn′* eine mit *NMp* verbundene Metallplatte; *Zn″* eine gleiche zur Erde abgeleitete Platte.

Topographische Bedingungen der secundären Induction.

Versuch 3 (Fig. 7). — Schon auf Grund rein physikalischer Erwägungen könnte man *a priori* voraussetzen, dass der verstärkende Einfluss des genäherten Leiters um so stärker sein würde, je mehr sich dieser Einfluss auf das hintere entferntere Ende des NM-Präparates richten würde, da bei dieser Bedingung die als Reiz dienenden elektrischen Schwingungen im Nerven sich steigern müssten. Ein Versuch bestätigte dies vollkommen. NM wird in eine Längslage gebracht; ein kleines metallisches Plättchen *Cu*, das zur Erde abgeleitet ist, oder einfacher, ein gestreckter Finger wird oberhalb des Präparates demselben entlang geführt, wobei der Abstand des Plättchens bezw. des Fingers vom Präparate immer der gleiche bleibt. Es stellt sich dabei heraus, dass, wenn ohne *Cubb'* keine Zuckungen vorhanden waren, diese sofort unter der Einwirkung der „secundären Induction" erscheinen, welche durch diese Leiter hervorgebracht wird; am stärksten fällt die Reizung aus, wenn *Cu* über *p* gebracht (in der Stellung 1); die Zuckungen werden um so schwächer, je weiter vorwärts *Cu* oberhalb des Nerven vorrückt; sie werden noch schwächer oder verschwinden ganz, wenn man den Finger oder *Cu* oberhalb *M* hält. Das Gleiche findet auch bei der umgekehrten Stellung des Nerven und des Muskels (2) statt: die Annäherung von *Cu* an *M* ergiebt eine stärkere Reizung als die Annäherung an *p*, welche sich jetzt näher zu Zn El befindet. Befestigt man am Ende *p* ein Stückchen feuchtes Papier oder ein Stanniolblättchen *pp'*, so bewirkt nun in der Stellung 1 ein Vorhalten des Fingers oder *Cu* oberhalb dieses „Anhängsels" noch stärkere Zuckungen als das gleiche Verhalten oberhalb *p*. Die secundäre Induction steigert demnach die Reizung überhaupt um so mehr, je mehr distalwärts, *ceteris paribus*, sie gerichtet ist.

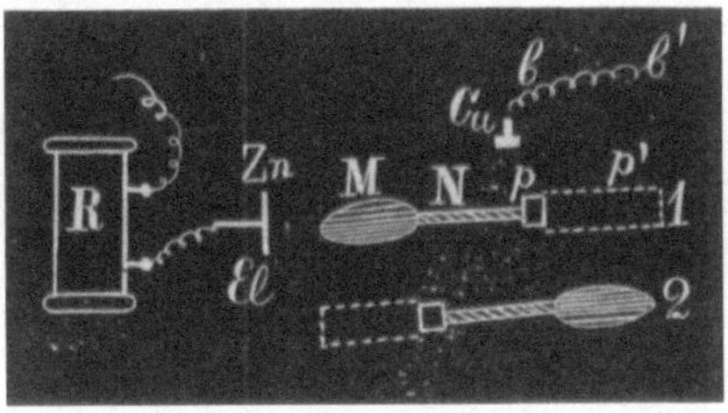

Fig. 7.

R Ruhmkorff; *Zn El* Elektrode; *NMp* Froschpräparat (in zweierlei Stellung); *Cu* sehr kleines Metallplättchen oder einfach Ende eines Stäbchens; *bb'* Draht zur Erde; *p'* Stanniolblättchen.

Diese leicht begreifliche physikalische Bedingung ist dem vollkommen analog, was wir oben im Versuche 1 in Bezug auf die Stelle der Berührung des NM und der GEISSLER'schen Röhre bereits gesehen haben. Ganz das Gleiche erhielten wir in der That auch beim Hervorrufen von Zuckungen durch directe Berührung des NM-Präparates im Versuch 1.

Spontane Zuckungen in der Nähe der Zn-Elektrode.

Versuch 4. — Bisher bekamen wir Zuckungen entweder bei Berührung des NM-Präparates mit einem Leiter oder durch secundäre Induction. Steigert man jedoch die Stromstärke oder vergrössert man den Umfang der Zn-Elektrode, oder einfacher, nähert man das NM-Präparat dieser letzteren, so bekommen wir endlich „spontane" Zuckungen ohne Mitwirkung irgend welcher Leiter, ohne Berührung oder Annäherung derselben. Bei schwachen Inductionsapparaten muss behufs Erzielung einer solchen „ausreichenden" Reizung NM in eine Entfernung von 10—20 cm von ZnEl gebracht werden; für grössere Apparate kann die Entfernung viel grösser sein. Bei günstigen Bedingungen, z. B. wenn NM einem grossen Frosche angehört, gelang es, spontane Zuckungen noch bei einer Entfernung von 50 und mehr Centimetern zwischen NM und einer grossen ZnEl zu erhalten. Die Entfernung kann eine noch grössere sein, wenn mit dem centralen Nervenende ein grösseres Stück Wirbelsäule mit deren Musculatur im Zusammenhange stehen gelassen wurde (siehe Versuch 5).

Sind die Unterbrechungen des primären Kreises des Ruhmkorff häufig genug, so kommt ein Tetanus zu Stande; im entgegengesetzten Falle ist leicht zu bemerken, dass einer jeden Unterbrechung eine Zuckung entspricht.

Die elektrischen Schwingungen, welche im NM-Präparat selbst inducirt werden, erweisen sich demnach als vollständig ausreichend, um eine Nervenreizung ohne Mitwirkung irgend welcher Hülfsbedingungen bezw. Capacitäten hervorzubringen.[1]

[1] Dasselbe oscillirende unipoare elektrische Feld kann auch das Leuchten einer LECHER'schen Röhre in einer Entfernung von mehreren Centimetern von einer Drahtelektrode hervorrufen (J. J. BORGMAN und A. PETROWSKY, Compt. rend., 1899, T. 128, p. 420).

Bedeutung leitender Endmassen am Nerven.

Versuch 5 (Fig. 8). — Das NM-Präparat wird in eine Längslage gebracht, d. h. senkrecht auf die Ebene der ZnEl; $N + p$, vorläufig ohne Anhängsel, sind distalwärts gerichtet; die Strecke zwischen M und der Zn-Elektrode wird so gross gewählt, dass die Zuckungen eben verschwinden bezw. eben erscheinen; diese Grösse wollen wir als die „Schwelle“ der ausreichenden elektrokinetischen Wirkung bezeichnen. Befestigt man nun in p ein feuchtes Papieranhängsel P (von etwa 5 × 2 cm) in der gleichen Längsrichtung, so treten Zuckungen auf bezw. sie werden bedeutend stärker. Diese Verstärkung ist um so ausgesprochener, je länger P bei gleich bleibender Breite ist. Bei dieser Bedingung wird das ganze System NMP offenbar von einer grösseren Zahl äquipotentialer Flächen durchschnitten und wir bekommen deshalb an den Enden des Systems eine grössere Potentialdifferenz.[1] Wird der gleiche Anhängsel quer in die Lage P' gebracht, so fällt die Verstärkung der Reizung viel schwächer aus als im ersten Falle, was aus dem eben Gesagten vollständig erklärlich ist.

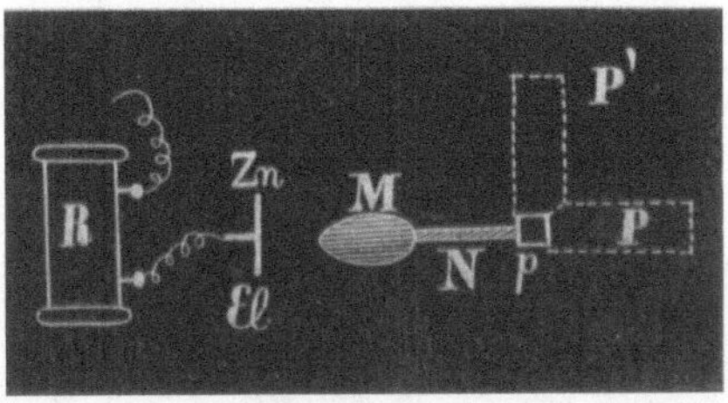

Fig. 8.
R Ruhmkorff; *ZnEl* Elektrode; *NMp* Froschpräparat; *PP'* „Anhängsel“ aus feuchtem Papier in Längs- oder Querrichtung.

Die wichtigste Bedeutung der leitenden Endmassen am NM-Präparate wird auch durch die Versuche 24 und besonders 25 deutlich demonstrirt (siehe unten).

Durchschneidet man den Nerven in der Mitte seines Verlaufes und legt dann die Stumpfenden an einander, so werden die Zuckungen *ceteris paribus* schwächer; sie können gänzlich verschwinden, wenn man die Durchschneidung dicht neben dem Muskel vornimmt. Die Berührung des letzteren mit dem Finger oder die Ableitung des

[1] Durch dieses einfache Verfahren, d. h. durch Anlegung eines Stanniolblättchens oder eines feuchten Papierstückchens an die Enden des NM-Präparates, besonders an das distale centripolare Ende desselben kann die Reizung sehr bequem gesteigert werden, wenn man wegen diesen oder jenen Ursachen weder das Potential des Feldes steigern, noch NM und ZnEl einander nähern kann.

Präparates zur Erde mittels eines Drahtes kann dennoch eine Zuckung, wenn auch eine schwache, hervorrufen.

Aus dem vorher Gesagten geht also deutlich hervor, dass man behufs Verstärkung der elektrokinetischen Reizung das NM-Präparat mit der Erde oder überhaupt mit irgend einem Leiter von grossem Umfange verbinden muss. Letzteres wird am einfachsten erreicht, wenn der Experimentator das NM-Präparat am Knochen in seiner Hand hält, wobei Unterschenkel und Fuss schräg nach oben gerichtet sind, während der Nerv mit *p* nach unten zu herabhängt. — Die Anbringung von grösseren Endmassen von gewisser elektrischer Capacität an NM steigert begreiflicher Weise die Menge der inducirten Elektricität und hat daher auch eine Verstärkung der Zuckungen zur Folge, obwohl die Potentialdifferenz an den Enden des NM-Präräparates eventuell auch unverändert geblieben sein kann.

Die Verbindung des NM-Präparates mit einer leitenden Masse (einem Condensator) kann auch in folgender Weise ausgeführt werden (Fig. 9): Die Wirbelsäule (die jetzt sogar entbehrlich ist) wird vermittelst eines Leiters mit einer Metallplatte Zn′, welche gegenüber ZnEl aufgestellt wird, verbunden; um eine directe Uebertragung von Elektricität zu vermeiden, kann zwischen denselben eine dicke Glas- oder Paraffinplatte *r* aufgestellt werden. Bei genügender Annäherung von Zn′ an ZnEl (10—20 cm und mehr) und bei ausreichender Grösse der ersteren (15 × 15 cm z. B.) erhält man eine sehr starke Reizung, sogar dann, wenn man ein kleines Inductorium anwendet. — Ueber die Bedeutung dieser Anordnung siehe oben (S. 41f.) die Besprechung der Versuche von Tiegel und Gergens.

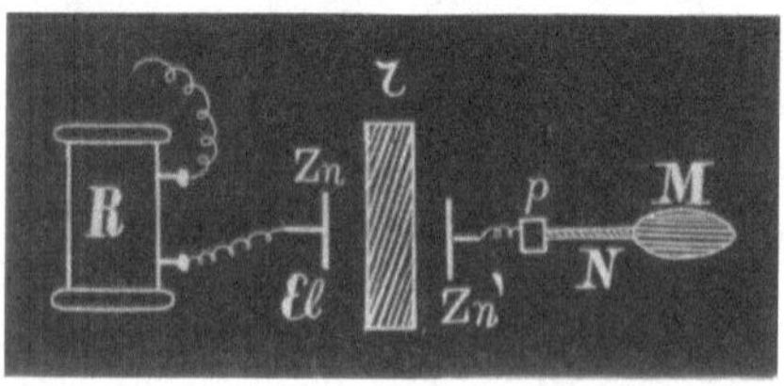

Fig. 9.

R Ruhmkorff; *ZnEl* Elektrode; *r* Paraffin oder Glas; *Zn′* Metallplatte; *NMp* Froschpräparat.

Ein ganz analoger Versuch ist für die unipolare Reizung mit Einschaltung eines Condensators von A. Charpentier beschrieben worden (Archives de physiologie, 1896, S. 102): Der Nerv wird vermittelst eines Leiters mit einer Metallfläche verbunden, in welcher elektrische Schwingungen inducirt werden.

Die günstige Bedeutung der „Endmassen“ bezw. Endcapacitäten geht auch aus den Versuchen meiner Vorgänger, z. B. aus denen von ROUXEAU-DAULY (siehe oben S. 64), welche Quecksilber als Endmasse gebrauchten, in deutlicher Weise hervor.

Alle oben beschriebenen Versuche, sowie auch die unten anzuführenden gelingen sowohl mit Quecksilber- und Platinunterbrechern von FOUCAULT und NEEF als auch mit dem „elektrolytischen“ Unterbrecher von WEHNELT. Dieselben Versuche habe ich auch mit der **Elektrisirmaschine** von HOLTZ und VOSS angestellt. Zu diesem Zwecke wurde die Zn-Elektrode mit einem Pol eines Entladers verbunden, während der andere Pol entweder frei und weit entfernt blieb, oder zur Erde abgeleitet wurde, oder er wurde dem ersten Pol genähert, um Funkenentladungen zu erzielen. In letzterem Falle sank natürlich die Spannung in ZnEl, dafür aber steigerten sich die Schwankungen derselben. Die Versuchsresultate blieben die gleichen, wie bei der Anwendung eines Ruhmkorff. Deshalb wollen wir hier nur noch eine andere Versuchsanordnung mit elektrischer Ladung des NM-Präparates anführen.

Elektrische Ladung des NM-Präparates vermittelst einer HOLTZ'schen Maschine.

Versuch 6 (Fig. 10). — Von beiden Polen des Entladers einer kleineren Elektrisirmaschine (Durchmesser der Glasscheiben 40 cm) gehen Drähte ab, welche in Zn-Zn'-Elektroden, die sich in bedeutender Entfernung von einander befinden, endigen. Der einen Elektrode gegenüber wird ein isolirtes NM-Präparat angebracht. *K* und *A* werden einander genähert bis zum Auftreten von Funken beim Rotiren der Maschine. Wird nun NM weder mit der Hand noch mit dem zur Erde leitenden Drahte (*bb'*) berührt, so können die Zuckungen auch ausbleiben, wenn der Abstand zwischen NM und Zn' genügend

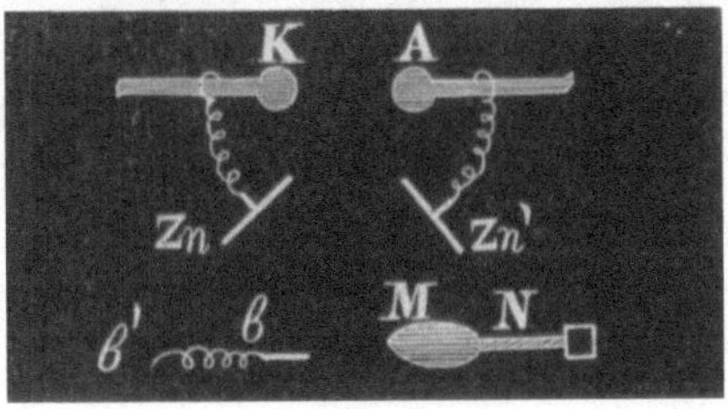

Fig. 10.

KA Enden des Entladers der Elektrisirmaschine; *Zn* und *Zn'* Elektroden; *NMp* Froschpräparat; *bb'* Draht zur Erde.

gross ist. Jetzt wird die Rotation zum Stehen gebracht und sowohl K und A als auch Zn und Zn' werden behufs einer doppelten Schliessung des Kreises (man kann auch zur Erde ableiten) einander bis zum Contacte rasch genähert. Berührt man nun gleich darauf den Nerven mit dem Finger oder mit dem Drahte bb', so kommt eine Muskelzuckung zu Stande; geschieht die Berührung rasch und kurz, so kann man 5—6 Zuckungen hinter einander bekommen, welche allmählich bis Null abnehmen. Die Spannung der freien Elektricität wird freilich nicht lange zurückgehalten; wartet man z. B. 10—15 Secunden nach der doppelten Schliessung des Kreises des Entladers ab, um erst dann den Nerven mit einem Leiter zu berühren, so können nun eventuell die Zuckungen ausbleiben. Dasselbe Resultat kann auch dann erzielt werden, wenn man die Maschine bei geschlossenem Kreise des Entladers in Rotation versetzt oder umgekehrt wenn K und A so weit aus einander gerückt sind, dass keine Funken vorhanden sind; wird nun die Rotation zum Stehen gebracht, so kommen durch Berührung mit bb' Muskelzuckungen zu Stande.

Es mag noch folgende Variation desselben Versuches mit elektrischer Ladung des NM-Präparates erwähnt werden (Fig. 11). Letzteres ist durch einen Draht unmittelbar mit einem der beiden Pole, die so weit aus einander gerückt sind (15—20 cm), dass keine sichtbare Funkenentladung zu Stande kommt, verbunden. Beim Rotiren vernimmt man ein zischendes Geräusch zwischen den Glasscheiben, der Muskel kann aber dabei in Ruhe bleiben; es genügt nun, wenn man dem NM-Präparat die Hand oder den zur Erde leitenden Draht nähert, um sofort Zuckungen hervorzubringen; Berührung des NM-Präparates wirkt natürlich noch stärker.

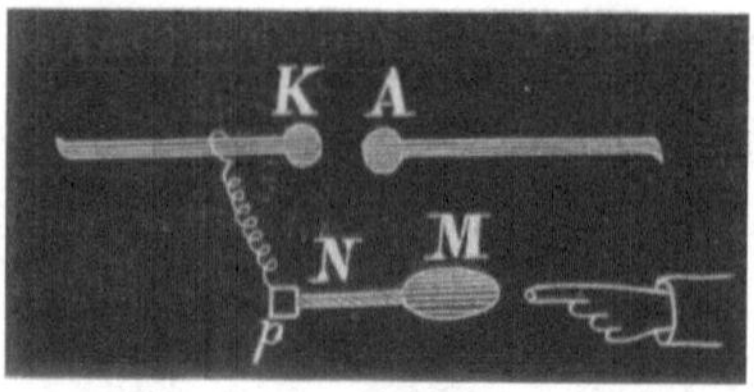

Fig. 11.

KA Enden des Entladers der Elektrisirmaschine; *NMp* Froschpräparat.

Wird die Maschine nach einer kurz dauernden Rotation zum Stehen gebracht und erst dann NM berührt, so kommen doch Zuckungen zu Stande, und zwar 3—4 Mal hinter einander; diese Berührungen müssen dabei kurz und sehr rasch ausgeführt werden. — Die beschriebenen Erscheinungen werden an beiden Polen beobachtet, der negative Pol schien jedoch eine stärkere Wirkung zu haben.[1]

Einfluss der Grösse der Elektrodenplatte ZnEl auf die Intensität der Reizung.

Die Grösse der Elektrodenplatte ZnEl übt einen grossen Einfluss auf die Intensität der Reizung aus: vergrössert man die Oberfläche der Platte (5 × 5 cm, 10 × 10 cm, 20 × 20 cm, 40 × 40 cm), so werden die Zuckungen *ceteris paribus* 2—4 Mal stärker. So waren z. B. die maximalen Höhen bei einer ZnEl-Elektrode von 13 × 13 cm etwa 6, 5—7—10 mm, während sie bei einer Platte von 34 × 34 cm 15—15—21 mm erreichten. Eine solche ausgesprochene Verstärkung des elektrischen Feldes kann in folgender Weise bequem demonstrirt werden.

Versuch 7. Der eine Pol des Ruhmkorff ist, ebenso wie in den übrigen Versuchen, zur Erde abgeleitet; der andere wird mit einer Platte ZnEl von 6 × 6 cm Oberfläche verbunden; bei schwachen Strömen in der Spirale wird das NM-Präparat so weit von ZnEl, in einer Entfernung von etwa 30—40 cm, gelagert, dass keine spontane Zuckungen zu Stande kommen. Ersetzt man nun die Platte durch eine grössere von etwa 25 × 25 cm, ohne etwas anderes an der Versuchsanordnung zu ändern, so entstehen sofort Muskelzuckungen.

Ebenso wirkt eine Verdoppelung der Reizelektrode, wie dies in Fig. 12 dargestellt ist. Beide Elektroden Zn und Zn′ zusammen üben *ceteris paribus* einen viel stärkeren Reiz aus, als jede für sich. Eine sehr günstige Lage der Platten ist in der Figur dargestellt; weniger stark scheint die Anordnung von Zn und Zn′ hinter einander in einer Ebene zu wirken; im ersteren Falle sind die elektrischen Schwingungen im Felde und in NM stärker. Eine ähnliche Ver-

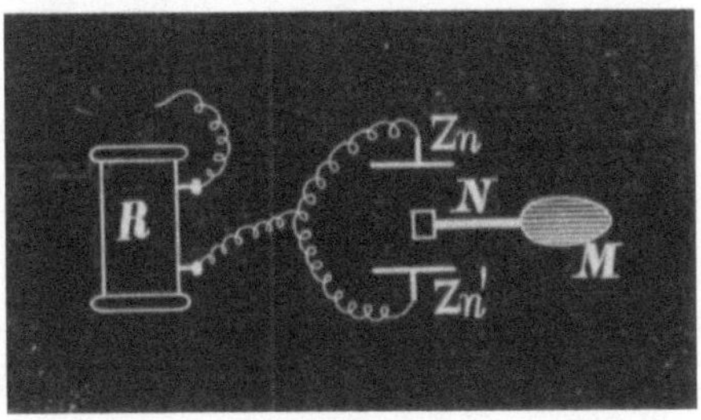

Fig. 12.
R Ruhmkorff; *Zn* und *Zn′* zwei Platten derselben Elektrode; *NM* Froschpräparat zwischen den Platten (in verschiedener Lage: längs, quer, schräg).

[1] Ausführliches darüber wird im zweiten Theile dieser „Untersuchungen" erörtert.

stärkung der Potentialschwankung in Zn El und folglich auch in deren elektrischem Felde kann aber auch mit Hülfe einer leitenden „Nebenmasse“, die zwischen dem Ruhmkorff und Zn El eingeschaltet wird, erzielt werden, ohne den Umfang der letzteren zu vergrössern und ohne dieselbe zu verdoppeln. Wegen des metodologischen Interesses dieses Verfahrens will ich dasselbe an einem speciellen Beispiele im folgenden Versuche beschreiben.

Versuch 8 (Fig. 13). Ein kleiner Ruhmkorff (2 Accumulatoren, ein Rheostat), Funkenlänge von etwa 1 cm; Zn El 12 × 12 cm; Abstand zwischen NM und Zn El etwa 60—65 cm; Drahtlänge von *a* bis *b* $2^3/_4$ m, von *b* bis Zn El 2 m, von *b* bis zur isolirten metallischen Nebenplatte Zn′ etwa 1 m. Das NM-Präparat wird behufs Verstärkung seiner Reizung zur Erde abgeleitet oder es wird an die Stelle *p* ein Stückchen Stanniol angelegt, damit bei der erwähnten Entfernung und bei ursprünglicher Abwesenheit der Platte Zn′ die „Reizschwelle“ eben erreicht werde; Zuckungen beginnen eben sichtbar zu werden. Berührt man nun das freie Ende der Verzweigung *bc* mit der Platte Zn′ von 20 × 20 cm, so treten Zuckungen auf; hat Zn′ einen grösseren Umfang, 40 × 40 oder 70 × 70 cm, so fallen die Zuckungen bedeutend stärker aus und werden tetanisch.

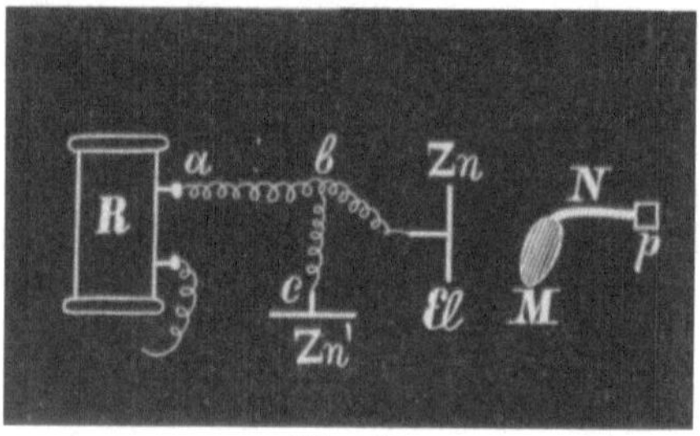

Fig. 13.

R Ruhmkorff; *a* Pol; *Zn El* Elektrode; von *b* geht ein Draht *bc* zur Nebenplatte *Zn′*; *NM* Froschpräparat.

Reizung in der Nähe eines Drahtes, welcher auf einem Pole des Inductoriums verbunden ist.

Ein actives elektrisches Feld wird nicht nur in der Umgebung der Zn-Elektrode beobachtet, sondern auch in der Nähe des Drahtes, welcher dieselbe mit dem Pole des Ruhmkorff verbindet, sowie auch neben dem Apparate selbst, wenn dieser von einem Metallgehäuse nicht umgeben ist (siehe oben).[1] Begreiflicher

[1] Siehe die interessanten Beobachtungen von N. P. Myschkin über die ponderomotorischen Wirkungen sowohl in der Nähe der Crookes'schen Röhre

Weise kommen die Zuckungen nur dann zu Stande, wenn das NM-Präparat sich dem Drahte ziemlich nah, in einer Entfernung von etwa 10—15 cm, befindet. Wird das freie Ende des Drahtes mit irgend einer grossen leitenden Fläche verbunden, so wird das active Feld merklich stärker.

Versuch 9. — Der eine Pol des Ruhmkorff ist zur Erde abgeleitet, vom zweiten kommt ein langer Draht, der eine Länge von 10—12 m hat und eventuell in einer Metallplatte endigt. Das NM-Präparat geräth in Zuckungen längs des ganzen Drahtes in einem Abstand von 5—10 cm von demselben; die Zuckungen werden in der Nähe des freien Drahtendes sichtbar schwächer. Da dem Drahte entlang sich langsame elektrische Wellen fortpflanzen, so könnte man erwarten, dass an einigen Stellen die Reizung stärker sein wird, an anderen schwächer. Einen solchen Unterschied konnte ich in den bis jetzt ausgeführten Versuchen jedoch weder beim Ersetzen des Platinunterbrechers durch einen Wehnelt'schen, noch beim Ersetzen des Drahtes durch einen nassen, feinen Faden constatiren. In einem analogen Versuche beobachtete bekanntlich R. Colson beim Untersuchen des elektrischen Feldes längs eines solchen Fadens vermittelst eines Telephons eine Abschwächung des Tones[1] an einigen Stellen; der zweite Pol eines kleinen Ruhmkorff wurde bei Colson mit einer leitenden Masse verbunden.

Vermittelst eines NM-Präparates kann leicht die bekannte Thatsache demonstrirt werden, dass das gleichmässige Sinken des Potentials am Ende eines linearen Leiters ungleichmässig gemacht werden kann, wenn man irgendwo in den Verlauf desselben eine grosse leitende Fläche einschaltet. Indem die elektrischen Schwingungen in der letzteren bedeutend verstärkt werden, steigern sie eben dadurch auch die reizende Wirkung des entsprechenden Abschnittes des elektrischen Feldes (Fig. 14). Vom Pol p zieht eine feuchte, feine Schnur pb von etwa $6^1/_2$ m Länge; ungefähr in der Mitte der Schnur ist ein Stanniolquadrat von 22 × 22 cm befestigt; ein Platinunterbrecher gab

---

als auch im elektrischen Felde leitender Drähte und der Ruhmkorff'schen Spirale selbst. Journal der Russ. physikal.-chemischen Gesellschaft, Bd. XXXI, 1899, physikal. Theil, S. 63 (russisch).

[1] R. Colson, Méthode théléphonique pour l'étude de la propagation des ondes électriques. Compt. rend., T. CXIV, 1892, p. 349.

10—12 Unterbrechungen pro Secunde in der primären Spirale. Es stellte sich dabei heraus, dass die Muskelzuckungen nicht nur in der Stellung 2, d. h. gegenüber *a*, sondern auch in den nächsten Abschnitten der Schnur in den Stellungen 1 und 3 entsprechend zunahmen; noch weiter in der Richtung nach *p* und besonders nach *b* hin wurde dagegen verhältnissmässig eine Abnahme der Reizung beobachtet. Selbstverständlich muss dabei das NM-Präparat diesem Systeme entlang in ganz gleicher Weise und in gleicher Entfernung von demselben geführt werden.

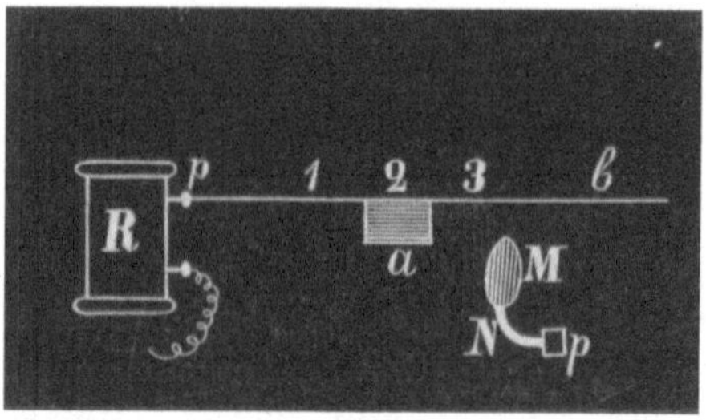

Fig. 14.
R Ruhmkorff; *pb* eine lange feuchte Schnur; *a* Stanniolblatt; *NM* Froschpräparat.

Einfluss von Schirmen zwischen NM und ZnEl.

Schon auf Grund der oben angeführten Thatsachen konnte man erwarten, dass zwischen der Vibrator-Elektrode ZnEl und dem Nerven angebrachte Schirme einen Einfluss auf die Reizung ausüben müssen, und zwar müssen sie dieselbe abschwächen, wenn sie leitend und mit einem grossen Condensator oder direct mit der Erde verbunden sind. Ein umgekehrtes Verhalten haben wir natürlich in dem Falle zu erwarten, wo dieser Zwischenschirm isolirt ist und, so zu sagen, selbst zum inducirenden „secundären Vibrator“ in der Nähe des NM-Präparates wird. Bei dieser Bedingung üben solche Zwischenschirme für verschiedene elektrische Schwingungen und je nach den Eigenschaften dieser Schirme einen verschiedenen Einfluss aus.[1]

[1] In den Versuchen von J. Borgman liess ein sogar zur Erde abgeleiteter Wasserschirm die elektromagnetischen Inductionsstrahlen durch; indessen bildet das Wasser einen undurchsichtigen Schirm für die elektrische Induction (siehe seine Abhandlung: „Einige Versuche über elektrische Schwingungen“. Journal der Russ. physikal.-chem. Gesellschaft, Bd. XIII, 1891, physikalischer Theil, S. 458 [russisch]).

„Undurchsichtige" Schirme.

Versuch 10 (Fig. 15). — Die Reizstärke wird so gewählt, dass in einer Entfernung von etwa 40—50 cm von Zn El der Muskel auch ohne Ableitung zur Erde sich contrahirt; um eine Verstärkung der Wirkung zu erzielen, kann man am Ende p ein Stanniolblättchen anbringen. Bringt man nun eine Metallplatte (von etwa 30 × 30 cm), die man in der Hand hält, in der Stellung A parallel zu Zn El, so hören die Zuckungen auf; sie setzen wieder ein, wenn man den Schirm etwas von der Geraden, welche Zn El mit NM verbindet, verschiebt oder noch besser, wenn man denselben ganz entfernt. Je grösser der Umfang dieses Schirmes ist, um so sicherer ist seine herabsetzende Wirkung. Hat er dagegen eine geringere Grösse, so setzt er in der Lage A, d. h. näher zur Elektrode, die Reizung stärker herab, als in der Lage A''. Die Absorption der elektrischen Energie durch den Schirm bringt eine solche Deformation „des elektrischen Feldes" zu Stande, die die Induction der elektrischen Schwingungen im NM-Präparat in ausgesprochener Weise herabsetzt oder gänzlich aufhebt. Diese Absorption wird noch vollständiger, wenn der Schirm durch einen Draht zur Erde abgeleitet wird; umgekehrt kann die Anwesenheit eines Schirmes, wie gesagt, ohne solchen Einfluss bleiben, wenn derselbe vollständig isolirt ist.

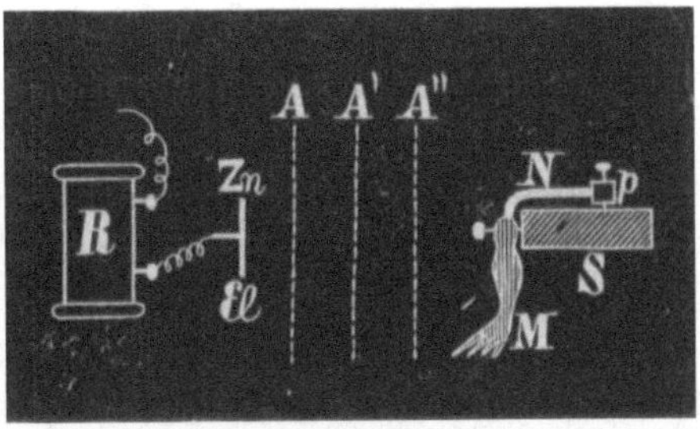

Fig. 15.

R Ruhmkorff; *Zn El* Elektrode; *NM* ein Froschpräparat, das an einer dicken Paraffinplatte *S* durch zwei Stecknadeln befestigt ist.

Eine ganz analoge Erscheinung beobachten wir, wenn wir die Hand, besonders mit ausgespreizten Fingern, zwischen Zn El und NM statt des Metallschirmes bringen. Freilich darf Zn El im Verhältniss zum Umfange des Schirmes bezw. der Hand nicht zu gross sein; ausserdem schirmt die Hand in der Stellung A sicherer als in der Stellung A''. Letzteres bezieht sich übrigens auf ein schwächeres Feld. Wenn der Beobachter selbst zwischen NM und Zn El auf einer isolirenden Unterlage (Glas oder Paraffin) steht und seine Hand sogar in einer Entfernung von mehreren Decimetern vom NM-Präparat bringt; so kommen starke Zuckungen zu Stande. Eine ähnliche Erscheinung haben wir schon oben bei der Beschreibung der Versuche von LEDUR gesehen. Der Körper des Beobachters, oscillatorisch geladen, dient gleichsam als secundärer Vibrator für den Nerven. Sobald aber der Beobachter einen mit der Erde verbundenen Leiter (*b b'*) berührt, gerathen die Muskeln des NM-Präparates sofort in Ruhe; die ganze elektrische Energie geht vom Körper in die Erde, deren Potential 0 ist, über, und die Spannung des Feldes in der Nähe von NM sinkt bis auf ein Minimum bezw. bis auf 0 ab.

Nähert der Beobachter, welcher seitwärts steht, seinen gestreckten Arm dem NM-Präparat von hinten her, so wird, wie gesagt, die Reizung bei schwachem elektrischen Felde stärker; streckt er aber *ceteris paribus* zu gleicher Zeit auch den zweiten Arm aus, gleichsam als Schirm zwischen ZnEl und NM, so nehmen die Zuckungen fast bis Null ab.

„Durchsichtige“ Schirme.

Versuch 11. — Die gleiche Anordnung, wie im vorigen Versuche; nur wird zwischen NM und ZnEl statt des Metallschirmes oder der Hand ein Schirm aus solchen isolirenden und halbleitenden Substanzen, wie Glas, Paraffin, Ebonit, trockenes Holz, Stein, trockene Pappe u. dgl. aufgestellt. Die Anwesenheit eines solchen „durchsichtigen“ Schirmes stört die Reizung nicht, die Muskelzuckungen dauern wie vorher an; diese Schirme erweisen sich als durchsichtig nicht nur für die frequenten HERTZ'schen Schwingungen, sondern offenbar auch für langsame elektrische Wellen.[1] Werden diese Schirme in der Hand gehalten, so muss man darauf achten, dass die Hand der Platte ZnEl nicht zu nah gebracht werde, und dass sie nicht zwischen ZnEl und NM zu liegen komme; man könnte sonst Depressions- bezw. Abschirmungserscheinungen beobachten, welche man irrthümlicher Weise dem Einfluss des „durchsichtigen“ Schirmes zuschreiben könnte. Eine grosse Bedeutung hat auch die Feuchtigkeit an der Oberfläche eines solchen Schirmes, wovon man sich durch die folgende Beobachtung überzeugen kann. Hält man in der Hand einen Schirm aus trockener Pappe, so dauern die Zuckungen an;

[1] „. . . Papier, Holz, Wasser u. s. w. schnelle HERTZ'sche Schwingungen hindurchlassen, während die elektrostatischen Kräfte vollkommen abschirmen.“ P. DRUDE, Physik des Aethers, 1894, S. 574.

sobald man aber die eine Pappenoberfläche befeuchtet und eine feuchte Stelle an derselben mit der Hand berührt, werden die Zuckungen sofort schwächer oder sie verschwinden sogar gänzlich; der durchsichtige Schirm ist zum undurchsichtigen geworden, dank der leitenden Feuchtigkeitsschicht, welche die langsamen elektrischen Wellen nicht hindurchlässt.

Es erweist sich also, dass Schirme aus Glas, Paraffin u. s. w. die elektrokinetische Reizung nicht stören. Beachtet man nun den Umstand, dass diese Dielektrica bessere Isolatoren sind, als gewöhnliche Luft, so wäre zu erwarten, dass das Ersetzen der letzteren durch Paraffin z. B. die Elektrokinetik sogar begünstigen würde. Folgender Versuch beweist, dass diese Voraussetzung zutrifft. Es wird ein so schwacher Reiz gewählt, dass in gegebener, jetzt nicht mehr grosser Entfernung zwischen der Elektrode Zn und dem NM-Präparat die Zuckungen fast fehlen. Dann werden *ceteris paribus* dicke Glas- und Paraffinplatten, welche die Strecke zwischen ZnEl und NM, wenn auch nicht vollständig, ausfüllen, gebracht. Wird nun der Kreis der Spirale wieder geschlossen, so erweist sich jetzt der Reiz als ausreichend und die Muskeln gerathen in Contraction. Dieses Resultat stimmt offenbar mit den bekannten physikalischen Ergebnissen über den Einfluss der Eigenschaften der Dielektrica auf die elektrostatischen und elektrodynamischen Inductionserscheinungen (Faraday, Hertz) vollkommen überein.

Ich möchte hier noch eine eigene Beobachtung über die Wirkung solcher Dielektrica, wie Glas und Paraffin, auf die Funkenentladung anführen. In meinen Versuchen mit „*haute fréquence*“ von d'Arsonval habe ich mich mehrere Male überzeugen können, dass, wenn man die Pole des Entladers (von den inneren Belegen beider Leidener Flaschen) aus einander schiebt, um dadurch das Ueberspringen der Funken zu erschweren, so kommt sofort eine Reihe starker und unterbrochener Funken zu Stande, sobald man ein Stück Paraffin der Funkenstrecke nähert; der Funkenbogen ist dabei nach dem genäherten Dielektricum hin convex. Dazu gehört auch wohl die längst bekannte Thatsache, dass man bei der gleichen Potentialdifferenz viel längere Funken erhalten kann, wenn die Entladung neben einem Isolator oder Halbleiter stattfindet. Righi erwähnt diese Thatsache und meint, die Ursache derselben sei noch nicht ganz aufgeklärt.[1]

[1] A. Righi, Die Optik der elektrischen Schwingungen (deutsche Uebersetzung), Leipzig, 1898, S. 18.

W. H. Humphreys beobachtete ebenfalls einen günstigen Einfluss harter Dielektrica auf die elektrische Funkenlänge (Ref. in Naturwiss. Rundschau, 1900, Nr. 51, S. 659).

Reizung eines Nervmuskelpräparates, welches in einem Glasgefässe hermetisch eingeschlossen ist.

Versuch 12 (Fig. 16). — Das Präparat, welches am Knochen aufgehängt ist, wird in einem Glascylinder eingeschlossen, woselbst die Wirbelsäule vermittelst eines Fadens nach oben und seitwärts gezogen wird, damit der Nerv dem Muskel nicht anliegt (siehe unten); der Cylinder wird hermetisch verschlossen und in die Nähe der Vibrator-Elektrode gebracht. Es kommen nun Zuckungen zu Stande, wenn man besonders derjenigen Stelle, welcher von innen her die Wirbelsäule anliegt, die Hand nähert, oder sogar ohne solche Annäherung eines Leiters. Die Reizung gelingt natürlich noch besser, wenn man den Cylinder in der Hand hält. Wird der feine Faden, an dem das Stückchen *p* hängt, durch den Deckel des Cylinders nach aussen geleitet, so bewirkt die leiseste Berührung des Fadens mit der Hand eine Verstärkung bezw. ein Zustandekommen der Zuckungen bereits in grosser Entfernung von Zn El.

Die äussere Oberfläche des Glascylinders muss vollständig trocken sein; auch eine Befeuchtung der Innenseite soll vermieden werden. — Der Versuch sieht sehr originell und paradox aus und macht gewöhnlich Eindruck auf das Auditorium.[1] Ebenso wie in den anderen Versuchen, müssen häufige Unterbrechungen vermieden werden, da diese tetanische Contractionen und daher eine rasche Ermüdung der Muskeln hervorrufen.

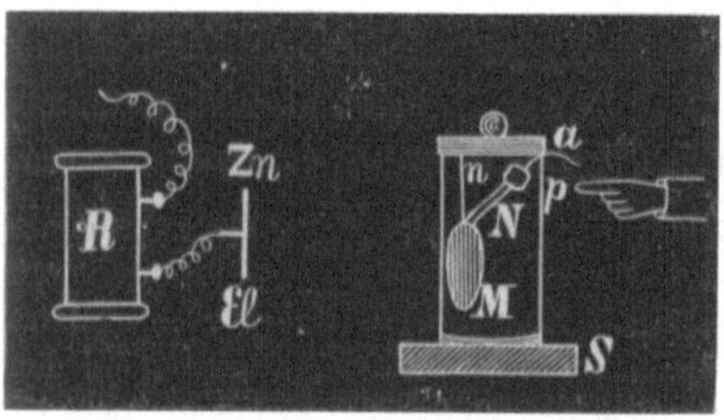

Fig. 16.

R Spirale; *Zn El* Elektrode; *NM* hängt innerhalb des Glasgefässes am Faden *n*; *a* äusseres Ende des an der Wirbelsäule *p* befestigten Fadens; *S* Paraffin.

Endlich kann — behufs einer noch besseren Isolation des NM-Präparates — das ganze Gefäss mit Ol. Vaselini gefüllt werden; der Versuch gelingt bei dieser Bedingung sehr gut, da einerseits der

[1] Um den Versuch übersichtlicher zu machen, kann man das Präparat so herunterlassen, dass die Zehen den Gefässboden berühren; es kommt dann ein ausgesprocheneres Hüpfen des Präparates, entsprechend den (seltenen!) Unterbrechungen des primären Kreises, zu Stande.

Nerv in dieser Flüssigkeit seine Erregbarkeit lange beibehält und andererseits dieses Oel die Eigenschaften eines ausgezeichneten Isolators besitzt, was die Inductionserscheinungen so sehr begünstigt. In diesem Falle stellen also sowohl das Glas, als auch das Ol. vaselini vollkommen „durchsichtige“ Schirme dar.

Noch mehr paradox erscheint der Versuch, wenn die elektrokinetische Reizung des Nerven durch solche „durchsichtige“ Schirme, wie durch geschlossene Thüren, durch Scheidewände und Mauern hindurch, stattfindet. Hertz zeigte bereits, dass seine elektrischen Strahlen, d. h. Wellen von ungemein hoher Frequenz durch Mauern leicht hindurchgehen, so dass sie durch seine Resonatoren in einem benachbarten Raume nachgewiesen werden können. Eine ganz analoge Erscheinung bietet der folgende Versuch dar, in welchem langsamere elektrische Wellen solche Scheidewände passiren und dann vermittelst des physiologischen Elektroskops sich nachweisen lassen. Natürlich muss dabei auch die Elektrisation der Wand selbst eventuell berücksichtigt werden.

Nervenreizung vermittelst elektrischer Wellen durch eine Mauer hindurch.

Versuch 13 (Fig. 17). — Dieser Versuch erfordert einen ziemlich starken Ruhmkorff, dessen einer Pol zur Erde abgeleitet ist, während der andere Pol mit einer grossen Zn-Elektrode (40 × 40 cm oder mehr), welche in der Nähe der Wand *A* isolirt (durch die Glas- oder Paraffinplatten) steht oder dieselbe sogar berührt, verbunden ist. Für das Gelingen des Versuches ist es sehr wichtig, dass an beiden Seiten dieser trockenen Wand sich keine Leitungen befinden, besonders keine Gas- und Wasserleitungsröhren. Das NM-Präparat muss frisch und stark erregbar sein, da das elektrische Feld jenseits der Wand in einiger Entfernung von derselben sehr schwach sein kann. Zur Verstärkung der elektrischen Reaction in NM kann am centralen Ende des Nerven ein „Anhängsel“ aus einem grösseren Stücke feuchten Papiers angebracht werden, oder noch besser — NM kann mit einem grossen isolirten Condensator verbunden oder ja selbst zur Erde abgeleitet werden; diese Ableitung geschieht vermittelst eines besonderen Drahtes (*b b'*), welche von den Gas- und Wasserleitungsröhren, mit denen der Ruhmkorff verbunden, möglichst weit entfernt ist. —

Das NM-Präparat wird schliesslich am bequemsten am Knochen direct in der Hand gehalten; Unterschenkel und Fuss sind nach oben, der Nerv ist nach unten gerichtet. Wird im benachbarten Raume, jenseits der Wand also, dieser Wand ein NM-Präparat genähert, so erscheinen Zuckungen nicht nur in der nächsten Nähe der Wand, sondern auch in einer ziemlich grossen Entfernung — in einigen Metern — von derselben. Dass die „reizenden" elektrischen Schwingungen wirklich von der Wand ausgehen, kann man sich überzeugen nicht nur durch den Umstand, dass die Zuckungen schwächer werden, wenn NM von der Wand entfernt wird, sondern auch durch folgende Beobachtung über die Wirkung eines „undurchsichtigen" Schirmes: in der Stellung *B*, zwischen der Wand und dem NM-Präparat, stehen 1—2 Personen, welche einander berühren und mit einer Gas- oder Wasserleitungsröhre verbunden sind; jetzt erscheinen bereits keine Zuckungen mehr, sogar auch dann nicht, wenn man den Nerven mit irgend einem anderweitigen Leiter berührt. Selbstverständlich bildet der Körper des Experimentators, wenn man NM in der Hand hält, mit diesem Präparate ein gemeinsames System, in welchem die elektrischen Schwingungen inducirt werden.

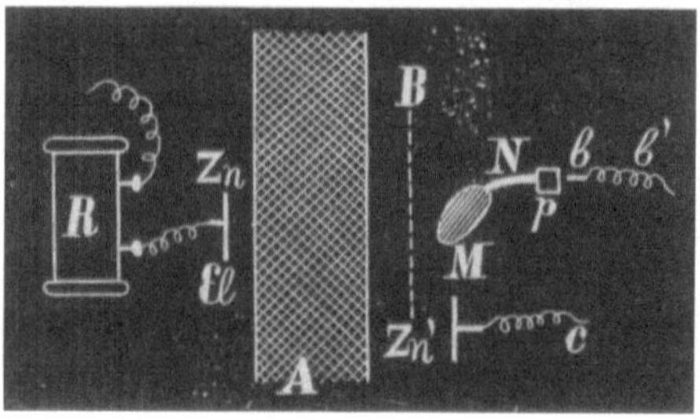

Fig. 17.

R Ruhmkorff; *Zn El* Elektrode; *A* Wand; *NMp* Präparat; *bb'* Draht zur Erde; *Zn'* eine Metallplatte, die vermittelst eines Drahtes mit einem Elektrometer verbunden ist.

Ist der Ruhmkorff stark und sind die oben erwähnten Bedingungen günstig, so nimmt das elektrische Feld eine sehr weite Ausdehnung; es können z. B. noch in einer Entfernung von 12—15 m von der Wand Zuckungen hervorgebracht werden, wenn man den Nerven mit dem zur Erde leitenden Drahte *bb'* berührt. Es ist dabei zu beachten, dass die Person, welche das NM-Präparat in der blossen Hand hält, keine Verbindung des Präparates mit der Erde vermittelst des Drahtes *bb'* herstelle, d. h. die Person darf mit der anderen Hand den Draht *bb'* nicht berühren, weil dadurch sich ein geschlossener Kreis, (NM — Person, *bb'* — Nerv) ausbilden und, was die Reizung schwächen würde (siehe unten). Man kann sich davon auch in einfacherer Weise überzeugen: man hält NM in der einen Hand und sobald Zuckungen einsetzen, berührt man den Nerven mit der anderen Hand; die Zuckungen werden dann sofort schwächer oder bleiben gänzlich aus. Ausserdem beweisen Controlbeobachtungen, dass ein NM-Präparat auf ein oscillatorisches elektrisches Feld auch ohne directen Contact mit dem Körper des Beobachters „resonirt".

Wird zur Untersuchung der Ausbreitung des elektrischen Feldes durch die Mauer hindurch statt des NM-Präparates ein **Capillarelektrometer**, von dem der eine Draht zur Erde leitet, während der andere mit einer isolirten Metallplatte Zn′ (von etwa 15 × 15 cm) verbunden ist, angewendet, so können Schwankungen seines Meniscus noch bei einer Entfernung von 1—2 m zwischen Zn′ und der Wand beobachtet werden (Fig. 17). Ich muss übrigens bemerken, dass ich vorläufig über genaue Beobachtungen in dieser Richtung nicht verfüge; ich habe auch bei den Physikern keine Angaben über diesen Gegenstand finden können. Es ist wohl möglich, dass die Potentialschwankungen auch in grösserer Entfernung gezeigt werden können. — Beim Ersetzen des Capillarelektrometers durch ein empfindliches **Telephon**, das mit Zn′ und der Erde verbunden wurde, konnte ich in der That ein deutliches Geräusch hören, entsprechend den Unterbrechungen des primären Kreises des Ruhmkorff. In Controlversuchen reagirte das Nervmuskelpräparat in viel grösserer Entfernung von der Wand, als das Telephon und das Capillarelektrometer.

Es muss noch hinzugefügt werden, dass, wenn man den Nerven, analog den letzteren Apparaten, mit einer Platte Zn′ von genügend grossem Umfange (50 × 50 cm) verbindet, so wird die Empfindlichkeit dieses physiologischen Elektroskops für schwache und langsame Wellen noch mehr erhöht, d. h. es wird dann eine Reaction in noch grösserer Entfernung vom Vibrator beobachtet, als dies ohne Metallplatte der Fall ist.

Einfluss benachbarter leitender Massen und Verbindung des Nerven mit Condensatoren.

Schon aus den oben beschriebenen Versuchen mit „secundärer Induction" und Anwendung „undurchsichtiger" Schirme haben wir bereits gesehen, welch einen wichtigen Einfluss auf den Verlauf der

Reizung die Nachbarschaft von Leitern auszuüben vermag. Offenbar wird diese Wirkung durch Veränderung des elektrischen Feldes, der Potentialhöhe, durch Ablenkung der Kraftlinien, überhaupt durch eine Deformation des Feldes bedingt; daraus folgt schon die entsprechende Veränderung der physiologischen Reaction. Sind die Veränderungen der physikalischen Bedingungen bekannt, so können wir die physiologischen Folgen voraussagen. Deshalb glaube ich, mich nicht lange bei der ausführlichen Darlegung der Versuche, welche diese Frage betreffen, aufhalten zu müssen; ich werde mich bloss auf eine kurze Beschreibung derselben beschränken, die vollkommen ausreichen wird, um den Inhalt dieser Versuche zu erklären und die Wichtigkeit derselben in methodologischer Beziehung zu zeigen.

Versuch 14 (Fig. 18). — Ruhmkorff schwach geladen; N'M' — in einer Entfernung von 30—40 cm von Zn El — ist zur Erde nicht abgeleitet; spontane Zuckungen vorhanden; jetzt nähern wir von der Seite her eine Metallplatte *Fe*, welche zu einem Hohlcylinder zusammengerollt und mit der Erde oder mit unserem Körper verbunden ist; schon in einer Entfernung von 40—50 cm von Zn El kann dieser Leiter einen herabsetzenden Einfluss auf die Reizung ausüben, die Zuckungen werden schwächer; ihre Höhen werden um einige Male kleiner; bringen wir *Fe* noch näher, so hören die Zuckungen gänzlich auf; nun schieben wir *Fe* zurück, die Zuckungen kommen wieder zum Vorschein, zuerst schwach, dann aber, beim weiteren Entfernen von *Fe*, auch stärker.

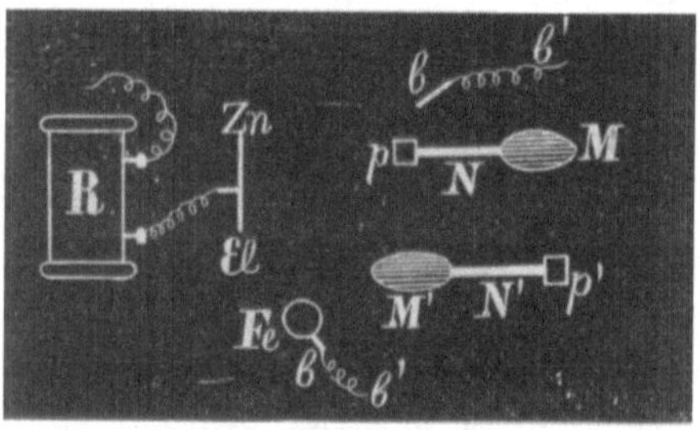

Fig. 18.

ZnEl Elektrode; *pNM* und *p'N'M'* Froschpräparate in verschiedener Stellung; *bb'* Draht zur Erde; *Fe* zusammengerollte Metallplatte.

Im stärkeren oder geringeren Entfernen und Annähern eines benachbarten Leiters, der mit einem grossen Condensator verbunden ist, haben wir also eine bequeme Methode, die Stärke der Reizung zu graduiren, ohne das Potential der Vibrator-Elektrode zu ändern, bloss durch Ablenkung der Kraftlinien. Ist aber *Fe* isolirt (ohne *b b'*), so kommt die erwähnte Depression nicht zu Stande.

Versuch 15 (Fig. 18). — Die Reizung ist schwach, aber ausreichend, um spontane Zuckungen hervorzubringen; wir nähern dem NM-Präparate von oben her einen Metallstab, der durch *b b'* mit der Erde verbunden ist; die Annäherung des Stabes lässt die Zuckungen schwächer werden oder sogar verschwinden. Sobald man aber *b b'* bis zur Berührung mit *M* oder *N* nähert, so setzen sofort starke Zuckungen ein.

Versuch 16 (Fig. 19). — Das Nervmuskelpräparat ist isolirt aufgehängt, d. h. es ist weder mit der Erde, noch mit irgend einem Leiter verbunden; der Abstand von ZnEl und die Stärke des Feldes werden so gewählt, dass die Zuckungen schwach ausfallen. Bringt man nun von hinten her ziemlich nahe eine grosse Metallplatte Zn′ (20 × 20 cm z. B.), die mittels eines Drahtes mit der Erde oder mit einer anderen noch grösseren Metallfläche Zn″ (etwa 60 × 60 cm), verbunden ist, so werden die Zuckungen stärker, als Resultat der oben beschriebenen „secundären Induction“.[1] Nun genügt es aber, das NM-Präparat vermittelst des Drahtes *b b'* zur Erde abzuleiten, um die Zuckungen verschwinden zu lassen. Diese Erscheinung kommt um so mehr paradoxal vor, als beide erwähnte Bedingungen — die Nachbarschaft von Zn′ und die Verbindung des NM-Präparates mit *b b'* — jede einzeln für sich genommen die Reizung in verstärkendem Sinne zu beeinflussen vermag, wie oben mehrmals gezeigt wurde; durch gleichzeitige Zusammenwirkung beider Bedingungen werden dagegen die elektrischen Schwingungen im NM-Präparate bedeutend geschwächt. Dass der herabsetzende Einfluss vom Leiter Zn′ ausgeht, kann man sich in verschiedener Weise überzeugen: 1. entfernt man Zn′ immer

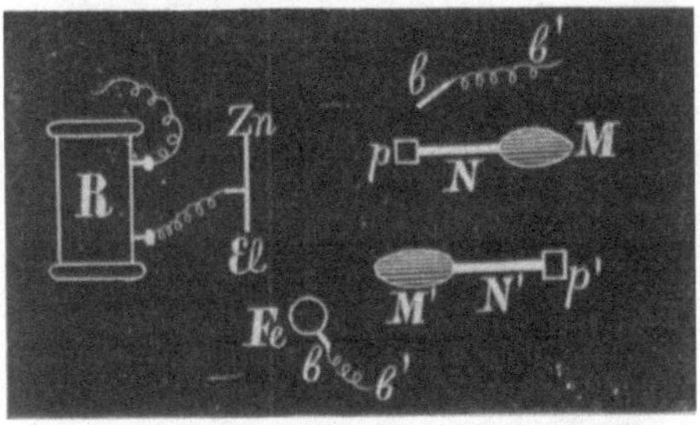

Fig. 19.

R Ruhmkorff; *Zn El* Elektrode; *NM* Präparat; *Zn′* und *Zn″* durch einen Draht verbundene Metallplatten; *Zn‴* eine ebenso grosse Platte wie *Zn″* ist zur Erde abgeleitet, dient zur Verstärkung der Wirkung der Platte *Zn″* (Condensator); *b b′* Draht zur Erde.

[1] Anstatt Zn′ direct zur Erde abzuleiten, kann man behufs Schwächung der Wirkung einen Condensator aus zwei Platten Zn′ und Zn″ (letztere ist zur Erde abgeleitet), deren Abstand ein variabler ist, einschalten.

weiter von NM, so können wieder Zuckungen entstehen, obgleich NM zur Erde abgeleitet bleibt; 2. können die Zuckungen noch anders hervorgebracht werden und zwar indem man NM von Zn′ vermittelst eines genügend grossen Metallschirmes, welcher isolirt in der Stellung *A* angebracht wird, trennt; berührt man aber diesen Schirm *A* mit der Hand, so verschwinden die Zuckungen wieder. Heben wir die Verbindung von Zn′ mit Zn″ bezw. mit der Erde auf, so wird dadurch die Depression der Reizung beseitigt.

Dieser Versuch gelingt auch u. A. in folgender Form (Fig. 20). Der Nerv hängt in einen Metallcylinder hinein; so lange NM zur Erde vermittelst *bb′* nicht abgeleitet ist, sind Zuckungen vorhanden; sie werden stärker, wenn man *C* mit der Hand oder mit dem Drahte *b″ b‴* berührt; wird aber NM vorher mit *b b′* verbunden, so verschwinden die Zuckungen bezw. sie entstehen nicht.

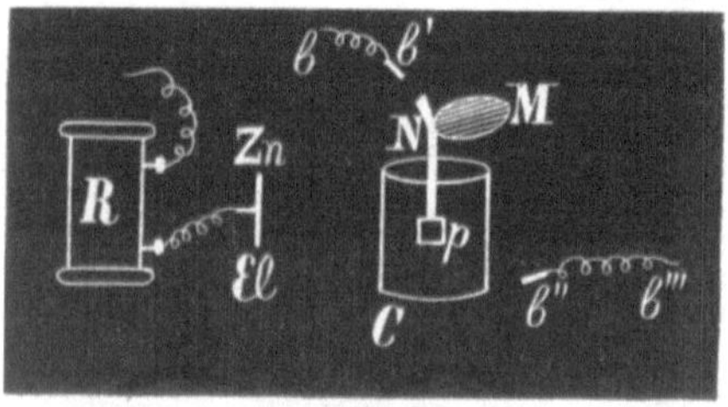

Fig. 20.

R Ruhmkorff; *ZnEl* Elektrode; *C* hohler Metallcylinder; innerhalb desselben hängt der Nerv hinein; das Präparat ist am Knochen befestigt; *bb′* und *b″b‴* Drähte zur Erde.

Dieselben Resultate bekommt man auch dann, wenn das Nervmuskelpräparat nicht mit der Erde, sondern mit irgend einer sehr grossen Metallfläche verbunden ist.

Versuch 17 (Fig. 21). — Ein isolirtes Nervmuskelpräparat wird zwischen zwei vertical stehenden, isolirten Metallplatten Zn′ und Zn″ (jede von etwa 20 × 20 cm Oberfläche) gebracht; die Platten sind etwa 8—10 cm von einander entfernt; die Reizung ist schwach, aber ausreichend, um sehr schwache Zuckungen hervorzubringen; sobald man aber Zn′ und Zn″ vermittelst des Drahtes *ac* verbindet, wird die Reizung sofort stärker und die Zuckungen fallen bedeutend stärker aus. Offenbar werden dadurch die Potentialschwankun-

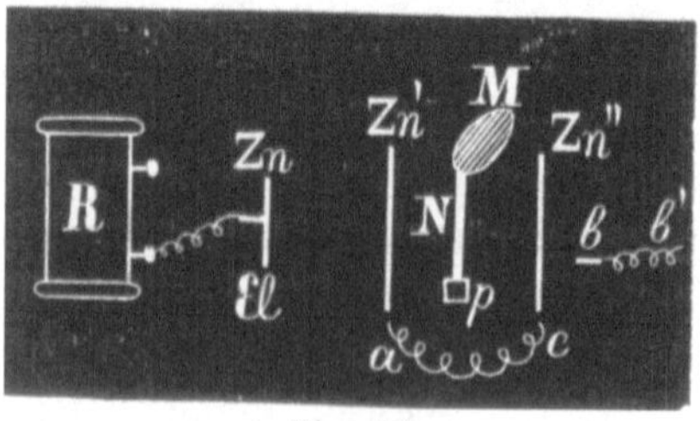

Fig. 21.

R Ruhmkorff; *ZnEl* Elektrode; *Zn′* und *Zn″* Metallplatten, zwischen denen das Präparat *NM* gebracht wird; *ac* Draht zur Verbindung von *Zn′* mit *Zn″*; *bb′* Draht zur Erde.

gen im Felde zwischen Zn' und Zn'' und in Folge dessen auch in NM bedeutend gesteigert. Umgekehrt muss die secundäre Induction in NM bedeutend schwächer werden, wenn wir die inducirten elektrischen Schwingungen von diesen Platten nach irgend einem grossen Condensator hin ablenken. Eine ähnliche Herabsetzung der elektrischen Schwingungen kann leicht erzielt werden, wenn wir die Hand einer der Platten oder dem Drahte *ac*, welcher Zn' mit Zn'' verbindet, nähern, sogar ohne dieselben zu berühren, noch besser, wenn wir *ac* mit *bb'* verbinden: sofort hören die Zuckungen auf. — Dieselben Resultate werden im Wesentlichen auch dann erzielt, wenn das NM-Präparat vorher mit irgend einem grossen Leiter oder mit der Erde verbunden wird.

Versuch 18 (Fig. 22). — Schwacher Ruhmkorff, Funkenlänge etwa 1 cm; sehr seltene Unterbrechungen; ZnEl ist 16 × 16 cm gross; das NM-Präparat liegt horizontal auf einem Glase, die Muskeln sind distalwärts gerichtet; ZnEl steht vertical und ein wenig oberhalb der Glasebene. Um NM herum ist ein ungeschlossener Ring aus einem Zinkstreifen (von einer Höhe bezw. Breite von 4—5 cm) in Form einer stehenden Barrière angebracht; der Ring hat einen Durchmesser von etwa 25 bis 30 cm. Ist der Ring nicht geschlossen und stehen seine Enden *a* und *b* ziemlich weit von einander ab, so können noch Zuckungen entstehen, sowohl in der Lage I, als auch in der Lage II. Nähert man aber die Enden *a* und *b* allmählich an einander, so werden die Zuckungen schwächer und hören sogar gänzlich auf, noch bevor der Ring völlig geschlossen wird. Es genügt aber, die Enden wieder auseinander zu schieben oder den Ring vom Glase wegzunehmen, um sofort *ceteris paribus* die Zuckungen wieder erscheinen zu lassen. — Dieselbe Erscheinung von völliger Depression wird auch beim Ersetzen des Metallringes durch einen Faraday'sche Käfig beobachtet (C. Radzikowski).

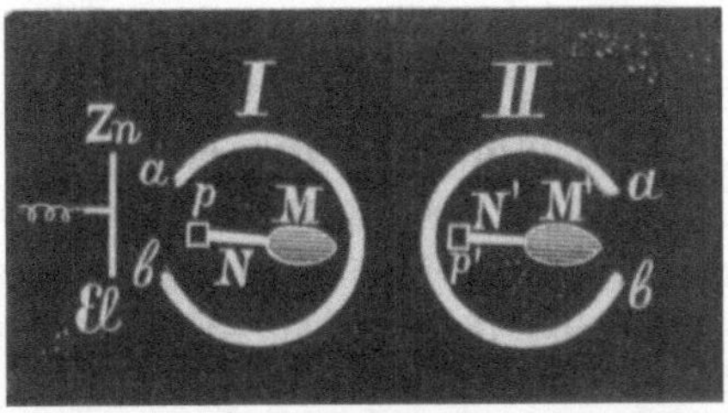

Fig. 22.

ZnEl Elektrode; *ab* ringförmige Metallbarrière, innerhalb dieser ein Froschpräparat *NM*.

Wir bringen nun den geschlossenen Ring Zn' um NM — die Muskeln gerathen wieder in Ruhe. Verschiebt man das NM-Präparat, indem man sein hinteres Ende dieser Metallbarrière um 1—2 cm nähert, so können wiederum Berührungen des Präparates mit dem zur Erde leitenden Drahte *bb'* eine Reizung hervorbringen. Dasselbe geschieht auch dann, wenn man das Ende dieses Drahtes *bb'* über dem distalen Ende des NM-Präparates in einer Höhe von 1—2 cm über demselben hält.

Derselbe Versuch kann auch in folgender Form angestellt werden. Das Nermuskelpräparat wird von einer gleich hohen ringförmigen Barrière aus trockenem Papier oder Pappe umgeben. Sind vor dem Anlegen der Barrière Zuckungen vorhanden gewesen, so dauern sie auch jetzt an. Sobald man aber die ganze Barrière mit Wasser befeuchtet, d. h. sobald man sie zum Leiter macht, hört die Reizung auf.

Diese Beobachtungen beweisen demnach, dass die Entziehung des NM-Präparates von der Vibratorwirkung — durch Anlegung um dasselbe eines in der Ebene der Kraftlinien horizontal gelegenen Ringes — eine vollkommene Depression der Reizung verursacht. Der Ring kann auch unvollkommen geschlossen sein, aber bei starkem elektrischen Felde muss diese Barrière eine ausreichende Höhe haben und ihre Enden müssen einander bis zur Berührung genähert werden. Offenbar absorbirt, so zu sagen, ein solcher Ring die elektrische Energie und schwächt dadurch, wie ein Schirm, den innerhalb desselben eingeschlossenen Feldabschnitt bis auf ein Minimum, wodurch die Induction elektrischer Schwingungen im NM-Präparate beseitigt wird.

Orientirung des Nervmuskelpräparates.

Aus der Beschreibung einiger oben angeführter Versuche konnte schon der Leser schliessen, dass in manchen Fällen das Resultat der Reizung in nicht geringem Maasse davon abhängig war, was für eine Stellung der Nerv in Bezug auf die Ebene der Elektrode ZnEl, d. h. auf die Richtung der Kraftlinien des elektrischen Feldes einnahm. Wir haben schon gesehen, dass die Wirkung der Reizung um so stärker ausfällt, je grösser die Zahl der äquipotentialen Flächen ist, welche das Nervmuskelpräparat durchschneiden; diese Bedingung wird aber dadurch erreicht, dass NM in der Richtung der Kraftlinien bezw. im Verlaufe des Potentialgefälles gelagert wird. Wie oben gesagt wurde, haben wir *ceteris paribus* bei dieser Lagerungsweise das Maximum der Potentialdifferenzen an den Enden des gereizten Präparates, daher auch das Maximum der Stärke der elektrischen Schwingungen. Es ist daher begreiflich, dass, wenn wir im Gegentheile NM in derselben äquipotentialen Fläche lagern werden, so wird die Reizung nahezu gleich oder eben gleich Null sein müssen.

[Ueber die Mitwirkung der elektrodynamischen Wellen in der Reizung siehe den zweiten Theil dieses Werkes.]

Wir müssen demnach sogar in einem sehr starken elektrischen Felde, bei Anwesenheit bedeutender Potentialschwankungen und bei Abwesenheit irgend welcher hemmenden Bedingungen (Nachbarschaft von Leitern u. dgl.) eine vollständige Depression der Reizung erhalten können bloss durch eine entsprechende Orientirung des NM-Präparates. Es geht aus dem Gesagten hervor, dass wir eine wirksame, eine unwirksame und eine mittlere Lage des NM-Präparates unterscheiden müssen.

Versuch 19. — Für diese Versuche kann auch ein schwacher Ruhmkorff benutzt werden; es genügt eine Spannung, welche Funken von 1 cm Länge und sogar weniger liefert. ZnEl ist, wie immer, isolirt und vertical gestellt; das NM-Präparat liegt auf einer horizontalen Paraffinplatte (P) und wird vermittelst zweier Stecknadeln, die durch die Wirbelsäule und die angefeuchtete Kniegelenkkapsel gehen, befestigt; der Nerv darf natürlich nicht gedehnt werden; die Bewegungen des Unterschenkels und des Fusses sind ganz frei. Das Präparat wird so gelagert, dass Nerv, Unterschenkel und Fuss gestreckt möglichst eine gerade Linie bilden. Nähert man nun die Platte P mit NM der Zn-Elektrode derart, dass die Linie NM parallel zur Ebene ZnEl steht, so bleiben die Muskeln — sogar bei einer geringen Entfernung, von etwa 15—20 cm (bei schwacher Spannung des Feldes) — in Ruhe, die Reizung ist sehr schwach oder es ist keine vorhanden. Eine solche Lage ist nun eine „unwirksame". Drehen wir dann, *ceteris paribus,* NM so, dass der genannte Parallelismus gestört wird, d. h. dass die Linie NM mit der verticalen Ebene ZnEl irgend einen Winkel bildet, so erscheinen Zuckungen, zuerst schwach und dann, beim ferneren Drehen der

Platte P mit NN, auch stärker; die Reizung wird maximal, wenn NM in der Richtung des Verlaufes der Kraftlinien, mit anderen Worten senkrecht auf die Ebene ZnEl gelagert wird. Freilich könnte man dabei einwenden, dass das letzte Resultat durch die Annäherung des Endes NM an ZnEl in Folge der Drehung von P bedingt sei. Allein dieser Zweifel wird dadurch leicht beseitigt, dass in der letzten, wirksamen Stellung NM von ZnEl sogar entfernt werden kann, ohne dass die Zuckungen verschwinden; während eine absichtliche grössere Annäherung des ganzen NM-Präparates an ZnEl, aber in paralleler unwirksamer Stellung, die Muskeln doch in völliger Ruhe lässt.[1] Es genügt jedoch in dieser letzten Stellung den Fuss allein, oder zusammen mit dem Unterschenkel aus der geradlinigen Richtung in eine Winkelstellung zu bringen, um sofort Zuckungen entstehen zu lassen. Eine analoge Erscheinung haben wir oben in den Versuchen von Magini gesehen. Dasselbe kann auch anders erzielt werden: wir lassen NM in geradliniger Lage, legen aber an das eine Ende desselben ein Stückchen feuchtes Papier oder Stanniol in winkeliger Stellung an; bei genügender Oberfläche dieses „Anhängsels" wird der Reiz wieder ausreichend, wie beim Bringen der Muskeln in eine Winkelstellung zum Nerven. Die Orientirung hat offenbar eine rein physikalische Bedeutung.

Die Orientirung spielt eine wesentliche Rolle beim Zustandekommen der elektrokinetischen Reizung und zwar nicht nur bei der unipolaren Reizung, sondern auch bei der bipolaren und beim geschlossenen secundären Kreise (siehe unten). Freilich wird aber die Gesetzmässigkeit in jedem einzelnen Falle durch die Richtung der Kraftlinien, also durch die Vertheilung der äquipotentialen Flächen bestimmt. Es ist daher klar, dass die Orientirungsbedingungen complicirt werden können, wenn wir im beschriebenen Versuche die flache Elektrode ZnEl durch irgend eine andere ersetzen. Es mag hier deshalb noch folgende Variation desselben Versuches beschrieben werden (Fig. 23).

Ein kleiner Ruhmkorff wird durch 2 Accumulatoren geladen; der eine Pol ist zur Erde abgeleitet, der andere ist mit der Elektrode *Sp* bezw. *Sp'* verbunden. Letzterer wird gebildet durch die secundäre

[1] Diese Beobachtungen gelingen natürlich auch gut bei verticaler Stellung der Platte P mit NM.

Spirale eines E. DU BOIS-REYMOND'schen Schlittenapparates; die Spirale, die dem Apparate abgenommen wird, besteht aus 2000 Windungen, deren Draht etwas dicker ist, als der gewöhnlich für solche Inductorien verwendbare (man kann übrigens auch eine gewöhnliche secundäre Spirale anwenden). Die Länge dieser Spirale *Sp* beträgt 12 cm, der Durchmesser 6,5 cm; sie wird isolirt angeordnet; ihre Entfernung vom NM-Präparat beträgt ungefähr 50—60 cm; NM ist zur Erde abgeleitet. Ist die gegenseitige Lagerung eine derartige, wie sie in I dargestellt ist, so sind die Zuckungen schwach oder sie fehlen ganz; in der Lage II dagegen ist die Reizung, *ceteris paribus*, sehr bedeutend. Im letzteren Falle ist freilich die dem NM-Präparate zugewendete Fläche der Spirale grösser, als in I, und der Unterschied der Resultate könnte bloss darauf zurückgeführt werden (siehe oben Versuch 7). Wir werden jedoch weiter unten sehen, dass dieselbe Gesetzmässigkeit der Orientirung auch bei völlig geschlossenem secundären Kreise beobachtet wird; dieselbe Erscheinung haben wir auch höher oben bei der Darstellung der MAGINI'schen Arbeit gesehen. Ein analoges Verhalten beobachtete auch C. RADZIKOWSKI bei der Reizung im unipolaren Felde in der Nähe einer Spirale, welche mit dem einen Pol des Ruhmkorff verbunden war; siehe unten Versuch 61.

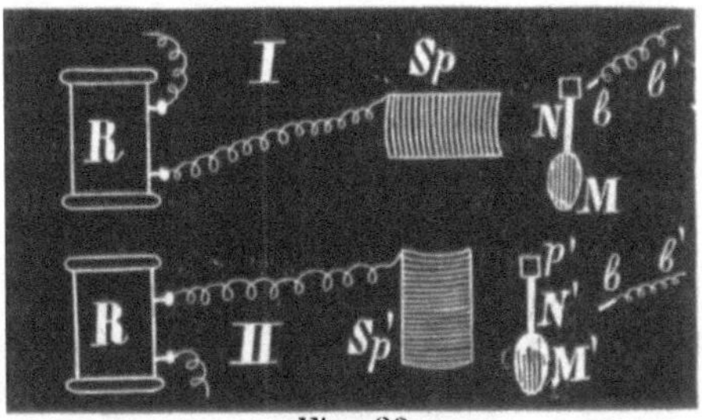

Fig. 23.

R Ruhmkorff; *Sp*, *Sp'* als Elektroden dienende Spirale; *NM*, *N'M'* Präparate; *bb'* Draht zur Erde.

Einen anderen interessanten Fall stellt der Versuch (Fig. 24) mit der gleichen Anordnung, nur mit dem Unterschiede, dass anstatt der Spirale *Sp* eine Leidener Flasche *L* (von etwa 30 cm Höhe und 18 cm Breite) als Elektrode dient. Es ist fast gleichgültig, ob der Pol des Ruhmkorff

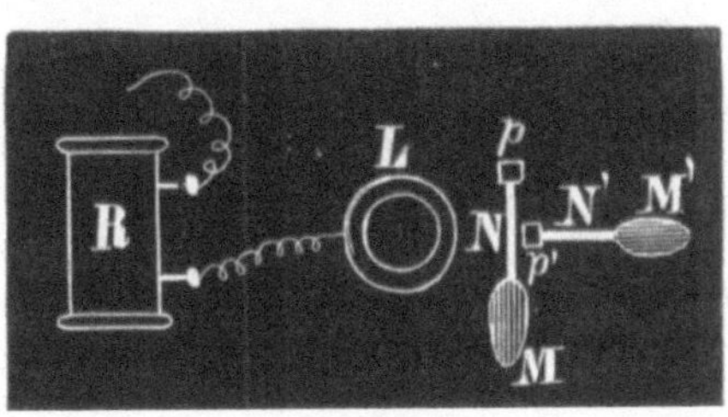

Fig. 24.

R Ruhmkorff; *L* Leidener Flasche; *NM*, *N'M'* zweierlei Lage des Präparates.

mit der inneren oder mit der äusseren Armatur verbunden wird. Ist das NM-Präparat parallel zur Tangente, in der Stellung NM gelegen, so sind keine Zuckungen vorhanden; die Radialstellung N′M′ bewirkt dagegen eine starke Reizung, sogar wenn das Präparat von *L* etwas verschoben wird.

Es muss noch endlich erwähnt werden, dass die gleiche Orientirung auch in Bezug auf Vibratoren anderer Art beobachtet wird. Werden z. B. beide Pole des **Ruhmkorff** mit einem Entlader verbunden, dessen innere Enden die Funkenstrecke begrenzen und dessen äussere mit kleinen flachen Flügeln (wie beim Hertz'schen Vibrator) versehen sind, so bleibt in der Lage I, parallel zur Linie *PP′*, das Nervmuskelpräparat in Ruhe sogar bei geringem Abstande vom Entlader und bei starken Funkenentladungen; dagegen kommen starke Zuckungen zu Stande, wenn das Präparat sich in der senkrechten, „wirksamen" Stellung II befindet. Ganz die gleichen Resultate sind unabhängig auch beim Ersetzen des Inductoriums durch eine Elektrisirmaschine beobachtet worden (J. Loeb im Jahre 1897).[1]

Eine analoge Erscheinung bietet auch das Leuchten der (geradlinigen) Geissler'schen Röhre: in der Lage II wird die Röhre leuchtend, besonders in ihrem dem Entlader näher liegenden Theile; wird sie dagegen parallel, d. h. in die Lage I gebracht, so ist das Leuchten sehr schwach oder es kommt gar nicht zu Stande, je nach der Breite der Röhre, deren Entfernung von *PP*, je nachdem wie sie gehalten wird u. s. w. Dieses Resultat ist vollkommen verständlich in Anbetracht derjenigen Erwägungen, welche oben bei der Be-

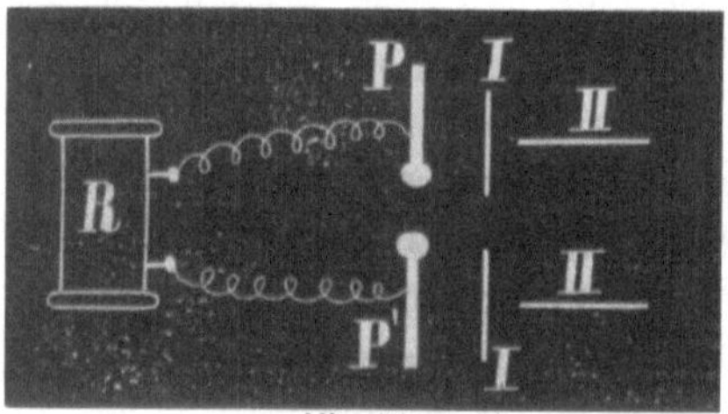

Fig. 25.

R Ruhmkorff; *PP′* Entlader (die Aussenflügel sind nicht eingezeichnet); *I*, *I* unwirksame, *II*, *II* wirksame Anordnung.

[1] Jacques Loeb, der sich die Priorität in der Entdeckung dieser „Orientirung" zuschreibt, erblickte in derselben einen „Schlüssel" zum Verständniss aller von mir im Jahre 1896 und 1897 beschriebenen Erscheinungen, und zwar glaubt er, die ganze Sache lasse sich auf „quere Unerregbarkeit" des Nerven zurückführen. Auf diese Frage der Orientirung sowie auf die Ansicht von J. Loeb werden wir nochmals in der weiteren Darstellung (Capitel V) zurückkommen müssen.

schreibung unseres 19. Versuches angeführt worden sind, da das Leuchten der GEISSLER'schen Röhre unter dem Einflusse langsamer elektrischer Wellen — ebenso wie die Reizung des Nervmuskelpräparates — durch eine ausreichend grosse Potentialdifferenz an den Enden dieses Systems bedingt ist. Bringt man endlich eine GEISSLER'sche Röhre in die Nähe einer von *R* kommenden Zn-Elektrode und lagert man die Röhre parallel zur letzteren, so kommt kein Leuchten zu Stande oder es ist schwach; wird dagegen die Röhre senkrecht auf die Ebene ZnEl gestellt, so wird sie leuchtend (KALISCHER). Die Annäherung der Hand an die GEISSLER'sche Röhre oder, was noch besser ist, die Berührung derselben mit der Hand oder mit dem zur Erde leitenden Drahte *b b'* verstärkt, wie oben erwähnt, das Leuchten in ausgesprochener Weise bezw. lässt ein solches entstehen.[1]

Einfluss eines Nebenbogens am Nervmuskelpräparate auf die Reizung desselben.

Wird zwischen den Enden des NM-Präparates (Fig. 26) vermittelst irgend eines Leiters ein Nebenschluss hergestellt, so wird die Reizung schwächer und die Muskeln können in einen Zustand völliger Ruhe gelangen. In diesem Falle wird offenbar ein geschlossener Kreis aus NM und dem Leiter *a b c* gebildet, in welchem Kreise die vormaligen inducirten elektrischen Schwingungen entweder gar nicht zu Stande kommen, oder wegen deren Schwäche eine Nervenerregung hervorzurufen nicht vermögen.

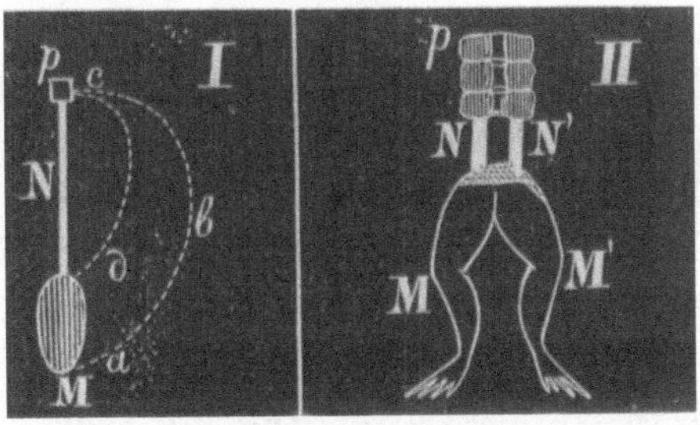

Fig. 26.

I: *pNM* Präparat; *abc*, *cd* Nebenbogen aus leitendem Material. — *II*: Präparat von GALVANI; die Wirbelsäule ist bloss durch die Nn. ischiadici *NN'* allein mit den Pfoten *MM'* in Verbindung.

---

[1] Nach den Versuchen von J. J. BORGMANN und A. PETROWSKY beobachtet man eine analoge Bedeutung der Orientirung auch für das Leuchten einer LECHER'schen Röhre in der Nähe eines Drahtes, welcher mit dem einen Pol einer geöffneten secundären Spirale von RUHMKORFF verbunden ist (Compt. rend. 1899, T. CXXVIII, p. 420).

Bei den gewöhnlichen Bedingungen der Leitungsfähigkeit der Bestandtheile dieses geschlossenen ringförmigen Systems *MNpcba* erweist sich letzteres als ungeeignet für elektrostatische Induction, so sehr es sich dagegen für elektrodynamische eignet. Leider habe ich in der physikalischen Litteratur keine Erörterung dieser Frage auffinden können.

Bevor ich nun zur Beschreibung der hierher gehörigen Versuche übergehe, möchte ich noch auf eine für die Geschichte der Neuroelektrokinesis sehr interessante Thatsache aufmerksam machen. Bekanntlich bestand das Froschpräparat von GALVANI, welches von ihm selbst, als auch von seinen Nachfolgern bei ihren Untersuchungen über die thierische Elektricität angewendet wurde, aus den beiden Hinterpfoten und der Wirbelsäule, welche unter einander bloss durch die beiden Stämme der Nn. ischiadici und des Plexus verbunden waren; alle übrigen Weichtheile zwischen diesen beiden Präparathälften waren entfernt (Fig. 26, II). Man erhält offenbar auf diese Weise ein Präparat, in dem beide Nerven den geschlossenen Kreis *NMpN'M'* bilden helfen; nun werden wir aber sofort sehen, dass in einem solchen Kreise, mag derselbe im Ganzen bloss aus Nerven und Muskeln gebildet sein, die elektrokinetische Reizung bis auf ein Minimum sinkt, da jene Potentialdifferenzen an verschiedenen Abschnitten des Kreises, die für das Zustandekommen der genügenden elektrischen Reizung nothwendig sind, sich bereits nicht mehr einstellen. Es ist daher klar, dass das GALVANI'sche Präparat sich wenig für diejenigen Zwecke eignet, für die es stets angewendet worden war — für das Studium der physiologischen Wirkung des elektrischen Feldes. Nur bei hohem Potentiale des letzteren bezw. nur in geringer Entfernung von der Reizelektrode oder vom Entlader und nur bei Annäherung oder Berührung dieses Präparates mit irgend einem Leiter kann dasselbe als genügend empfindliches Elektroskop dienen. Bei schwacher Spannung des elektrischen Feldes erweist sich das Präparat als relativ wenig empfindlich. Durch diesen Umstand lässt sich zum Theil die oben erwähnte eigenthümliche Thatsache erklären, dass der erste elektrokinetische Versuch mit diesem Präparate von GALVANI, der eine Entdeckung ersten Ranges enthielt, im Verlaufe eines ganzen Jahrhunderts keine weitere Bearbeitung gefunden hatte. Ich glaube, es habe wahrscheinlich auch nach GALVANI an derartigen Versuchen nicht gefehlt, nur seien dieselben kaum befriedigend gewesen, ihre Resultate seien in Folge der Mitwirkung complicirter, damals unbekannter Bedingungen, welche das Wesen der Sache verdunkelten, schwerlich constant und bestimmt gewesen. Etwas Aehnliches musste ich selbst im Beginne meiner Untersuchungen erfahren, namentlich in denjenigen Versuchen, in denen ich das Präparat von GALVANI benutzte; ja sogar „der stromprüfende Schenkel“ nach E. DU BOIS-REYMOND erwies sich in vielen Fällen als unbrauchbar, und nur das Anbringen einer leitenden Masse am centralen Ende der Nerven bezw. das Stehenbleiben eines Wirbelsäulenstückes machte das Präparat vollkommen brauchbar für die Untersuchungen in der genannten Richtung.

Versuch 20. Schwacher Ruhmkorff, Funkenlänge etwa 1 cm; der eine Pol ist zur Erde geleitet, der andere ist mit einer verticalen ZnEl (von etwa 12 × 12 cm) verbunden; das NM-Präparat liegt auf einer horizontalen Paraffinplatte in einer „wirksamen“ Längslage; bei genügender Nähe desselben an ZnEl beginnen spontane Zuckungen. Wird nun an beiden Enden des Präparates ein „Nebenbogen“ *abc* (siehe Fig. 26, I) aus einem sogar schlecht leitenden Materiale — wie z. B. eine nasse Schnur u. s. w. — angelegt, so hören die Zuckungen auf. Es können dabei nicht nur die „spontanen“, sondern auch die durch Annäherung der Hand hervorgebrachten Zuckungen verschwinden. Die Muskelzuckungen können — wenn auch schwach — dann noch vorhanden sein, wenn *abc* nicht die äussersten Enden des Präparates verbindet, z. B. wenn der Berührungspunkt *a* oder *c* oder beide zugleich vom Ende des Fusses bezw. von der Wirbelsäule *p* um 1—2 cm entfernt sind. Dasselbe geschieht auch dann, wenn an dem einen oder dem anderen Präparatende, ausserhalb dieses in Form von *abc* angelegten Bogens ein leitendes „Anhängsel“ angebracht wird; sobald man aber das Ende des Bogens nach dem Ende des „Anhängsels“ verschiebt, d. h. sobald man den letzteren in den gemeinsamen Kreis einschliesst, hören die Zuckungen sofort wieder auf.

Eine ganze Reihe verschiedener Variationen des Versuches überzeugen uns davon, dass wir es hier thatsächlich mit einer rein physikalischen Bedingung zu thun haben, eine Bedingung, die man bei vielen elektrokinetischen Versuchen berücksichtigen muss. Wenn wir z. B. ein NM-Präparat auf einer horizontalen trockenen Glas- oder Paraffinfläche lagern, so bekommen wir bei gewöhnlichen

Bedingungen Muskelzuckungen; sobald man aber das ganze Präparat mit Wasser bezw. mit physiologischer Kochsalzlösung gut benetzt, so dass sich unterhalb desselben eine Flüssigkeitsschicht bildet, verschwinden die Zuckungen sofort: die Wasserschicht dient hier als Nebenbogen bezw. Nebenschluss für die Präparatenden; lassen wir die Flüssigkeit verdunsten, so erscheint, *ceteris paribus,* die Reizung wieder.

Der Einfluss des Nebenbogens *a b c* — im Sinne einer Depression der Reizung — kann nicht nur bei völligem Schlusse desselben nachgewiesen werden, sondern auch bei blosser Annäherung seiner Enden, d. h. *M* und *a* bezw. *p* und *c* an einander. War die vorangegangene Reizung nicht sehr stark, so wird selbst ein Aufhören der Zuckungen bereits bei genügender Annäherung der Enden des noch nicht geschlossenen Kreises *MNp c b a*, z. B. *M* und *a* an einander, noch vor deren Berührung, beobachtet.[1]

Ferner kann das Anbringen irgend eines Leiters in Form eines „Nebenbogens" am Nerven allein (*c d* in Fig. 26, I) bei gewissen Bedingungen die Reizung sogar verstärken. Andererseits kann bei schwacher Elektrokinesis ein Umlegen des Nerven allein zu einem Ringe *Np d*, ohne irgend welchen anderweitigen Leiter, eine ganz deutliche Depression der Reizung hervorbringen; damit dieser Versuch gelingt, ist es nothwendig, dass das centrale Ende des Nerven seinen myopolaren Abschnitt möglichst nahe am Muskel berührt. Dadurch werden offenbar im ganzen Nervenstamme solche physikalische Bedingungen geschaffen, die eine ausgesprochene Schwächung der elektrischen Schwingungen in demselben bewirken. Wir haben bereits oben gesehen, dass eine Durchschneidung des Nerven dicht am Muskel die Zuckungen aufhebt, trotz der Beibehaltung der physikalischen Bedingungen des Versuches (siehe Versuch 5); als Stelle der Entstehung der Haupterregung erweist sich der Nervenstamm selbst. Daher wird die Depression der Reizung beim Umlegen des Nerven allein zu einem geschlossenen Ringe verständlich.

---

[1] Die Länge des Nebenbogens *abc* war gewöhnlich nur etwas grösser als die des NM-Präparates. In einigen Versuchen machte ich ihn auch länger (40—50 cm und mehr), konnte aber dabei keinen wesentlichen Unterschied in seiner Wirkung constatiren. (Näheres darüber siehe im zweiten Theile dieser „Untersuchungen".)

Versuch 21. — Die vom Nebenbogen bewirkte Depression wird am einfachsten in folgender Weise demonstrirt: das NM-Präparat wird in der Hand am Knochen derart gehalten, dass der Nerv mit dem Wirbelsäulenstücke *p* nach unten herabhängt, während Unterschenkel und Fuss horizontal gerichtet sind; bringt man das Präparat ziemlich nahe an ZnEl, so entstehen Zuckungen. Beginnen wir nun, indem wir an dieser Stelle bleiben, den Knochen so zu wenden, dass der Unterschenkel ebenfalls nach unten herabzuhängen beginnt, so hören die Zuckungen im gleichen Momente auf, wo der Nervenstamm eben den M. gastrocnemius berührt, weil sich dabei ein geschlossener Kreis aus *N* und *M* bildet. Sobald man den Nerven etwa mit einem Glasstab vom Muskel wegbringt, stellen sich die Zuckungen wieder ein. Bei solcher Anordnung gelingt der Versuch gewöhnlich in einem schwachen oder mittelstarken Felde; ist aber die Spannung sehr gross, oder wird die Hand mit NM sehr nahe an ZnEl gebracht, so können Zuckungen sogar dann zu Stande kommen, wenn der Nerv noch in seiner ganzen Länge den Muskeln anliegt. Hier überwiegt offenbar die verstärkende Wirkung der Verbindung mit dem Körper des Experimentators.

Bei diesen Versuchen muss noch folgende Vorsichtsmaassregel getroffen werden: wenn wir das NM-Präparat in der einen Hand am Knochen halten und zu gleicher Zeit den Muskel oder den Nerven mit der anderen Hand berühren, so genügt dies, um die Reizung aufzuheben, wenn vorher Zuckungen vorhanden waren. Die Ursache ist die, dass wir durch dieses Verfahren vermittelst unseres Körpers einen „Nebenbogen oder Nebenkreis" an NM herstellen, was natürlich eine Depression der Reizung bewirkt. Man kann sich davon leicht überzeugen, wenn man in einem relativ schwachen elektrischen Felde experimentirt. Wollten wir demnach in all denjenigen Fällen, wo NM in der blossen Hand gehalten wird, „abgeleitete", d. h. durch Berührung des Nerven mit irgend welchem Leiter hervorgerufene Zuckungen erhalten, so ist es nothwendig, dass diese Berührung von einer anderen, mit uns nicht verbundenen Person ausgeführt werde. Die Berührung kann — wenn auch weniger gut — freilich auch von uns selbst ausgeführt werden, nur muss sie durch irgend einen grossen Leiter geschehen, den wir unbedingt an einer isolirenden Hülle (paraffinirtes Papier, weicher Kautschuk, Glasscheide u. s. w.) in der anderen Hand halten.

Der eben beschriebene Versuch hat eine wichtige Bedeutung für die Aufklärung der Bedingungen der elektrokinetischen Reizung der Nerven in situ im Organismus, wo dieselben von allen Seiten von Leitern umgeben sind, die eine grössere Leitungsfähigkeit besitzen als die Nerven und die Nebenschlüsse herstellen.

Versuch 22. — Es mag hier zur Erläuterung des oben Gesagten noch eine Variation des Versuches mit dem Nebenbogen beschrieben werden. Es wird ein Präparat nach Galvani (Fig. 26, II) angefertigt, welches vermittelst eines durch die Wirbelsäule gezogenen Fadens vertical mit den Zehen nach unten aufgehängt wird; dann der Nerv auf einer Seite, z. B. in *N* möglichst proximal, nahe an der Wirbelsäule durchschnitten und eine Fadenschlinge am Ende des peripheren Nervenstumpfes angelegt; in einer Entfernung von einigen (5—10 oder mehr) Centimetern unterhalb des Präparates wird bei schwacher Reizung eine Zn-Elektrode horizontal angebracht. Liegt der nach unten herabhängende durchschnittene Nerv *N* mit dem Faden dem Unterschenkel an, so contrahiren sich nur die Muskeln *M'*; sobald man aber den Faden fasst, den Nerven abhebt und ihn vom Unterschenkel *M* wegbringt, erscheinen die Zuckungen auch in den von durchschnittenen Nerven innervirten Muskeln *M*.

Wir sehen also, dass — analog der Wirkung der Nachbarschaft von Leitern und der Orientirung — auch die Anwesenheit eines Nebenbogens das Resultat der Nervelektrokinesis „elektrostatischer“ Herkunft in ausgesprochener Weise beeinflussen kann. Schon in der geschichtlichen Uebersicht am Anfange dieses Werkes haben wir die Gelegenheit gehabt zu bemerken, dass die Bedeutung des Nebenbogens von den früheren Forschern ausser Acht gelassen worden war, obwohl sie solchen Erscheinungen zweifellos begegnet waren. Wir finden z. B. bereits bei Galvani, dass ein Froschpräparat, welches ganz auf einer Metallfläche lag, beim Funkenziehen aus der Elektrisirmaschine keine Zuckungen zeigte. Es ist selbstverständlich, dass in diesem Falle das Metall einen Nebenschluss für Nerv und Muskel bildete. Analoge Erscheinungen beobachtete auch J. Loeb (1897), der, ebenso wie die anderen, den Grundinhalt derselben nicht erkannte; dasselbe geschah auch in den späteren Versuchen von C. Radzikowski.

Man darf jedoch nicht glauben, dass, wenn das in der Nähe von ZnEl gelegene NM-Präparat einen Nebenbogen *abc* hat und in

Ruhe bleibt, es sich ganz ausserhalb der Wirkung des elektrischen Feldes befindet; durch Berührung des Nerven mit einem metallischen Leiter kann man leicht „abgeleitete" Zuckungen, nicht nur während der Elektrokinesis, sondern auch nach derselben hervorrufen. Sogar dann, wenn dieser Bogen *a b c* aus Metall besteht, können Zuckungen auch ohne Berührung, d. h. „spontan" hervorgebracht werden; man braucht nur dazu das elektrische Feld bedeutend zu verstärken oder NM bedeutend an ZnEl zu nähern.

Auf den ersten Blick könnte man zur einfachsten Erklärung der Bedeutung des Nebenbogens die Annahme machen, dass die innere Entladung bezw. der elektrische Strom im Systeme *M N p c b a* (Fig. 26, I) nicht durch den Nerven, sondern an diesem vorbei durch den Nebenbogen *a b c* geht, weil dieser eine bessere Leitungsfähigkeit für Elektricität eventuell besitzt. Folgender Versuch beweist aber am anschaulichsten, dass diese Erklärung nicht zutreffend ist.

Versuch 23 (Fig. 27). — Wir nehmen zwei Nervmuskelpräparate *NM* und *N' M'* und legen sie auf eine horizontale Glas- oder Paraffinplatte, so dass jedes derselben für das andere einen Nebenbogen bildet, wie in Fig. 27 in der Lage I oder II dargestellt ist. Ist das elektrische Feld genügend schwach bezw. ZnEl genügend entfernt, so bleiben alle Muskeln in Ruhe. Es genügt aber beide Präparate an irgend einem Berührungspunkte *p M'* oder *M p'* bezw. in *p p'* oder *M M'* von einander zu trennen und deren Enden bloss um einige Millimeter aus einander zu schieben, damit alle Muskeln spontan oder bei Annäherung der Hand sich zu contrahiren beginnen, obwohl bei geschlossenem Kreise *N M N' M'* die Annäherung der Hand oder des Endes des zur Erde leitenden Drahtes *b b'* auch keine Zuckungen hervorzurufen vermag, wenn die Elektrokinesis nicht stark ist. Also, die Anwesenheit eines aus erregbaren Theilen bestehenden Nebenbogens verändert die Erscheinungen der Depression nicht; hier wäre die oben erwähnte Erklärung von einer inneren Entladung ausserhalb des Nerven nicht am Platze.

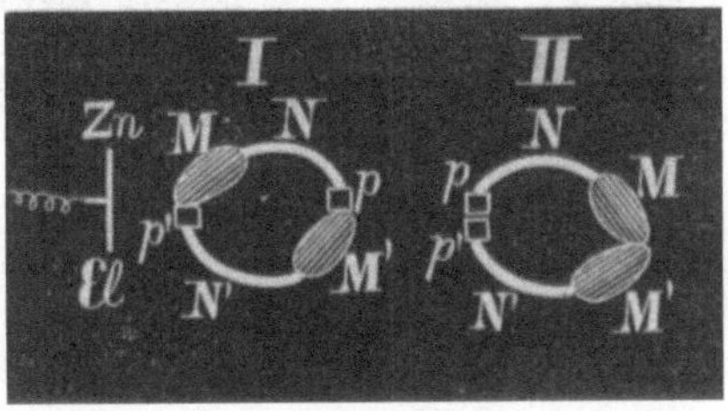

Fig. 27.

ZnEl Elektrode; *NMp* und *N' M' p'* zwei Froschpräparate, die in zweierlei Weise einen geschlossenen Kreis bilden.

Bei der Beurtheilung dieser Frage kann jedoch noch folgendes Bedenken entstehen: spielen vielleicht bei dieser Erscheinung der Depression die kleinen Dimensionen der den geschlossenen Kreis bildenden Leiter eine wesentliche Rolle? Diese Frage erfordert natürlich Berücksichtigung, da die Oberflächengrösse eines Leiters auf die in demselben inducirten elektrischen Schwingungen von genügender Amplitude einen grossen Einfluss ausübt. In dieser Beziehung bieten die folgenden Beobachtungen ein Interesse dar.

Versuch 24 (Fig. 28). — Schwacher Ruhmkorff, Funkenlänge 1 cm, ein Pol ist zur Erde abgeleitet, der andere ist mit einer verticalen ZnEl (16 × 16 cm) verbunden; das NM-Präparat liegt auf einer horizontalen Glasplatte; das Präparat wird in den Kreis eines ringförmigen Metallstreifens *abc* (von 78 cm Länge und 4 cm Breite bezw. Höhe) entweder durch den Nerven allein, wie in I, oder mit seiner ganzen Länge (II) eingeschaltet. Die Stromunterbrechungen der primären Spirale müssen in diesem Versuche, ebenso wie in vielen oben beschriebenen Versuchen, die eine feine Einstellung erfordern, selten etwa 1—2 Mal pro Secunde erfolgen. Bei einer Entfernung von 25—30 cm zwischen *b* und ZnEl bleiben die Muskeln in beiden Fällen (I und II) in vollständiger Ruhe; dasselbe kann sogar bei einer Annäherung von ZnEl an *b* um 15 bis 20 cm geschehen! Die Reizung äussert sich aber sofort in Zuckungen, wenn man an der Berührungsstelle *a* oder *c* NM vom Metallbogen trennt. Eine zweite Methode besteht in Berührung des Nerven oder des Muskels mit einem (zur Erde leitenden) Drahte *bb'*: bei vollständig geschlossenem Kreise zucken die Muskeln; auf Berührung des Ringes *abc* mit demselben Drahte *bb'* kann dagegen dieses Resultat auch nicht erfolgen. Eine dritte Methode endlich, bei völlig geschlossenem Kreise *abcNM* Zuckungen hervorzubringen, besteht darin, dass man in *M* (I) ein genügend grosses „Anhängsel" aus Stanniol anbringt; diesem „Anhängsel" wird dann die Hand oder eine Metallplatte, welche zur Erde vermittelst des Drahtes *bb'* abgeleitet ist, genähert.

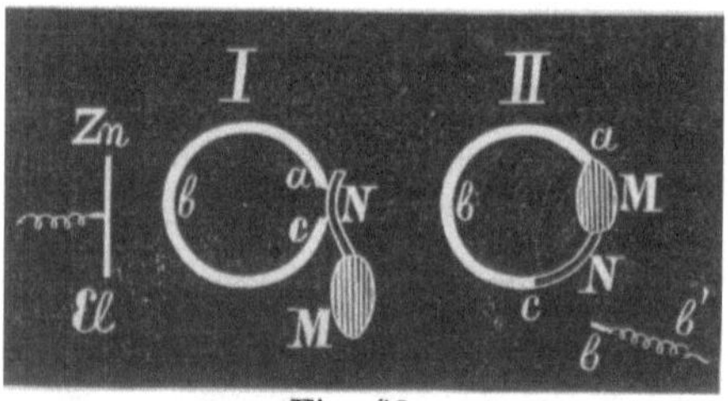

Fig. 28.

ZnEl Elektrode; *NM* Präparat; *abc* nicht geschlossener Metallring; *bb'* Draht zur Erde.

Dieser Versuch beweist also, dass bei scheinbar günstigen Bedingungen für das Zustandekommen einer elektrischen Reizung in *abcNM*, diese Reizung nichts desto weniger ausbleiben kann, wenn der Kreis geschlossen ist.

Nachdem wir uns davon überzeugt haben, dass die Reizung in einem Nervmuskelpräparate durch Anlegen eines Nebenbogens beseitigt werden kann, werden wir natürlich zur Annahme geleitet, dass dies nicht nur für das ganze Präparat, sondern auch für einen Theil desselben, für einen beliebigen Nervenabschnitt z. B., erreicht werden kann. Mit anderen Worten, aus den oben angeführten Versuchen geht eine sehr wahrscheinliche Vermuthung über die Möglichkeit **einer Localisation der Reizung im Nervenstamme** hervor. In der That, wenn wir die Mitte des Nerven mit irgend einem Ende des NM-Präparates, mit dem Muskelende z. B., durch einen Nebenbogen verbinden, so wird in diesem Falle der myopolare Abschnitt des Nerven vor der directen Wirkung der elektrokinetischen Reizung geschützt; die entstehenden Zuckungen werden von der Reizung des centropolaren Nervenabschnittes, von dem aus der physiologische Erregungsprocess[1] sich frei nach dem Muskel hin fortpflanzt, abhängig sein. Das Gleiche bezieht sich auch auf die umgekehrte Anordnung des Nebenbogens *vice versa.* Wenn wir ferner den vom Nebenbogen umfassten Nervenabschnitt vergrössern und dadurch den freien, der Reizung ausgesetzten Nervenabschnitt verkleinern werden, so werden wir uns dadurch die Möglichkeit schaffen, das Minimum der Strecke dieses Abschnittes zu bestimmen, bei der die elektrokinetische Reizung noch „ausreicht", um Zuckungen hervorzubringen. Dasselbe könnten wir auch für jeden beliebigen Nervenabschnitt durch Anlegen zweier Nebenbögen an beiden Enden des NM-Präparates erreichen, indem wir die am Nervenstamme liegenden inneren Enden dieser Bögen einander *ad libitum* nähern. Dadurch würde die Möglichkeit einer Localisation der Reizung im Nervenstamme gegeben sein.

Viele Beobachtungen, die von mir in dieser Richtung angestellt worden sind, haben Resultate ergeben, die den eben angeführten Erwägungen vollkommen entsprechen.

[1] In Anbetracht der neueren Fortschritte der Elektrophysiologie wäre, glaube ich, der alte Ausdruck „Nervenerregung" („*Vibration nerveuse*") durch einen anderen, zutreffenderen „Neurostrom" oder „Neurocurrent" zu ersetzen.

Versuch 25 (Fig. 29). — Diese Beobachtungen erfordern eine ziemlich feine, vorsichtige Anordnung, sowohl was die Spannung des Feldes und die Entfernung zwischen ZnEl und NM, als auch was die elektrische Capacität der Endmassen des NM-Präparates betrifft. Man nimmt am besten einen schwachen Ruhmkorff mit 1—2 Accumulatoren, Funkenlänge 4—5 mm. Der Nebenbogen aus nasser Schnur oder feuchtem Löschpapier wird einzeln (I), distal (*ab*) oder proximal (*mn*) angelegt; in anderen Versuchen werden gleichzeitig zwei Bögen *a′c′* und *d′e′* (II) angelegt. Die Lage des Nervmuskelpräparates muss eine „wirksame" sein, mit diesem oder jenem Ende nach ZnEl hin gerichtet. Das oscillatorische elektrische Feld ist ein unipolares; der andere Pol des Ruhmkorff ist zur Erde abgeleitet. Entfernung zwischen ZnEl und NM 15—30 cm.

1. Das centrale Ende des Nerven wird von einem kleinen Wirbelsäulenstückchen gebildet; der Muskel liegt distalwärts (I); der Nebenbogen umfasst den Muskel und den myopolaren Nervenabschnitt. In diesem Falle kann man leicht bemerken, dass beim Verschieben des linken Endes *a* entlang des Nerven die spontanen Zuckungen schon dann aufhören, wenn dieses Ende sich etwas näher an *p* als an *M* befindet, z. B. an der Grenze des linken und des mittleren Drittels, wie in der Figur. Die Reizung ist also subminimal, trotzdem das ganze (linke) Drittel oder sogar beinahe die Hälfte des Nerven „frei" ausserhalb des Nebenbogens liegt, d. h. der reizenden Wirkung der inducirten elektrischen Schwingungen zugänglich ist.

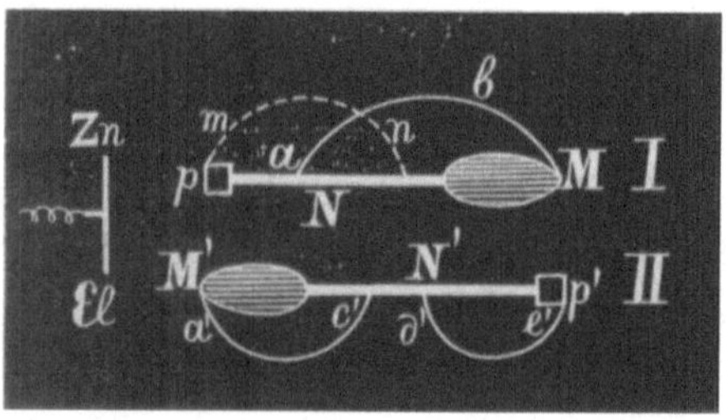

Fig. 29.

ZnEl Elektrode; *I* und *II* zweierlei Lagerung des Präparates; *ab*, *mn*, *a′c′*, *d′e′* Nebenbögen.

2. Dieselbe Anordnung (I), nur wird jetzt der Nebenbogen (*mn*) am centralen Ende des Nerven *pnN* angebracht; der distalwärts gelegene Muskel und der myopolare Nervenabschnitt bleiben dabei der elektrischen Induction und in Folge dessen auch der Reizung zugänglich. Jetzt ist die Reizung stark, die Muskeln contrahiren sich spontan, ohne Annäherung der Hand, obgleich die Spannung des

Feldes und die Strecken ZnEl—NM die gleichen geblieben sind. Die Muskelzuckungen kommen sogar dann zu Stande, wenn man das innere Bogenende (n) nach rechts, bis ganz nah am Muskel verschiebt; bei einer Entfernung von 1—2 mm zwischen n und M sind die Zuckungen noch stark; man braucht aber nur den Muskel (oder den Rest des Oberschenkelknochens) mit n zu berühren, um sofort die Zuckungen verschwinden zu lassen. Bei den erwähnten Bedingungen erweist sich also ein „freier“ Nervenabschnitt von 1 oder sogar 0,5 mm als vollkommen ausreichend, um eine deutliche Reizung hervorzubringen. In einigen Fällen konnte mit der Abnahme des „freien“ Nervenabschnittes eine ziemlich deutliche Abnahme der Zuckungen beobachtet werden.

3. Jetzt liegt der Muskel proximal, der Nerv distalwärts (II); das Wirbelsäulenstück ist klein. Der Nebenbogen $a'c'$ ist am Muskel und dem myopolaren Nervenabschnitte angebracht; das centropolare Nervenende ist „frei“. Bei diesen Verhältnissen ist die Reizung schwach; die Zuckungen können sogar dann aufhören, wenn das innere Bogenende c' beinahe in der Mitte des Nerven, d. h. wenn fast die ganze (rechte) Hälfte des Nerven der Reizung zugänglich ist. Annäherung der Hand an p' verstärkt die Reizung.

4. Beobachtung 3 wird wiederholt, nur mit dem Unterschiede, dass der Nebenbogen $d'e'$ am centralen (rechten) Nervenabschnitt liegt; der Muskel und das myopolare Nervenende sind frei. Die Resultate sind denen der Beobachtung 2 analog, d. h. eine ziemlich starke Reizung trotz der Kleinheit der „freien“ Nervenstrecke zwischen M' und dem Ende d'.

Die schwache Reizung in den Beobachtungen 1 und 3, wo die grosse Endmasse, die Muskeln nämlich, vermittelst des „Nebenbogens“ ausgeschaltet war, konnte leicht verstärkt werden; man brauchte dazu nur ausgeschnittene Muskelstückchen dem centralen Nervenende, d. h. in p aufzulegen. Es kamen dabei Muskelzuckungen sogar dann noch zu Stande, wenn der „freie“ Nervenabschnitt nur 1 mm betrug; mit anderen Worten, die Anwesenheit einer Masse von genügend grosser elektrischer Capacität an beiden Enden des NM-Präparates bildet eine sehr wichtige Bedingung, die das Entstehen starker elektrischer Schwingungen, d. h. einer Reizung bei einer sogar sehr kleinen Strecke des „freien“ Nervenabschnittes begünstigt. Je grösser diese leitenden Endmassen sind, desto stärker ist *ceteris paribus* die Reizung.

5. Am NM-Präparate sind gleichzeitig zwei Nebenbögen angelegt; der Abstand zwischen ihren mittleren Enden (*c'* und *d'*) ist eine Variable; je kleiner dieser Abstand ist, desto schwächer ist die Reizung. Bei schwacher Spannung des Feldes können die spontanen Zuckungen aufhören, wenn zwischen diesen Enden ein „freier" Nervenabschnitt von nur 1—2 mm bleibt. Die Annäherung der Hand an das distale Ende kann aber dabei wieder eine deutliche Reizung bewirken.[1]

Vermittelst der Nebenbögen können wir also mehr oder minder die Reizung im Nerven localisiren. Dies kann auch in anderer Weise erzielt werden; entfernen wir z. B. von NM (Fig. 29, I) alle Nebenbögen *mn*, *ab* und berühren dann den Punkt *a* am Nerven mit dem Finger oder mit dem (zur Erde leitenden) Drahte *bb'*, so beschränkt sich die elektrische Reizung bloss auf den Nervenbezirk, welcher sich zwischen *p* und *a* befindet (siehe oben S. 96, Versuch 1, Beobachtung an einer Geissler'schen Röhre). Durch Combination dieser Methode mit dem Anlegen eines Bogens kann eine gleiche Localisation auch in der Mitte des Nerven erzielt werden.

Uebertragung der unipolaren elektrokinetischen Reizung auf den Nerven durch isolirte Leiter hindurch.

In allen oben erwähnten Versuchen diente als Vibrator bezw. als unmittelbarer nächster Reiz eine Plattenelektrode von einem Pol des Ruhmkorff oder der Holtz'schen Maschine. Wir können aber schon *a priori* annehmen, dass der Reiz, d. h. die elektrischen Schwingungen auch durch genügend isolirte Zwischenleiter hindurch, in denen entsprechende Schwingungen durch Induction secundär, tertiär u. s. w. entstehen, übertragen werden können.

Versuch 26. In einem ziemlich starken elektrischen Felde sind zwischen ZnEl und NM 2—3 um Glascylinder gewundene Drahtspiralen isolirt angebracht; in der Nähe der letzten Spirale ist ein zur Erde abgeleitetes NM-Präparat aufgehängt. Bei genügend starker

[1] Siehe die interessanten Versuche von Aug. Charpentier über Interferenz der Reizung bei unipolarer Wirkung des Inductionsstromes (Archives de Physiologie, 1896, p. 62 und 91), welche manche Analogie mit den im Texte beschriebenen Versuchen darbieten. Er arbeitete nach der Contactmethode der elektrischen Reizung.

Reizung contrahiren sich die Muskeln spontan, oder nur wenn man den Nerven berührt. Sind die Abstände richtig getroffen, so genügt das Entfernen der einen Spirale, um die Zuckungen verschwinden zu lassen. Dasselbe kann durch Einbringen eines zur Erde abgeleiteten Schirmes zwischen die Spiralen, oder — noch einfacher — durch Ableiten einer der Spiralen zur Erde erzielt werden.

Versuch 27. — In viel anschaulicherer Form kann derselbe Versuch mit Hülfe etlicher Personen angestellt werden. Die Personen stehen zwischen Zn El und NM auf isolirten Unterlagen ohne einander zu berühren. Ich lasse sie gewöhnlich die Arme in der Frontalebene bis zur Horizontalen erheben; die dem Ruhmkorff am nächsten stehende Person befindet sich sehr nahe an Zn El (30—40 cm); der Abstand zwischen den gestreckten Händen (eine oberhalb der anderen, Finger gespreizt) beträgt etwa 50—60 cm. Den Fingern der gestreckten Hand der Person (*A*), welche die letzte in diesem Kreise ist, wird ein zur Erde abgeleitetes Nervmuskelpräparat genähert; sind dabei keine Zuckungen vorhanden, so können sie durch Berührung des Nerven mit dem Finger der Person *A* hervorgebracht werden. Der Ruhmkorff muss stark geladen sein; ist er gross genug, so kann die Stromstärke in der primären Spirale eine Stärke von 6 Ampère erreichen. Für diesen Versuch nehme ich gewöhnlich eine Zn-Elektrode von nicht weniger als 25 × 25 cm Flächeninhalt.

Zuerst muss man sich überzeugen, dass bei gegebener grossen Entfernung (etwa 5—6 m und mehr) von Zn El das NM-Präparat sogar bei der Berührung des Nerven in Ruhe bleibt, wenn die Personenreihe sich noch nicht gebildet hat. Nun stellen sich die Personen in der angegebenen Weise dazwischen, und die Zuckungen erscheinen. Bei gelungener Einstellung genügt es, wenn 1—2 Personen aus dem Kreise treten, damit die Zuckungen aufhören; dasselbe wird erzielt, wenn eine der Personen mit dem zur Erde leitenden Drahte *b b'* verbunden wird. Die Personen selbst haben dabei absolut keine besonderen Empfindungen, sogar die letzte *A*, welche NM berührt, nicht; nimmt man jedoch diesen Draht *b b'* in die eine Hand, während die andere eine der Personen (am besten eine derjenigen, welche sich näher an Zn El befinden) berührt, so kann man dabei eine leichte Empfindung von Stechen, von Funkenschlag bekommen; dies beweist natürlich, dass diese Personen eine elektrische Ladung besitzen. In ihrem Körper werden wohl elektrische

Schwingungen inducirt, nur sind sie in jedem einzelnen Punkte der empfindenden Hautoberfläche zu schwach, um da empfunden zu werden; nähert man ihnen dagegen die Hand, so wird an der entsprechenden Stelle die Spannung concentrirt bezw. die Dichte des Stromes verstärkt, und man bekommt eine empfindliche Entladung.

Eigenschaften der Zuckungen bei der unipolaren Reizung.

Bisher haben wir die verschiedenen äusseren Bedingungen erörtert, welche in dieser oder jener Weise den Verlauf der unipolaren elektrokinetischen Reizung beeinflussen. Nachdem wir die Bedeutung dieser Bedingungen für die verschiedenartigen Versuche bestimmt haben, wollen wir uns nun mit einer rein physiologischen Frage beschäftigen: in wie fern unterscheidet sich diese Reizungsmethode — nach der von derselben hervorgerufenen physiologischen Reaction — von der gewöhnlichen Contactmethoee vermittelst Berührung mit Elektroden? Am einfachsten und bequemsten wäre die elektrokinetische Reizung mit der reizenden Wirkung der Inductionsschläge zu vergleichen und zwar nach der Dauer der Latenzzeit, nach den Eigenschaften des Myogramms, nach der Art der Summation der Reizung zum Tetanus. Ich habe dies auch geprüft, es hat sich dabei aber herausgestellt, dass zwischen der elektrokinetischen Reizung und derjenigen, welche durch unmittelbare Inductionsschläge bewirkt wird, in keiner der genannten Beziehungen ein deutlich sichtbarer Unterschied constatirt werden kann. Es ist sehr wahrscheinlich, dass sie sich auch auf die elektromotorischen Erscbeinungen des Nerven und auf die „secundäre Erregung“ (wovon im zweiten Theil dieser „Untersuchungen“ noch die Rede sein wird) in beiden Fällen bezieht.

Summation der Zuckungen zum Tetanus.

Versuch 28. — Bei der Anstellung solcher Versuche mit allmählich steigender Frequenz der Unterbrechungen im primären Kreise des Ruhmkorff erhielt ich in einer Entfernung von 40—50 cm von ZnEl ganz die gleichen Myogramme, wie bei der Reizung vermittelst des Schlittenapparates von E. du Bois-Reymond: zuerst, bei seltenen Schlägen, waren die einzelnen Zuckungen noch deutlich erkennbar, dann begann eine Verschmelzung im absteigenden Theil der Curve für jeden Schlag und endlich wurde eine glatte, gerade Linie erhalten. Dieser Vergleich darf selbstverständlich aus mehreren Ursachen als ein genauer nicht gelten; man darf auch nicht behaupten, dass die Stärke der elektrischen Schwingungen in NM bezw. im Nerven in beiden Fällen eine gleiche gewesen sei. Diesen Fehler suchte ich dadurch zu eliminiren, dass ich vermittelst eines Schlittenapparates und eines Ruhmkorff die Reizstärke innerhalb weiter Grenzen variirte, die Reizungsstelle und die Stromrichtung änderte; in qualitativer Beziehung hat der Vergleich keinen irgend welchen deutlichen Unterschied ergeben. Ich möchte noch bei Gelegenheit erwähnen, dass ich bei der elektrokinetischen Tetanisirung kein einziges Mal eine Summation der Zuckungen nach Fleischl, welche nicht selten durch elektrische Zeitreize (Ortho- und Kymorheonome) erhalten wird, beobachten konnte.

In einer Beziehung schien mir ein deutlicher Unterschied zwischen beiden Reizungsmethoden zu bestehen. Dieser Unterschied, welcher von mir in vielen Beobachtungen constatirt wurde, bezieht sich auf die Reizung durch häufige elektrische Schläge von einer Frequenz von über 200—300 pro Secunde. Bekanntlich beginnt der Nerv bei dieser Frequenz der unmittelbaren Inductionsreizungen mit einer Erniedrigung der Zuckungshöhe zu reagiren, man bekommt eine deutliche „Depression der Reizung": das Nervmuskelpräparat ist nicht nur nicht im Stande seine Thätigkeit zu erhöhen — insofern diese sich in einer dem Steigen der Frequenz der Schläge proportionalen Contraction äussert —, sondern es vermag im Gegentheil nicht einmal denjenigen Contractionszustand beizubehalten, welcher einer kleineren Zahl reizender Schläge entspricht.[1] Beim Steigen der

[1] Siehe J. Trutowsky, Zur Lehre von der physiologischen Wirkung häufiger elektrischer Schläge auf Herz, Nerven und Muskeln. Charkow, 1897 (russisch; aus meinem Laboratorium). Nach seinen Untersuchungen wird die genannte Erscheinung der „Reizungsdepression" bei grosser Frequenz (*pessimum* von N. Wedensky) nicht nur bei der elektrischen Reizung des motorischen Nerven beobachtet, sondern auch bei der des curarisirten Muskels, des sensiblen Nerven, des Rückenmarks, des Herzens sowohl beim alternativen als auch beim intermittirenden (bei derselben Richtung) galvanischen Strome; bei Erhöhung der Temperatur rückt die „Depressionsschwelle" für den motorischen Froschnerven bedeutend höher, d. h. das Schwächerwerden der Contractionen beginnt erst bei einer grösseren Frequenz

Frequenz der Inductionsschläge über 150—200 pro Secunde wird die Contraction bedeutend schwächer, obgleich die Stärke des elektrischen Reizes an sich dieselbe bleibt und nur die Frequenz steigt. Nun schaltete ich in den primären Kreis des Ruhmkorff bei 70 Volt einen elektrolytischen Unterbrecher von WEHNELT ein, während das NM-Präparat der Wirkung der elektrokinetischen Reizung ausgesetzt war, und bekam dabei eine steigende tetanische Contraction, trotzdem die Häufigkeit der Unterbrechungen bedeutend höher als 500—600 pro Secunde war. In einem Falle bekam ich einen starken Tetanus, obwohl die Zahl der Unterbrechungen, wie aus der Tonhöhe zu schliessen war, offenbar bedeutend höher als 1000 pro Secunde war. Da das NM-Präparat sich in diesen Beobachtungen ziemlich nahe (40—50 cm) an ZnEl befand und ausserdem ein „Anhängsel" aus Stanniol hatte bezw. zur Erde abgeleitet war, so muss man annehmen, dass die elektrokinetische Einwirkung an sich — in rein physikalischem Sinne — sehr stark war.

Es wäre wünschenswerth, dass der genannte Unterschied zum Thema einer speciellen Untersuchung werde. Natürlich muss man dabei berücksichtigen, dass bei gewissen Bedingungen die elektrokinetische Einwirkung sich nicht bloss auf den Nerven allein beschränkt, sondern sich auch mehr oder minder auf den Muskel ausbreitet. Ueberhaupt ist der Mechanismus der Neuroelektrokinesis viel complicirter als bei der Contactmethode, und dies betrifft nicht nur die Eigenschaften der in NM hervorgerufenen elektrischen Schwingungen, sondern auch die Vertheilung derselben in diesem complicirten System von erregbaren Theilchen. Es muss noch beigefügt werden, dass das Fehlen von Elektroden, welche unmittelbar den Nerven berühren, bei der „Reizung auf Distanz" einen charakteristischen Unterschied dieser Methode von der gewöhnlichen elektrischen Contactmethode bildet. Wenn wir uns auch für gewisse Fälle der Neuroelektrokinesis ein Durchgehen des „Stromes" durch den Nerven als Resultat einer Ionisirung und Ionenwanderung vorstellen müssen, so fehlen hier andererseits die Bedingungen für eine Wechselwirkung zwischen den Elektroden und der elektrischen Ladung der „Endionen".

---

der elektrischen Stösse; Abkühlung sowie auch Ermüdung und Absterben wirken umgekehrt; bei den Insekten liegt die Depressionsschwelle für das Nervmuskelpräparat viel höher als bei den Warmblütern.

Diese wesentlichen Unterschiede sind von grosser Wichtigkeit auch für die Beurtheilung der elektrotonischen Erscheinungen in beiden Fällen.

Myogramm und Latenzzeit bei der unipolaren Reizung.

Versuch 29. — Ein Nervmuskelpräparat wurde am oben erwähnten Ebonitmyographion befestigt, dessen Schreibhebel auf einer schnell rotirenden Baltzar'schen Trommel Curven zeichnete. Ein Ruhmkorff mittlerer Grösse wurde durch 2—3 Accumulatoren geladen; in seinem primären Kreise fand sich ein besonders construirter Quecksilberunterbrecher mit Alkoholspülung [nach Kronecker], welcher gestattete, gesonderte einzelne Schliessungs- und Oeffnungszuckungen ziemlich genau zu erhalten.

Die elektrokinetische Contraction wurde verglichen mit dem Effecte einer unmittelbaren Reizung desselben Nerven durch Oeffnungsinductionsschläge verschiedener Intensität, welche von einem E. du Bois-Reymond'schen Schlittenapparate dem Nerven durch unpolarisirbare Elektroden zugeleitet wurden. Die Unterbrechungen des primären Kreises beider Inductionsapparate erfolgten in den Controlversuchen, natürlich hinter einander, vermittelst desselben Quecksilberunterbrechers. Die Zuckungscurven der beiden Oeffnungsreizungen wurden nur dann mit einander verglichen, wenn man sich vorher von der Gleichheit ihrer Höhen überzeugen konnte.

Eine solche Vergleichung hat ergeben, dass die Myogramme bei beiden Reizungsmethoden einander völlig ähnlich oder sogar identisch sind, sowohl nach der Dauer der Latenzzeit als auch nach der Gestalt der Curve und der Dauer des Contractionsprocesses selbst. Was die Dauer der Latenzzeit betrifft, so variirte sie von 0,015—0,018 sec für den M. gastrocnemius. Diese lange Dauer wurde durch die Unvollkommenheit des ganz aus Ebonit construirten Schreibapparates bedingt. Bei dieser Bedingung ist selbstverständlich ein genauer Vergleich zwischen beiden Reizungsmethoden schwer durchzuführen; wenn wir aber annehmen, dass die Unvollkommenheit des Schreibapparates die beiden Reihen der Vergleichsmyogramme in mehr oder minder gleichem Maasse beeinflusste, so sind wir bis zu einem gewissen Grade berechtigt, auch einige nähere Schlüsse zu ziehen. Betrachten wir z. B.

die folgenden Zahlen für die Latenzzeit in beiden Fällen, d. h. in den Parallelbeobachtungen bei gleicher Contractionshöhe und berücksichtigen wir die kleinen aber constanten Differenzen, so können wir mit einigem Rechte schliessen, dass bei der elektrokinetischen Reizung die Latenzzeit offenbar etwas kürzer ist als bei der gewöhnlichen Contactmethode der elektrischen Reizung.

	1	2	3	4	5	6
Elektrokinesis . . .	0,017	0,016	0,015	0,017	0,018	0,015 sec
Contactmethode . .	0,018	0,017	0,018	0,018	0,019	0,017 „

Wird sich diese Verkürzung der Latenzzeit bei der Elektrokinesis durch weitere genauere Bestimmungen bestätigen, so wird man zur Erklärung dieser Thatsache, unter Anderem auch die oben erwähnte Eigenartigkeit der Fortpflanzung der inducirten elektrischen Schwingungen im Nervmuskelpräparate berücksichtigen müssen.

Reizung vermittelst des „Rückschlages“.

Es ist nicht unwerth noch einen Versuch zu beschreiben, der in der Geschichte der Neuroelektrokinesis seine Bedeutung hat, und zwar den von mir etwas modificirten Versuch von GALVANI über die Reizung eines Nerven durch Berührung desselben bei gleichzeitigem Ziehen eines elektrischen Funkens (siehe Capitel I).

Versuch 30. — Das elektrische Feld ist nicht stark; das NM-Präparat, welches mit einem grossen Conductor bezw. mit der Erde verbunden ist, oder auch ganz isolirt ist, befindet sich so weit von ZnEl — eben jenseits der „Reizungsschwelle“ —, dass keine „spontanen“ Zuckungen vorhanden sind. Berühren wir den Pol oder den Draht mit der Hand — die Muskeln bleiben in Ruhe; nun genügt es aber, die Hand an ZnEl zu nähern und einen Funken zu ziehen, um sofort Zuckungen erscheinen zu lassen. Wird aber dieser Funken vermittelst eines Drahtes, welcher mit einem Wasserleitungsrohr verbunden ist, gezogen, so kann die Reizung in NM auch ausbleiben, je nach den Versuchsbedingungen.

Dasselbe positive Resultat wird auch bei der Anwendung des elektrolytischen Unterbrechers von WEHNELT erhalten, welcher überhaupt, wie erwähnt, eine stärkere Neuroelektrokinesis bewirkt. Anstatt NM von ZnEl sehr zu entfernen, kann das Nervmuskelpräparat, um „spontane“ Zuckungen zu vermeiden, in eine fast „unwirksame“ Stellung gebracht werden; zieht man dann Funken aus ZnEl, so bekommt man doch Zuckungen.

Dieser Versuch gelingt in der angegebenen Form vollkommen auch mit jeder beliebigen elektrostatischen Maschine (vergl. oben den Versuch von Biot). Die Enden des Entladers werden so weit aus einander geschoben, dass zwischen denselben keine Funken überspringen; der eine Pol ist mit ZnEl verbunden; dieser gegenüber ist in ziemlich grosser Entfernung das NM-Präparat gelagert. Zuckungen treten beim Rotiren der Maschine nur dann auf, wenn wir aus ZnEl oder sogar aus dem anderen Pol Funken ziehen.

In allen ähnlichen Erscheinungen (beim „Rückschlag“ des Blitzes z. B.) wird gewöhnlich angenommen, dass der Schlag durch Vereinigung der im gegebenen Körper angehäuften, vorher getrennten ungleichnamigen Elektricitäten (+ und −) bedingt wird; diese Vereinigung wird dadurch bedingt, dass die Ursache, welche diese Trennung der ungleichnamigen Elektricitäten hervorgerufen und unterhalten hat, im Momente der Gewitterentladung zu existiren aufhört. Eine ähnliche Deutung könnten bis zu einem gewissen Grade viele der oben beschriebenen Versuche erhalten und dadurch würde Alles in diesen Erscheinungen auf Elektrostatik zurückzuführen sein.[1] Es mag hier noch erwähnt werden, dass die elektrostatischen Entladungen die Möglichkeit einer gleichzeitigen elektrodynamischen Einwirkung, namentlich die einer Induction durchaus nicht ausschliessen, wenn die Entladungen sehr stark und häufig sind; bei Gewitterschlägen kann in metallischen Leitern zu gleicher Zeit mit der elektrostatischen Induction auch eine elektrodynamische auftreten; dasselbe wird auch unter dem Einflusse der Entladungen der Leidener Flasche beobachtet.[2]

Elektrokinetische Nervenreizung vermittelst eines Schlittenapparates von E. du Bois-Reymond.

Versuch 31. — Sehr viele der oben beschriebenen Versuche, welche kein besonders starkes elektrisches Feld erfordern, können leicht bei Anwendung des Schlittenapparates statt des Ruhmkorff

[1] Es darf jedoch nicht ausser Acht gelassen werden, dass im Versuche 30 eine vorangegangene Ableitung des NM-Präparates zur Erde nicht nur die Reizung „durch den Rückschlag“ vermindert, sondern dieselbe sogar verstärkt.

[2] E. Thomson, Elektrotechnische Zeitschrift, Bd. XIII, 1892, S. 304, 343, 415. — Es ist schon seit lange her bekannt, dass Milch zur Zeit eines Gewitters rasch gerinnt; als Ursache einer so raschen Gerinnung können nicht

ausgeführt werden. Ich benutzte dazu ein grosses Schlitteninductorium, welches durch zwei Elemente geladen wurde; die secundäre Spirale wird ganz über die primäre geschoben, der eine Pol der ersteren wird zur Erde abgeleitet, der andere wird mit einer Plattenelektrode Zn oder mit einer Spirale *Sp* (von etwa 25 cm Höhe und 15 cm Durchmesser) verbunden; in der Höhle der Spirale hängt der Nerv mit dem Wirbelsäulenstückchen herunter. Wegen der relativ geringen Spannung des Feldes muss die Zahl der Unterbrechungen des primären Kreises vergrössert werden, um dadurch die Reizung zu verstärken, auch muss das NM-Präparat mit einem leitenden „Anhängsel" versehen oder zur Erde abgeleitet werden. Bei solchen Bedingungen wird eine ziemlich starke Elektrokinesis erzielt, und die Zuckungen kommen in einer Entfernung von 20—25 cm von ZnEl zu Stande; bei Anwendung der Spirale *Sp* gehen letztere in einen Tetanus über. Die Zuckungen sind nicht nur „abgeleitete", durch Berührung des NM-Präparates mit irgend einem Leiter hervorgerufene, sondern erfolgen auch „spontan" ohne jede Berührung.

Unipolare Reizung der sensiblen Nerven.

Bisher haben wir uns mit der elektrokinetischen Reizung des motorischen Nerven, als des bequemsten Untersuchungsobjectes, beschäftigt. Es ist selbstverständlich, dass, wenn wir im einfachsten Falle in einem sensiblen Nerven eine elektrische Ladung durch Induction erzeugen und derselben einen oscillatorischen Charakter verleihen werden, so werden wir eine Reizung auch in dieser Sphäre bekommen. Dies kann, ebenso wie im vorher beschriebenen, dann erzielt werden, wenn man den sensiblen Nerven in ein oscillatorisches elektrisches Feld bringt, wobei man natürlich alle Hauptregeln der Neuroelektrokinesis, welche durch die vorausgegangenen Untersuchungen dargethan worden sind, zu beachten hat.

Versuch 32. — Wir durchschneiden den N. ischiadicus (bei einem Frosche) möglichst weit distalwärts, legen am Ende des centralen Stumpfes eine nasse Ligatur an und heben den Nerven empor, damit

---

die in Folge des Blitzes in der Luft gebildeten Gase angeschuldigt werden, vielmehr der durch den Blitz in der Milch hervorgerufene Inductionsstrom, welcher durch Elektrolyse eine Säurebildung bewirkt (siehe H. Gerstmann, Fortschritte der Physik, Bd. II, 1896, S. 605).

er die Oberschenkelmusculatur mit seiner Länge nicht berüht. Bringt man nun das Thier in ein elektrisches Feld und versieht man den Nerven mit einem genügend grossen leitenden „Anhängsel“, den man mit der erwähnten Ligatur verbindet, so wird das Thier in Folge der schmerzhaften Empfindungen sofort unruhig; sobald man aber die Ligatur so sinken lässt, dass sie in ihrer ganzen Länge den Oberschenkel berührt, hört die Reizung gleich auf.

Versuch 33. — Viel mehr Interesse bieten die Versuche über die elektrokinetische Reizung der **Hautnerven** an sich selbst. In mancher Beziehung stellen diese Versuche eine Analogie dar mit einigen elektrotherapeutischen Verfahren, dessen ungeachtet bieten die zu beschreibenden Versuche auch ein selbständiges Interesse dar.

Die Aufgabe besteht im Hervorbringen einer Erregung solcher elektrischer Schwingungen in der Haut der Hand, die ausreichen sollen, eine Reizung der sensiblen Hautnerven hervorzurufen.

Ein dickwandiger Glascylinder (von etwa 12—15 cm Durchmesser und 40 cm Länge) wird mit einem isolirten Drahte in 1 bis 2 Schichten umwickelt; der Rand des Cylinders (*Cy Sp*) wird in einer Ausdehnung von etwa 10 cm von der Mündung frei gelassen. Man kann statt dessen auch einfacher verfahren, nämlich den Cylinder von aussen mit einem Stanniolblatte umgeben. Die Innenfläche des Cylinders wird mit einer dicken Paraffinschicht oder mit Paraffinpapier bedeckt; von aussen her wird der Cylinder ebenfalls mit mehreren Paraffinpapierschichten umwickelt; die Isolirung von aussen und von innen her hat übrigens keine wesentliche Bedeutung und ist deshalb entbehrlich; der Cylinder aber sowie auch der Draht, welcher dessen äussere Armatur mit dem einen Pol des Ruhmkorff verbindet, müssen von der Erde isolirt sein. Am besten wird *Cy Sp* horizontal auf einer passenden Paraffinunterlage gelagert. Der Beobachter, der ebenfalls auf einem Isolator steht, führt seine Hand in gewünschter Tiefe in die Höhle des Cylinders ein, wobei er bestrebt ist, mit der Hand in der Mitte zu bleiben, ohne die Cylinderwand zu berühren. Es wird auf diese Weise eine Art Condensator gebildet, in dem die Hand als innere Armatur dient. Entsprechend den Potentialänderungen der äusseren Belegung, werden in der Hand, und zwar hauptsächlich in den oberflächlichen Schichten derselben — in der Haut — elektrische Schwingungen inducirt.

Wenn diese Person mit der Erde verbunden ist, z. B. wenn sie mit der anderen Hand einen von einer Gas- oder Wasserleitungsröhre her kommenden Draht berührt, so wird die Hautreizung bedeutend verstärkt. Letzteres kann auch durch eine einfache Annäherung der eingeführten Hand an die Cylinderwand erzielt werden. Zur feineren und allmählichen Graduirung der Reizstärke kann, ausser der Stromänderung im Ruhmkorff selbst, noch folgendes Verfahren benutzt werden: auf einem Tische neben der freien Hand der Person liegt eine Metallplatte (*Cu*), die mittels eines Drahtes zur Erde abgeleitet ist; die Platte wird von oben her mit einer dicken Glas- oder Paraffinplatte bedeckt; beim Senken und Heben der freien Hand oberhalb der Platte *Cu* kann der Beobachter ganz allmählich sehr feine Veränderungen der Intensität der Hautempfindungen in der anderen, innerhalb *Cy Sp* befindlichen Hand hervorbringen, mit kaum merkbaren Empfindungen beginnend und bis zu schmerzhaften sogar steigend, wenn die freie Hand *Cu* unmittelbar berührt. Durch Bestimmungen des Abstandes zwischen der Hand und der Platte *Cu* könnten also quantitative Beobachtungen gewonnen werden, welche wohl für vergleichende diagnostische Zwecke in nützlicher und brauchbarer Weise sich hätten verwenden lassen („elektrokinetische Aesthesiometrie"). Ich hatte Gelegenheit, solche Personen zu beobachten, deren Hautempfindlichkeit für Elektricität so hoch war, dass sie ganz deutliche, ja sogar unangenehme Hautempfindung schon bei solcher Lage beider Hände hatten, bei welcher andere daselbst befindliche Personen noch so gut wie gar nichts empfanden. In Anbetracht dieser Beobachtungen darf man fast mit Sicherheit behaupten, dass das angegebene Verfahren bei entsprechender Bearbeitung sich hätte wohl für klinische Zwecke verwenden lassen.

Was die Hautempfindungen selbst anbetrifft, so sind sie sehr verschieden je nach der Reizstärke, nach der Individualität, nach der gereizten Stelle. Die ersten, schwächsten Empfindungen werden gewöhnlich als ein sehr leises Hauchen oder als Berührung eines flottirenden Spinngewebes wahrgenommen; es kommt dann dazu eine eigenartige Empfindung einer Vibration in der Haut. Diese feinen Empfindungen werden besonders am behaarten Theile der Hand wahrgenommen; es ist sehr wahrscheinlich, dass diese Empfindungen nicht nur von einer elektrischen Reizung der Nerven abhängig waren, sondern zum Theil auch mit einer wirklichen mechanischen Bewegung der Haare unter dem Einflusse der elektrischen Induction im Zusammenhange standen. Diese Empfindungen werden übrigens auch nach Entfernung der Haare mittels eines Radirmessers wahrgenommen. Die wirkliche Bewegung der Luft innerhalb des Cylinders ist bei der Elektrisation sehr unbedeutend. Bei weiterer Verstärkung der Reizung wird die Empfindung des Hauchens stärker, es tritt eine Wärmeempfindung auf, die Haut schwitzt. Es können endlich schon unangenehme Empfindungen von Stechen hinzukommen, welche bei Verstärkung der Reizung deutlich schmerzhaft werden; ich konnte die Stärke der Elektrokinesis an mir selbst so weit bringen, dass die Muskeln der im Cylinder *Cy Sp* befindlichen Hand sich stark zu contrahiren begannen. Offenbar drang die elektrokinetische Reizung in diesem Falle tiefer, als die Hautschicht. Befindet sich die Hand in ausreichender Nähe von der Cylinderwand, so kann man nicht nur ein starkes Zischen hören, sondern auch Funken sehen, welche zwischen dem Glase und der Hand überspringen; es verbreitet sich ein starker Ozongeruch. — Dieser Versuch eignet sich gut dazu, um zu zeigen, dass die elektrokinetische Einwirkung, wenn sie stärker wird, auch in die tieferen Schichten des gereizten Objectes einzudringen vermag.

Versuch 34. — Ausser der Reizung der Hautnerven versuchte ich, dasselbe auch am **Nervus opticus** an mir selbst vorzunehmen. Zu diesem Zwecke führte ich den Kopf in eine Spirale aus mehreren Drahtwindungen hinein; das Lumen hatte einen Durchmesser von etwa 50 cm; das Ende des Drahtes war mit einem Pole eines starken Ruhmkorff verbunden; ich selbst hielt einen von der Gasleitung kommenden Draht in meiner Hand. Trotz der angewendeten sehr hohen Spannung konnte ich keine constanten Resultate erhalten, nur manchmal bei geschlossenen Augen trat eine Empfindung von Flimmern, von intermittirendem Leuchten auf. Diese Unbeständigkeit der Reaction stand wahrscheinlich mit der veränderlichen Stellung des Kopfes, mit der mangelhaften Orientirung desselben im Zusammenhange.

Versuch 35. — Die elektrische Ladung des ganzen Thieres kann für die Ausführung einer sehr feinen, streng localisirten **Gehirnreizung** benutzt werden. In der einfachsten Form wird dies dadurch erzielt, dass man das Thier in ein starkes elektrisches Feld bringt; die gewünschte Gehirnstelle wird nun mit dem dünnen Ende eines zur

Erde leitenden Drahtes berührt, oder das Drahtende wird dem Gehirnpunkte bloss genähert. Statt dessen kann man das Thier mit einer Metallplatte Zn', welche der Plattenelektrode Zn des Ruhmkorff gegenüber gestellt wird, verbinden. Endlich kann man auch umgekehrt verfahren: die Platte Zn' wird mit derjenigen Metallspitze verbunden, mit der man das Gehirn berührt, während das Thier selbst mit der Erde verbunden wird. Da diese Versuche nichts besonders Lehrreiches für die Lehre von der Neuroelektrokinesis darbieten, so glaube ich, mich hier bloss auf die eben angeführte allgemeine Angabe beschränken zu dürfen.

Versuch 36. — Versuche über Elektrokinesis des **ganzen Thierkörpers** stellte ich in einem gleichen Cylinder *Cy Sp* an (siehe Versuch 33), in dessen Höhle ein Frosch, ein Kaninchen oder ein Meerschweinchen hineingebracht wurde. So lange das Thier weder mit der Erde, noch mit irgend einem grossen Leiter verbunden ist, bleibt es vollkommen ruhig, trotz der hohen Spannung des elektrischen Feldes innerhalb des Cylinders. Nähert man aber dem Thiere die Hand oder irgend einen mit der Erde verbundenen Leiter, so wird das Thier sofort unruhig; je näher der Leiter dem Thiere gebracht wird, desto stärker sind die Zuckungen des ganzen Körpers; befindet sich die Hand in einer Entfernung von 1—2 cm vom Thiere, so entspringen starke Funken aus dem letzteren; eine directe Verbindung des Thieres mit der Erde bewirkt heftige tetanische Krämpfe im ganzen Körper, wobei durch Annäherung eines anderen Leiters natürlich keine Funken mehr gezogen werden können.

Da das Einführen der Hand oder eines anderen Leiters in die Höhle des Cylinders zum Thiere einige Unbequemlichkeiten darbietet, so kann man statt dessen auch anders verfahren: innerhalb des Cylinders wird ein nasses Tuch oder ein Stück feuchtes Papier gebracht, dessen Ende zur Oeffnung des Cylinders herauskommt, erst dann wird das Thier in den Cylinder hineingeführt, wobei das Thier am inneren Ende des feuchten Leiters zu sitzen kommt. Wird nun der Ruhmkorff in Gang gesetzt, so können, als Resultat der elektrokinetischen Reizung, ohne jede Handannäherung Unruhe und Zuckungen auftreten. Offenbar hat hier der feuchte Leiter dieselbe physikalische Bedeutung einer Capacität, wie das leitende „Anhängsel" in den oben angeführten Versuchen mit einem ausgeschnittenen Nervmuskelpräparate: eine je grössere Fläche das „Anhängsel" darstellt, desto stärker ist die Reizung. Eine Annäherung der Hand an das äussere Ende dieses „Anhängsels“ oder eine Ableitung desselben zur Erde wirkt ganz ebenso, wie dies in Bezug auf den Thierkörper eben angegeben worden ist (vgl. unten den Schluss des 61. Versuches).

Es ist selbstverständlich, dass wir auch ohne Solenoid und ohne Cylinder — in einem gewöhnlichen von einer Zn-Elektrode erzeugten elektrischen Felde — die gleichen Resultate erzielen können, wie wir oben gesehen haben. Sehr bequem ist in solchen Fällen die Anwendung einer FARADAY'schen Spirale, deren äusseres Ende mit dem einen Pole des Ruhmkorff verbunden ist; diese Spirale entwickelt nämlich ein sehr starkes Feld. Ein Frosch, welcher sich in einer Entfernung von 10—15 cm und mehr von derselben befindet, wird auf ein sehr hohes Potential geladen; eine Annäherung der Hand oder eines metallischen Leiters, welcher mit der Erde verbunden ist, bewirkt Funken und kann auch eine starke Unruhe sowie ein Zucken, welches isochron mit den Unterbrechungen des primären Kreises erfolgt, hervorrufen; eine directe Ableitung zur Erde bewirkt Krämpfe.

Versuch 37. — Ganz analoge Resultate habe ich bei der Anwendung der **Ströme hoher Spannung und hoher Frequenz** („*haute fréquence*“ von D'ARSONVAL) nach der Methode dieses Forschers erhalten (siehe oben Capitel II). Da meine Untersuchungen über die physiologische Wirkung dieser Ströme und des von denselben erzeugten elektromagnetischen Feldes im nächsten Theile dieses Werkes abgehandelt werden, so will ich mich hier bloss auf die Angabe beschränken, dass, wenn man durch die Windungen der oben beschriebenen Spirale *Cy Sp*, innerhalb deren sich das Thier befindet, einen „*haute fréquence*“-Strom kreisen lässt, so bleibt das Thier ruhig, so lange wir ihm keinen mit der Erde verbundenen Leiter nähern. Die Annäherung eines derartigen Leiters lässt das Thier unruhig werden, die Berührung ruft Krämpfe hervor.[1]

---

[1] Nach den Untersuchungen von N. USCHINSKY sind die sensiblen Nerven, ebenso wie die motorischen (D'ARSONVAL), ganz unerregbar durch die Ströme hoher Spannung und Frequenz („*haute fréquence*“ von D'ARSONVAL) bei unmittelbarer Nervenreizung (Professor N. USCHINSKY, Ueber die physiologische Wirkung der Ströme hoher Spannung und grosser Frequenz der Unterbrechungen. Arbeiten der russ. medic. Gesellschaft der Kaiserl. Universität Warschau, Bd. VIII, 1897, 1—2, russisch). Vgl. die Resultate von

Physikalische Corollaria.

Die oben angeführten Versuche bestätigen vollständig die vor hundert Jahren von Volta zuerst geäusserte Meinung, das Nervmuskelpräparat stelle ein ausserordentlich empfindliches Elektroskop dar.[1] Von diesem rein physikalischen Standpunkte aus erscheinen unsere Untersuchungen mit Hülfe eines lebenden Apparates als eine Ergänzung zum Studium des oscillatorischen elektrischen Feldes vermittelst rein physikalischer Instrumente.

Versuch 38 mit einer Geissler'schen Röhre (*GR*), unipolare Wirkung.

Eine für das elektrische Feld sehr empfindliche geradlinige Röhre von 20—15 cm Länge wurde am häufigsten horizontal an einer Paraffinplatte angebracht. Bei genügend starkem Felde bezw. bei genügender Annäherung an ZnEl tritt ein Leuchten auf, welches im proximalen Theile stärker ist, als im distalen; eine „wirksame" Stellung ist die, welche auf der Ebene der Zn-Elektrode senkrecht steht. Dreht man die Geissler'sche Röhre, ohne die Entfernung zwischen *GR* und ZnEl zu ändern, derart, dass sie allmählich in eine „unwirksame" Stellung, d. h. parallel zu ZnEl gebracht wird, so wird das Leuchten immer schwächer, um in der Parallelstellung fast ganz zu verschwinden. Auf diesen Einfluss der Orientirung hat schon vorher S. Kalischer hingewiesen.[2] Wir haben bereits oben gesehen, dass das Nervmuskelpräparat in dieser Beziehung eine vollkommene Analogie darstellt: die Ursache ist für die beiden „Elektroskope" eine gleiche, allgemeine — nämlich das Verhalten zum Verlaufe der Kraftlinien und der äquipotentialen Flächen.

Einthoven (a. a. O.) und von Cas. Radzikowsky (Immunité électrique des nerfs in Travaux de Laboratoire de l'Institut Solvay, publiés par P. Héger, T. III, fasc. 1, 1899). Meine eigenen Versuche werden im zweiten Theile dieser „Untersuchungen" zur Sprache kommen.

[1] Ein Brief von A. Volta an Tiber. Cavallo (siehe Gren's Journal der Physik, Bd. VIII, 1794, S. 307, 308 und 309).

[2] Ueber das Leuchten einer Geissler'schen Röhre in einem „unipolaren" Felde in der Nähe eines Ruhmkorff siehe S. Kalischer in Naturwiss. Rundschau, Bd. X, 1895, S. 86.

Nun bringen wir *GR* in eine schräge „halbwirksame" Richtung und nähern die Hand oder den zur Erde leitenden Draht *b b'* an das distale Ende der Röhre, — das Leuchten wird da, und bei gewissen Bedingungen auch in der ganzen Röhre, stärker. Dasselbe erhält man auch dann, wenn man die Röhre, welche sich in einer wirksamen Stellung befindet, von ZnEl nach der „Reizungsschwelle" hin weit verschiebt. Das stärkste Leuchten wird durch Ableitung zur Erde bewirkt (vgl. oben Versuch 1).[1] Die Aufstellung eines „durchsichtigen" oder „undurchsichtigen" Schirmes zwischen der Röhre *GR* und der Elektrode Zn hat dieselben Erscheinungen zur Folge, welche wir oben bei den Versuchen mit einem Nervmuskelpräparat beschrieben haben.

Die hemmende Wirkung eines an die Elektroden der Röhre angelegten **„Nebenbogens"** kann bei günstigen Bedingungen ebenfalls beobachtet werden, analog dem gleichen Versuche mit einem NM-Präparate. Dies bezieht sich auch auf die Nachbarschaft eines mit der Erde verbundenen anderweitigen Leiters, welcher an ZnEl genähert wird (vgl. Versuch 14).

Versuch 39 mit einem Telephon.

Es ist schon oben erwähnt worden, dass dieses Instrument sich zum physikalischen Studium des elektrischen Feldes sehr gut eignet, dank seiner hohen Empfindlichkeit sogar für kleine Potentialschwankungen. Die durch das Telephon gewonnenen Resultate sind denjenigen ganz analog, welche mit Hülfe des Nervmuskelpräparates erhalten werden, und dies bezieht sich nicht nur auf die Verhältnisse der „unipolaren" Reizung, sondern auch auf die der „bipolaren", sowie auf die Reizung mittels des geschlossenen secundären Kreises (siehe die nächsten Capitel).

Die beiden Telephonelektroden werden durch gleich lange Drähte mit kleinen Metallplatten verbunden, welche einzeln und isolirt voll-

[1] Der verstärkende Einfluss der Erde kann auch in folgender Weise demonstrirt werden: die eine Elektrode einer gewöhnlichen kleinen elektrischen Glühlampe wird mit einem Pole des Ruhmkorff verbunden. Ist die Stärke des letzteren ungenügend, so kommt kein Leuchten zu Stande; man braucht aber nur die Hand der Lampe zu nähern, damit die letztere an ihrer ganzen Höhle leuchtend wird (nicht die Kohlenschlinge!).

kommen symmetrisch der Zn-Elektrode gegenüber in gleicher Entfernung von derselben eingestellt werden. Wenn auch bei dieser Anordnung ein Geräusch, entsprechend den Unterbrechungen des primären Kreises, zu Stande kommt, so ist es sehr schwach. Wird nun eine dieser Elektroden (*e l*) nach der entgegengesetzten Richtung hin (distalwärts) verschoben, während die andere an ihrer früheren Stelle näher an Zn El bleibt, so wird der Schall merklich stärker. Seine Intensität wird in ausgesprochener Weise erhöht, wenn man die Elektrode *e l* mit der Hand berührt oder, noch besser, direct zur Erde ableitet.

Der Einfluss der Schirme beider Art, des Nebenbogens, d. h. einer leitenden Verbindung zwischen den Elektroden *e l* und *e l'* ist derselbe, welcher oben für das NM-Präparat und für die Geissler'sche Röhre angegeben worden ist.

Fünftes Capitel.

Bipolare elektrokinetische Nervenreizung.

Bisher haben wir uns mit der Untersuchung der physiologischen Wirkung des unipolar erzeugten elektrischen Feldes beschäftigt. Die „oscillatorischen Entladungen" in der Endplatte der einen Elektrode des Inductoriums erzeugte ein entsprechendes oscillatorisches elektrisches Feld, in welchem Inductionserscheinungen vor sich gingen, wenn man dahin einen Leiter hineinbrachte. Das Vorhandensein freier Elektricität überhaupt an den Enden des geöffneten primären Kreises des Inductoriums ist schon längst bewiesen worden — Masson und Breguet 1842, Sinsteden 1846; Schliessung des primären Kreises bewirkte schwächere Ladungen, Oeffnung stärkere. In beiden Fällen wechselte das Vorzeichen der Ladung. Bei der unipolaren Wirkung bezog sich demnach, wie oben bereits erwähnt wurde, die Hauptschwankung des Potentials sowohl bei der Schliessung als auch bei der Oeffnung auf ein bestimmtes Vorzeichen der Elektricität, je nachdem, mit welchem Pol des Inductoriums die Zn-Elektrode verbunden war. Es wurde dort auch angegeben, warum die Frage von der Wechselbeziehung zwischen der Polarität und der physiologischen Wirkung des elektrischen Feldes vorläufig ganz bei Seite gelassen wurde.[1] Freilich, wenn man den oscillatorischen Charakter der Entladung und die vorherrschende Wirkung gerade der Oeffnung berücksichtigt, kann man im Allgemeinen behaupten, dass wir es bei der unipolaren Wirkung eigentlich nicht mit einer bestimmten, immer gleichen elektrischen Polarität zu thun haben, sondern dass letztere ihr Vorzeichen ändert, wenn auch mit einer sehr raschen Periodicität. Diesem gegenüber sind wir berechtigt, die oben angeführte Erwiderung

[1] Siehe unten Anhang 1.

zu wiederholen, dass die Polarität der Hauptschwankung des Potentials bei der Oeffnung in unseren Versuchen in gewissem Sinne als vollkommen ausreichend zur Bestimmung des Vorzeichens des elektrischen Feldes bezw. der elektrischen Inductionserscheinungen in Leitern, welche sich in diesem Felde befinden, betrachtet werden kann; allein diese Polaritätsbestimmung selbst bleibt vorläufig in den oben angeführten Versuchen im vorliegenden ersten Theile dieses Werkes ignorirt. Als Reiz diente gewöhnlich nicht eine einzelne Potentialschwankung, sondern eine ganze Reihe solcher Schwankungen, welche den Oeffnungen und Schliessungen des primären Kreises entsprechen; jeder Pol der geöffneten Spirale wurde abwechselnd bald positiv, bald negativ.

Ganz anders steht es mit der bipolaren Reizung. Hier sind wir gezwungen, die Polarität zu berücksichtigen, denn in jedem Moment haben wir an beiden Enden des geöffneten secundären Kreises entgegengesetzte Vorzeichen der Elektricität; das der gleichzeitigen Wirkung beider Elektroden des Ruhmkorff ausgesetzte Nervmuskelpräparat wird demnach von entgegengesetzten Polaritäten beeinflusst. Ist die physiologische reizende Wirkung einer jeden derselben für sich mehr oder minder gleich, so sind wir scheinbar berechtigt, zu erwarten, dass bei gleichzeitiger Einwirkung beider, d. h. bipolar ein verstärkter physiologischer Effect, mit anderen Worten eine ausgesprochene Verstärkung des Reizes, und daher auch der Muskelcontractionen erzielt werden wird. Vor allem aber muss die Frage von der physikalischen Beschaffenheit des elektrischen Feldes, welches durch das Zusammenwirken beider Elektroden erzielt wird, erledigt werden.

Schon die einfache Ueberlegung lässt daran denken, dass wir es im gegebenen Falle nicht mit einer arithmetischen, sondern so zu sagen mit einer algebraischen Addition beider elektrischen Einwirkungen zu thun haben; in einem polarisirten Dielektricum sind wir demnach eine gleiche Neutralisirung oder eine wechselseitige Aufhebung beider Polaritäten, wie dies auch in den Leitern der Fall ist, zu erwarten berechtigt. Eine solche Wechselwirkung der von beiden ungleichnamigen Polen erzeugten elektrischen Felder wird den Physikern schon längst bekannt sein. Es ist daher klar, dass die physiologische Wirkung — die Reizung — vor Allem von der physikalischen Wechelwirkung beider Feldcomponenten, sowie auch von der Orientirung des Nervmuskelpräparates selbst abhängig sein wird.

Hier kommen wir wieder auf die Frage vom quantitativen Verhalten der Elektricitätsspannungen des positiven und negativen Pols des Ruhmkorff zu einander zurück. Wie schon oben erwähnt, erweist sich gewöhnlich, dank der Construction der Inductorien, der eine Pol (von der äusseren Windungsschicht) deutlich stärker als der andere; dieses Verhalten muss sowohl vom Physiker und Physiologen, als auch vom Elektrotherapeuten berücksichtigt werden.[1] Diese Ungleichheit muss offenbar auch im Falle der bipolaren Wirkung beachtet werden. Daran kann sich noch der Einfluss der Elektrisation des Apparates selbst anschliessen.

Aus dem Gesagten geht in klarer Weise hervor, dass wir bei der in Frage stehenden bipolaren Reizung berechtigt sind, eine Erniedrigung der physiologischen Wirkung als Resultat einer Schwächung des physikalischen Reizes zu erwarten;[2] während eine Verdoppelung der Elektrode bei der unipolaren Reizung der Muskelcontractionen deutlich verstärkte (siehe Versuch 7).

Die allgemeine Versuchsanordnung mit bipolarer Reizung besteht darin, dass jeder Pol des Ruhmkorff in einer Plattenelektrode (ZnEl und Zn'El') von gleicher Form und Grösse endigt; diese Platten werden in gleicher Weise in einer verticalen Ebene, in gleicher Höhe oberhalb des Tisches auf isolirten Stativen einander gegenüber aufgestellt. Aus dem oben Angeführten sind diese Cautelen, sowie

---

[1] Vgl. z. B. M. Sternberg, Die Verwendung der Funken geöffneter Inductionsrollen. Neurologisches Centralblatt, 1895, Nr. 13.

Wiedemann, Die Lehre von der Elektricität, Bd. IV, Theil 2, S. 682, 1885. A. Grünhagen, Ueber die unipolare Zuckung. Zeitschrift für rationelle Medicin, Bd. XXIV, 1865, S. 155.

[2] In Betreff der wechselseitigen Neutralisation, welche von mir in einem zwischen beiden Elektroden befindlichen Felde anerkannt wird, meint J. Loeb in seiner Erwiderung gegen die Anwendung des Ausdruckes „Strahl“ für Wellen von grosser Länge: „ebenso wenig hat es einen Sinn, wenn Danilewsky sagt, dass in diesem Versuche eine „*neutralisation des polarités électriques*“ stattfindet. Es handelt sich vielmehr einzig und allein um die geringere Erregbarkeit des Nerven gegen quere Durchströmung“ (Pflüger's Archiv, Bd. LXIX, 1898, S. 110). Es ist schwer zu verstehen, wie J. Loeb die physikalische Thatsache der wechselseitigen Neutralisation zweier ungleichnamiger elektrischer Felder in Abrede stellen konnte? Dadurch leugnet er ja auch die Existenz der Indifferenzzone, welche durch einfache physikalische Verfahren nachgewiesen werden kann, unabhängig von irgend welcher „Unerregbarkeit“ gegen quere Durchströmung!

auch die folgende Vorsichtsmaassregel verständlich: es ist nämlich sehr wichtig, dass die Drähte, welche die Pole mit den Zn-Elektroden verbinden, von gleicher Länge und symmetrisch zur Spirale angeordnet seien, d. h. die Drähte müssen in einer zu der Spiralenaxe senkrecht stehenden Richtung verlaufen. Verlaufen sie schräg convergirend, so bewirkt dies eine deutliche Abschwächung der Spannung an beiden ZnEl.

Die Hauptbedingung der „bipolaren" Versuche besteht nämlich darin, eine möglichst gleiche Spannung an beiden Zn-Elektroden und daher auch eine Gleichheit des Potentials und seiner Schwankungen beider elektrischer Felder zu erzielen.

Zwischen ZnEl und Zn'El' wird ein auf einem isolirten Stative oder auf einer Paraffinplatte liegendes Nervmuskelpräparat derart angeordnet, dass NM in die Länge gezogen in einer Ebene zu liegen kommt, welche zu beiden Zn-Elektroden mehr oder minder parallel ist („Längslage"). In einfacheren Versuchen ohne Registration, die keine Genauigkeit erfordern, kann man das NM-Präparat viel bequemer am Knochen in der Hand halten; der Nerv hängt mit der Wirbelsäule nach abwärts, während der Unterschenkel mit dem Fusse schräg nach vorn gerichtet ist. Nun wird der Arm „in der Längsrichtung" nach vorn gestreckt und das Präparat zwischen die Elektroden gebracht; es muss dabei beachtet werden, dass sich diese Person symmetrisch zu beiden Elektroden befinde, d. h. sie darf nicht an der Seite der einen Elektrode stehen.

Versuch 40 (Fig. 30). — In den Raum zwischen den Elektroden wird ein „in einer Längsrichtung" befindliches NM-Präparat hineingebracht, gleichgültig, ob der Nerv oder der Muskel nach vorn gerichtet ist. Wäre nun NM genau in einer und derselben äquipotentialen, den Ebenen ZnEl und Zn'El' parallelen Ebene gelegen, so würden wir selbstverständlich auf Grund des vorher Gesagten eine völlige Ruhe der Muskeln erwarten dürfen, mag NM in der Mitte zwischen beiden Elektroden oder der einen derselben näher liegen. Allein schon die Anwesenheit des NM-Präparates in diesem Raume stört den parallelen, geradlinigen Verlauf der Kraftlinien, indem dieselben so zu sagen nach NM verzogen werden, wodurch auch die Lage und Form der äquipotentialen Flächen deformirt werden. Die Kraftwirkung in einem elektrischen Felde wird aber durch die Richtung und die Zahl der Kraftlinien bestimmt, welche — daran mag hier noch erinnert werden — nach FARADAY wahrscheinlich eine reale Existenz besitzen und etwas Physikalisch-Materielles darstellen. Endlich stellt das NM-Präparat selbst keinen linearen Leiter dar, sondern eine relativ grosse, complicirte Masse von unregelmässiger Form und grosser Oberfläche. Es wird daher verständlich, warum wir bei einer mehr oder minder bedeutenden Stärke des Ruhmkorff trotz der „Längslage“ (= frühere „unwirksame“) des NM-Präparates Muskelzuckungen bekommen (vgl. Versuch 19). Der Versuch verläuft folgendermaassen: zuerst wird z. B. Zn'El' ganz zur Seite geschoben; NM befindet sich unter dem Einflusse von ZnEl allein; es treten Zuckungen auf. Jetzt, *ceteris paribus*, beginnen wir allmählich auch die andere Elektrode Zn'El' näher zu bringen, wobei wir ihre parallele Stellung zur anderen Zn-Platte immer beibehalten. Bei genügender Annäherung kann man bemerken, dass die Zuckungen merklich schwächer zu werden beginnen; endlich, wenn der Abstand zwischen Zn'El' und NM der Strecke NM—ZnEl ungefähr gleich wird, hören die Zuckungen ganz auf. Nun können wir von beiden Seiten her beide Elektroden gleichzeitig und in gleicher Weise dem Nerven noch näher bringen, und die Muskeln bleiben doch in Ruhe. In diesem Falle kommt das NM-Präparat in einer gewissen „Ebene“ zu liegen, in der die reizenden Einflüsse beider Elektroden sich wechselseitig aufheben, oder genauer — in der eine physikalische Neutralisation der elektrischen Polaritäten beider Felder in jedem gegebenen Momente und daher auch eine Beseitigung des Reizungsprocesses selbst stattfindet. Dieser Mittelraum oder diese Mittelebene kann als „Neutral“- oder „Indifferenzzone“ bezeichnet werden, während der Process der Aufhebung der Reizung selbst als Resultat der interferirenden Einwirkungen beider Elektroden aufzufassen ist.[1]

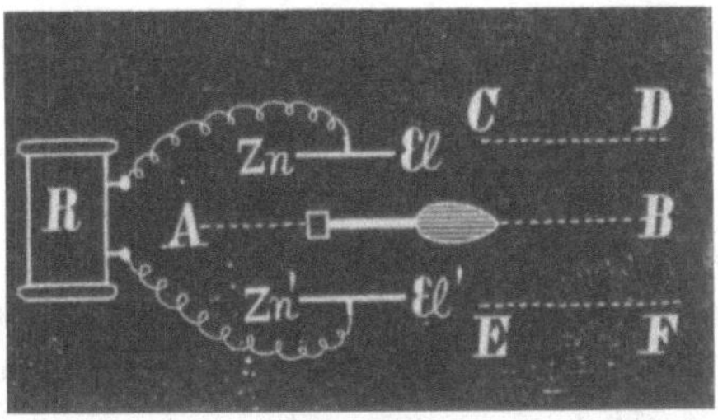

Fig. 30.

R Ruhmkorff; *ZnEl*, *Zn'El'* Elektroden: dazwischen in der Mittelebene *AB* ist ein NM-Präparat gelagert.

[1] Eine ganz analoge Interferenz mit Bildung einer Indifferenzzone findet auch beim Zusammenstossen zweier ungleichnamiger Wellen von gleichem

Diese Interferenzerscheinungen der Elektrokinesis lassen sich beobachten, wenn das NM-Präparat sich selbst parallel zwischen ZnEl und Zn'El' nach rechts oder links verschoben wird; die Verschiebung kann in einer Strecke von einem, zwei und mehreren Centimetern geschehen, je nach der Spannung der Felder und dem Abstande der Elektroden von einander; die Zuckungen bleiben aus. Je grösser der Zwischenraum ist, desto breiter ist natürlich die Indifferenzzone. Diese liegt nicht nur zwischen den Elektroden, sondern auch in der Ebene *AB* ausserhalb derselben (siehe Fig. 30). Verschiebt man nun das NM-Präparat in dieser Ebene nach oben, nach unten bezw. nach vorn und hinten, nach *A* oder *B* hin, so bleiben die Muskeln die ganze Zeit in Ruhe; sobald man aber das Präparat nach der einen Seite, *CD* oder *EF* hin verschiebt, setzen sofort bei derselben Entfernung zwischen den Elektroden Zuckungen ein. Die stärksten Zuckungen kommen dann zu Stande, wenn das NM-Präparat quer zwischen beiden Elektroden, d. h. in der Richtung der Kraftlinien, wenn auch in gleicher Entfernung von beiden Elektrodenplatten gelagert wird.

Nachdem NM in der Ebene *AB* zwischen den Elektroden eingestellt und völlige Ruhe der Muskeln constatirt worden ist, verschieben wir dann NM parallel zu sich selbst nach der einen der Elektroden hin; wie erwähnt, treten dabei sofort Zuckungen auf; diese werden um so stärker sein, je näher NM der Elektrode liegt, mit anderen Worten, je stärker die Asymetrie seiner Lage in Bezug auf beide Platten ausgebildet sein wird. Statt dessen kann man NM an seiner Stelle in *AB* lassen und irgend eine Zn-Elektrode nach dem Nerven hin oder von demselben weg verschieben. Dadurch stören wir natürlich das Gleichgewicht der Felder zwischen ZnEl und Zn'El', welches in der Bildung der Indifferenzzone entsprechend der Ebene *AB*, in der die Reizung gleich oder fast gleich Null war, zum Ausdruck kam. Wenn wir nun das erwähnte Gleichgewicht stören, indem wir die Strecke zwischen ZnEl und Zn'El' verändern, so wird selbstverständlich jetzt die Indifferenzzone nicht mehr in der Ebene *AB*, sondern in derjenigen mittleren Ebene zu suchen sein, welche eine symmetrische Lage zwischen den neuen Stellungen der Elektroden einnimmt (Fig. 31).

Potential in einem Leiter statt (siehe die unten angeführten Versuche von Colson in Compt. rend., T. CXV, p. 802).

Eine Störung des dynamischen Gleichgewichtes zwischen den Wirkungen von ZnEl und Zn′El′ kann auf verschiedenerlei Art bewirkt werden, wobei man dieselben nicht einmal von ihrer Stelle zu rühren braucht. Ersetzt man eine der Elektroden, ZnEl z. B., durch eine grössere Platte, so constatirt man, dass das NM-Präparat heftige Zuckungen zeigt, obwohl es an seiner früheren Stelle *AB* verbleibt; um die Zuckungen verschwinden zu lassen, muss man NM parallel zu seiner früheren Lage nach Zn′El′ hin verschieben. Die Indifferenzzone hat sich offenbar nach der schwächeren Elektrode hin verschoben, wie dies auch zu erwarten war. Eine zweite Methode besteht in der Anwendung undurchsichtiger Schirme. Das Nervmuskelpräparat bleibt in *AB* in völliger Ruhe, wenn ZnEl und Zn′El′ einander gleich sind; bringt man aber jetzt die Hand oder eine Metallplatte (Zn″) von genügend grossen Dimensionen, welche man in der Hand hält oder zur Erde ableitet, zwischen NM und ZnEl z. B. in die Ebene *CD*, so treten Zuckungen auf, welche um so stärker sind, je vollständiger die linke Elektrode verdeckt wird. Berührt man die Elektrode ZnEl mit dem Schirme Zn″, so bringt die andere Elektrode Zn′El′ eine maximale Reizung hervor, da die Spannung der ZnEl in Folge der Ableitung zur Erde bis auf Null sinken kann. Dasselbe Resultat wird erzielt bei der Verbindung mit der Erde oder mit irgend einem anderen grossen Condensator nicht nur der Zn-Elektrode, sondern auch des Drahtes derselben oder des Pols des Ruhmkorff. Endlich kann man eine Störung des Gleichgewichtes und eine Verschiebung der Indifferenzzone auch ohne directe Verbindung mit der Erde oder mit einem Condensator erhalten, und zwar durch Annäherung des eigenen Körpers oder des Armes an eine der Elektroden (schwächer wirkt eine Annäherung an den Draht derselben).

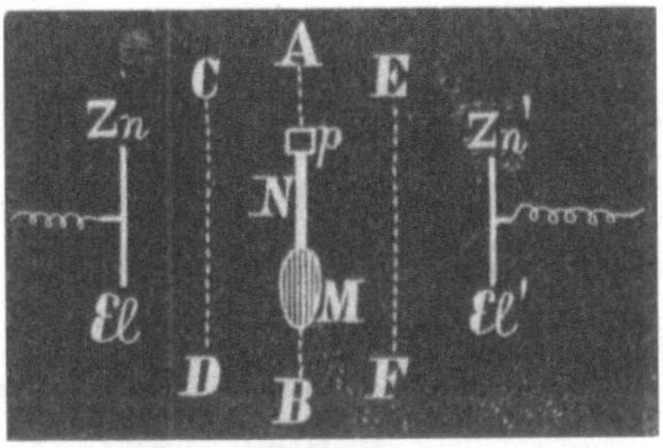

Fig. 31.

ZnEl, *Zn′El′* Elektroden; *pNM* Präparat in der Mittelebene *AB*.

Die Indifferenzzone wird also eine symmetrische Lage zwischen den Zn-Elektroden einnehmen, wenn die Spannungen derselben einander gleich sind; wird aber dieses dynamische Gleichgewicht auf irgend eine Weise gestört, so bekommt die erwähnte Zone eine asymmetrische Lage. Ziehen die Drähte, welche die Pole des Ruhmkorff mit den Zn-Elektroden verbinden, geradlinig und parallel, so kann auch zwischen denselben das Vorhandensein einer Indifferenzzone nachgewiesen werden, welche symmetrisch zwischen diesen Drähten in deren ganzen Länge liegt; in dieser Zone bleibt ein Nervmuskelpräparat in vollkommener Ruhe. Die oben erwähnten Methoden zur Störung des Gleichgewichtes der beiderseitigen Elektrokinesis können auch in diesem Falle angewendet werden. Die oben angeführte Thatsache wird auch durch Beobachtungen über das Verhalten einer GEISSLER'schen Röhre bestätigt. Beim Untersuchen der Felder beider Leitungsdrähte (vom Ruhmkorff zu einer CROOKES'schen Röhre) bemerkte N. MYSCHKIN, dass das Feld des einen Drahtes von dem des anderen durch einen relativ schmalen Streifen getrennt ist, innerhalb dessen das Leuchten der Röhre ausbleibt, wenn dieselbe beiden Drähten parallel ist.[1]

Es ist selbstverständlich, dass das Wesen der Erscheinung der elektrokinetischen Interferenz in keiner Weise von der Form der Endelektroden abhängig ist. Der Versuch bestätigt dies vollständig (Fig. 32). Nehmen wir z. B. statt der Platten ZnEl und Zn'El' gleiche Endspiralen, so bleibt ein zwischen denselben symmetrisch gelegenes NM-Präparat in Ruhe.

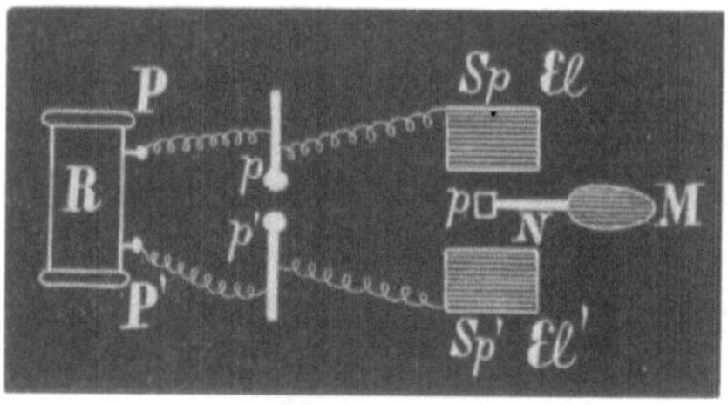

Fig. 32.

R Ruhmkorff; *pp'* Entlader; *Sp El'*, *Sp'El'* Endspiralen; *p NM* Präparat.

Dieselben Interferenzerscheinungen kommen auch dann zu Stande, wenn wir die Endspiralen *Sp* und *Sp'* mit grossen Spiralen *S* und *S'* (Fig. 33), von denen Drähte zu Zn-Elektroden ziehen, umgeben werden. (In allen erwähnten Spiralen *Sp*, *Sp'*, *S* und *S* bleibt das eine Ende des gewundenen Drahtes frei.)

Aus dem vorher Gesagten geht in klarer Weise hervor, dass die symmetrische Lage des Nervmuskelpräparates als Hauptbedingung für das Zumvorscheinkommen der Interferenzerscheinungen betrachtet

[1] A. a. O. S. 64.

werden muss. Man kann sich auch in folgender Weise überzeugen: NM wird zuerst in die Indifferenzzone zwischen Zn El und Zn′El′ gebracht, so dass die Muskeln in einen völligen Ruhestand gerathen; nun versuchen wir, das centrale Nervenende oder umgekehrt den Fuss aus der Ebene *A B* zu bringen (siehe Fig. 31), eine Reizung tritt sofort auf, die Muskeln beginnen, wenn auch schwach, sich zu contrahiren. Dasselbe können wir auch in einer anderen Weise erzielen, indem wir das NM-Präparat in seiner Längslage in der Indifferenzzone lassen und dem distalen oder proximalen Ende desselben einen Stanniol- oder Papierstreifen, und zwar asymmetrisch, d. h. der rechten oder linken Seite des Präparates auflegen. Wird dagegen diese hinzugefügte leitende Fläche an einer beliebigen Stelle des Präparates symmetrisch quer gelagert, so bleiben die Muskeln in Ruhe.

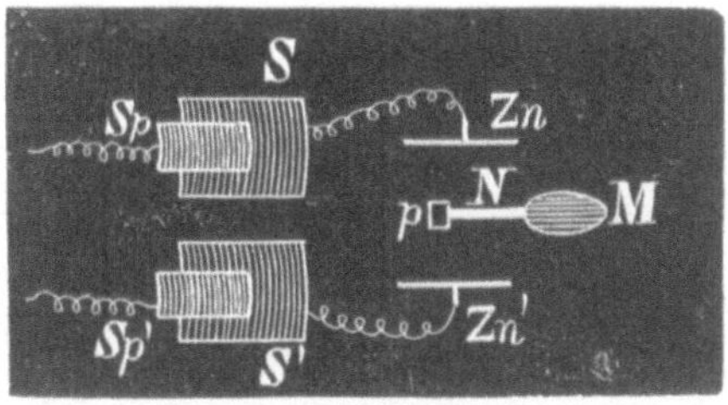

Fig. 33.

S, *S′* grosse Spiralen um die Endspiralen (vgl. Fig. 31): *Zn*, *Zn′* Elektroden; *p NM* Präparat.

Bipolare Reizung bei asymmetrischer Lage, aber mit einem Nebenbogen.

Versuch 41 (Fig. 34). — Ganz andere und zwar die günstigsten Bedingungen für das Zustandekommen einer Reizung sind dann gegeben, wenn das Nervmuskelpräparat in querer Richtung zwischen beiden Zn-Elektroden gelagert ist. Offenbar bewirken solche Verhältnisse das Entstehen einer maximalen elektrischen Differenz an beiden Enden des NM-Präparates, welche sich in ungleichnamigen elektrischen Feldern befinden; ein Entladungsstrom passirt den Nerven in seiner Längsrichtung. Es entstehen heftige Zuckungen. Könnte sich die Spannung an den

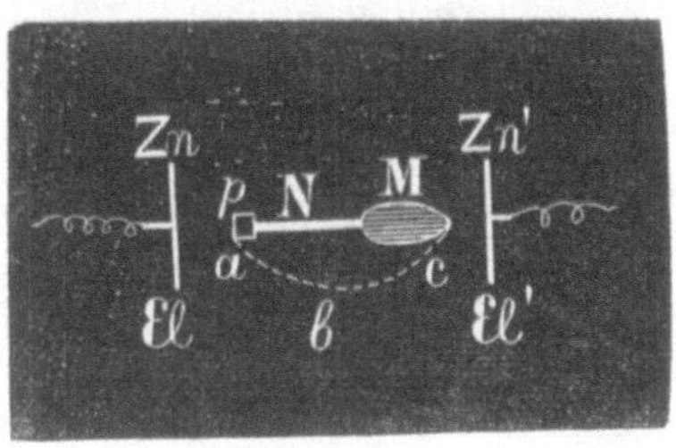

Fig. 34.

Zn El, *Zn′ El′* Elektroden; *p NM* Präparat; *abc* Nebenbogen.

Enden des NM-Präparates ausserhalb des Nervenstammes *N* ausgleichen, so würde selbstverständlich keine Reizung stattfinden müssen. Zu diesem Zwecke legen wir an die Enden des NM-Präparates einen Nebenbogen *abc* aus Metall oder aus einem anderen feuchten Leiter an (siehe oben Versuch 20 u. folg.). Sind die elektrischen Felder nicht sehr stark und die Entfernung zwischen Zn El und Zn'El' nicht kleiner als 35—40 cm, so gelingt der Versuch: die Zuckungen hören beim Schliessen des Kreises *NabcM* auf; sobald man aber die Berührung in *aN* oder *cM* stört, setzt die Reizung wieder ein. Dieser Versuch könnte demnach die Annahme einer Entladung durch *abc* ausserhalb des Nerven wirklich zu bestätigen scheinen. Diese Annahme scheint auch durch die folgende Beobachtung bestätigt zu werden: besteht der angelegte Bogen aus einem schlechten Leiter, so kann die Reizung, wenn der Ruhmkorff stark ist, zwar abgeschwächt, aber nicht aufgehoben werden: die Zuckungen sind schwach, aber sie sind vorhanden; sobald man aber *abc* zur Erde ableitet, gerathen die Muskeln in vollkommene Ruhe.

Aber trotz diesen Beobachtungen muss die Verallgemeinerung der angeführten Annahme — wegen der Ergebnisse des Versuches 23 — bezweifelt werden. Dasselbe kommt auch hier zu Stande: wenn wir als Nebenbogen *abc* ein anderes Nervmuskelpräparat, welches ebenfalls eine quere Lage einnimmt, verwenden, so hören die Zuckungen sofort auf, sobald der Kreis aus NM und N'M' geschlossen wird. Die beiden Präparate NM und N'M' können auch quer und einander parallel gelagert werden; eine Verbindung wird zwischen deren Enden durch Brücken aus einem beliebigen Leiter hergestellt.

Einfluss der Nachbarschaft von Leitern auf das NM-Präparat bei bipolarer Fernwirkung.

Versuch 42. — Wir haben also die Bedeutung einiger Verhältnisse bei der bipolaren Reizung festgestellt und haben manche Analogien mit dem, was bereits bei der „unipolaren“ Methode beschrieben worden ist, aufgefunden. Wir sind deshalb zu erwarten berechtigt, dass der Einfluss der einfachen Nachbarschaft eines Leiters in der Nähe von NM, ohne jede leitende Verbindung, auch hier sich in zweifacher Weise geltend machen kann, indem diese Nachbarschaft auf die Reizung bald in verstärkendem, bald in schwächendem Sinne einwirken kann, je nach der wechselseitigen Lage, je nachdem, ob wir eine Verstärkung durch „secundäre Induction“ oder eine Ablenkung der Energie des Feldes nach der Seite hin bekommen. Nehmen wir an, dass das NM-Präparat sich in der Indifferenzzone befindet, d. h. in der Sphäre des dynamischen Gleichgewichtes der Elektrokinesis von der positiven und negativen Elektrode, so ist schon *a priori* sehr wahrscheinlich, dass wir durch eine blosse Annäherung eines anderweitigen Leiters im Stande sein werden, dieses Gleichgewicht zu stören und die Muskeln dadurch aus dem Ruhezustande in den Contractionszustand zu versetzen und umgekehrt.

Ein Versuch bestätigt diese Erwägungen vollkommen.

Bei nicht starker, aber gleicher Spannung an beiden Zn-Elektroden wird das NM-Präparat in die Indifferenzzone gebracht; die Muskeln sind in Ruhe. Nun nähern wir die Hand oder ein zur Erde abgeleitetes Metallplättchen *Cu* (von etwa 8 cm Länge und $^1/_2$—1 cm Breite);[1] geschieht die Annäherung symmetrisch, so kommt keine Reizung zu Stande; wird aber *Cu* asymmetrisch genähert, d. h. befindet sich das eine Ende desselben einer Zn-Elektrode näher, so bekommen wir Muskelzuckungen bei der gleichen Entfernung *Cu* und NM (1—2 cm und mehr).

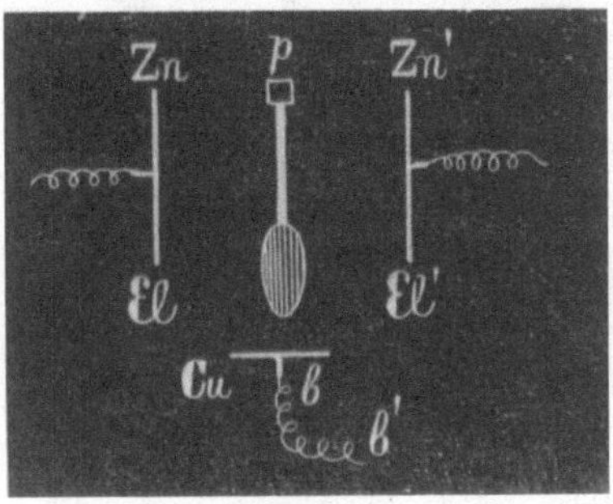

Fig. 35.

Zn El, *Zn' El'* Elektroden: dazwischen ein Präparat *Cu* zur Erde abgeleitetes Metallplättchen.

Der Versuch gelingt auch gut bei umgekehrter Anordnung. Zuerst wird das NM-Präparat nicht in der Indifferenzzone, sondern etwas asymmetrisch gelagert, damit eben schwache Contractionen zum Vorschein kommen; wird nun an der Seite der Muskeln eine Metallplatte *Cu* oder die eigene Hand an NM genähert, so kann bei asymmetrischer Lage des letzteren

[1] Dieser Streifen muss so genähert werden, dass er auf NM und auf die Ebenen der Elektroden senkrecht zu stehen kommt; wir bringen demnach *Cu* zwischen die Elektroden parallel zum Verlaufe der Kraftlinien.

eine solche Lage leicht aufgefunden werden, bei der die Muskeln zu zucken aufhören. Im vorangegangenen Versuche bewirkte dagegen die asymmetrische Lage von *Cu* eine Störung des dynamischen Gleichgewichtes in der Indifferenzzone.

„Bipolare“ Reizung zweier NM-Präparate; Einfluss benachbarter Leiter und Nebenbögen.

Versuch 43 (Fig. 36). — A. Zwischen den Elektroden (Entfernung 35—40 cm) befinden sich zwei in der Längsrichtung nahe an einander (1—2 cm) symmetrisch, aber ausserhalb der Indifferenzzone gelegene NM-Präparate; beide Muskeln contrahiren sich, wenn auch schwach; nähern wir nun den Muskeln die Hand mit gespreizten Fingern und halten wir sie in einer Entfernung von einigen (4—6) Centimetern oberhalb der Muskeln, so werden die Zuckungen schwächer und können ganz verschwinden. Jetzt verschieben wir die Hand mit zusammengelegten Fingern etwas nach der Seite hin, asymmetrisch, so dass sie sich bloss über einem Nervmuskelpräparate befinde; letzteres contrahirt sich in diesem Falle, während das andere NM in einen Zustand völliger Ruhe gerathen kann, welcher andauert, so lange das erste Präparat der Wirkung der „secundären Induction“ Seitens der Hand ausgesetzt ist.

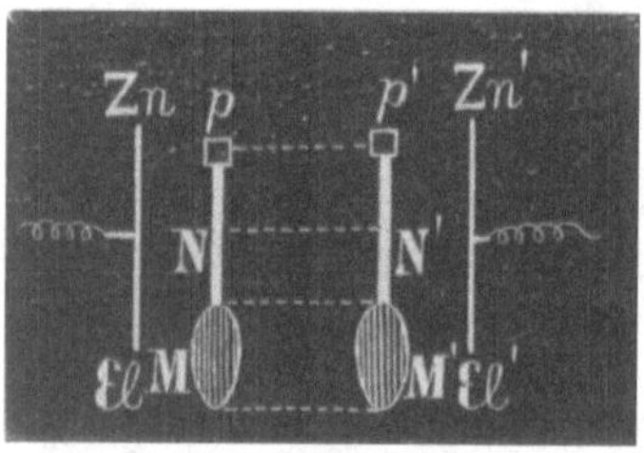

Fig. 36.
ZnEl, *Zn'El'* Elektroden; *pNM*, *p'N'M'* zwei Präparate.

B. — Die gleiche Versuchsanordnung: NM und N'M' liegen zu beiden Seiten der Indifferenzzone, die Muskeln contrahiren sich. Wir legen nun zwischen *p* und *p'* einen Nebenbogen aus Stanniol oder feuchter Schnur an; die Zuckungen können schwächer werden oder sogar, wie vorher, andauern, wenn die Elektrokinesis stark ist. Die Zuckungen verschwinden aber sofort gänzlich, wenn man einen zweiten Bogen zwischen den Muskeln anlegt oder sogar, wenn man denselben die eigene Hand in symmetrischer Weise annähert.

Ein durch zwei Brücken *pp'* und *MM'* geschlossener Kreis ist demnach der elektrokinetischen Reizung nicht mehr unterworfen. Sobald man aber eine der Brücken entfernt, setzen die Zuckungen wieder ein. Es muss jedoch beachtet werden, dass die Brücken bezw. die Nebenbögen an den Enden der Präparate zu liegen kommen, damit der Versuch gut gelinge.

C. Die Versuchsanordnung bleibt die gleiche; ein Unterschied besteht nur darin, dass die Nebenbögen entfernt sind und die beiden Nervmuskelpräparate so nahe aneinander liegen, dass beide sich in der Indifferenzzone befinden; die Muskeln bleiben in Ruhe. Dieses Mal stören wir das Gleichgewicht der Elektrokinesis durch Aufstellung eines Metallschirmes, z. B. zwischen NM und ZnEl; es treten infolge dessen im näher gelegenen Muskel NM Zuckungen auf, während das andere Präparat N'M' in Ruhe bleibt.

Dieser Versuch kann nach verschiedenen Richtungen hin modificirt werden, statt des einen Präparates kann z. B. ein Drahtbündel angebracht werden, worauf einige der oben erwähnten Beobachtungen wiederholt werden können.

Elektrokinetische Interferenz mit Hülfe einer Elektrisirmaschine.

Versuch 44. Anstatt des Ruhmkorff kann im vorangegangenen Versuche eine Influenzmaschine, die von Holtz z. B., angewendet werden, aber in diesem Falle geht der Versuch nicht so glatt, wie mit dem Inductorium. Von jedem Pol der Maschine zieht ein Draht, welcher denselben mit ZnEl bezw. mit Zn'El' verbindet; die Enden des Entladers (die Pole) sind so weit aus einander gerückt, dass keine Funkenentladungen zu Stande kommen; das NM-Präparat ist in der Längsrichtung zwischen den Zn-Elektroden symmetrisch, in der Indifferenzzone gelegen. Rotirt man nun die Scheibe, so kann man, nachdem einige schwache Zuckungen erschienen sind, einen vollkommenen Interferenzzustand erzielen. Dies gelingt auch, wenn die Enden des Entladers bis zum Auftreten von Funken einander genähert werden; wir bewirken dadurch starke Potentialschwankungen an den Elektroden, während im ersten Falle nur eine Erhöhung des Potentialwertes mit Verminderuug der Amplitude der Schwankungen erzielt wird.

Dieser Versuch kann durch folgende Anordnung noch anschaulicher gemacht werden. Die Muskeln werden vermittelst Stecknadeln, welche durch die Bänder des Kniegelenkes hindurchgehen, horizontal am Rande eines Paraffinplättchens derart befestigt, dass der Nerv (ohne Wirbelsäule) von diesem Rande nach abwärts herunterhängt. Wird nun dem NM-Präparate eine Zn-Elektrode genähert, so contrahiren sich die Muskeln, während der Nerv, von der Elektrode angezogen, emporgehoben wird; wir nähern nun von der anderen Seite her die zweite Zn-Elektrode; die Zuckungen sinken bis auf Null, der Nerv hängt wieder vertical nach unten herab.

Interferenzerscheinungen am unversehrten Frosche bei bipolarer Reizung.

Versuch 45. Damit der Versuch besser gelingt, wird ein starker Ruhmkorff gewählt; die Stromstärke im primären Kreise wird bis auf 5—6 Ampère gebracht; ein Frosch wird zwischen zwei grossen Zn-Elektroden vertical aufgehängt; der Abstand der letzteren von einander beträgt 20—30 cm, je nach der Stärke des Feldes und der Grösse des Frosches; die Hinterpfoten werden durch eine feuchte Schnur mit irgend einer tiefer gelegenen leitenden Fläche (Stanniolplatten, feuchtes Papier) verbunden, oder es wird statt dessen unter dem Frosche ein Cylinder mit Wasser aufgestellt, in welchen die Hinterpfoten ein wenig eintauchen; dieselbe Verbindung kann auch vermittelst einer nassen Schnur hergestellt werden. Zur Verstärkung der Elektrokinesis kann eventuell das Wasser zur Erde abgeleitet werden. Befindet sich der Frosch in der Indifferenzzone, so bleibt er mehr minder ruhig; man braucht aber eine der Zn-Elektroden wegzuschieben oder ganz zu entfernen, um sofort Unruhe oder sogar Krämpfe hervorzurufen; bei starker Spannung des Feldes gehen sie in einen allgemeinen Tetanus über. Wird die Verbindung des Thieres mit dem Wasser aufgehoben, so werden die Bewegungen schwächer; dasselbe geschieht auch, wenn die zweite Zn-Elektrode wieder näher gebracht wird. Eine Abschwächung der Zuckungen bei gestörtem Gleichgewichte kann auch in folgender Weise erzielt werden: Man braucht nur den Cylinder mit Wasser so zu erhöhen, dass $^1/_3$—$^1/_2$ der Länge des Froschkörpers ins Wasser zu liegen kommt. Der Frosch bleibt vollkommen ruhig, wenn er sich ganz im Wasser befindet, da letzteres als undurchsichtiger Schirm und zugleich als Nebenbogen dient.

Schon aus dem vorher Gesagten kann man mit ziemlicher Sicherheit den Schluss ziehen, dass die Interferenzerscheinungen einer rein physikalischen Bedingung ihre Entstehung verdanken, und zwar einer Wechselwirkung zweier Felder, welche ein gleich hohes Potential aber von entgegengesetzter Polarität besitzen. Mag thatsächlich in analogen Erscheinungen die conventionelle Bezeichnung „Polarität" noch so Verschiedenes in sich schliessen, hier handelt es sich jedenfalls um eine gegenseitige Neutralisation zweier physikalischer Agentien (elektrostatischer und elektrodynamischer Oscillationen im interpolaren Raume), welche von zwei Vibratoren ausgehen. Im zweiten Theile dieser Untersuchungen werden wir sehen, dass eine elektrokinetische Interferenz auch zwischen Elektroden, welche mit den Polen eines Tesla'schen Transformators verbunden sind, in einem Felde also mit Schwingungen von ungemein hoher Frequenz, beobachtet werden kann. Was die Annahme von einer „queren Unerregbarkeit" des Nerven als Ursache der Muskelruhe in den „bipolaren" Versuchen (J. Loeb) betrifft, so ist die Unhaltbarkeit derselben zum Theil aus dem vorher Gesagten ersichtlich, noch mehr aber erhellt dies aus den folgenden Versuchen, welche die Existenz einer Neutralzone vermittelst physikalischer Elektroskope beweisen.

Physikalische Corollaria zu den „bipolaren" Versuchen mit NM.

Versuch 46. — Zwischen beiden Zn-Elektroden wird, bei der gleichen Anordnung, wie in den vorigen Versuchen — statt NM — ein dicker gerader Metallstab *Cu* (von 30—40 cm Länge), welcher in einem dickwandigen Glasrohre eingeschlossen ist, hineingebracht; das vordere Rohrende, welches sich im Raume zwischen den Elektroden befindet, ist verlöthet. Das hintere Ende des Stabes ist vermittelst eines langen Drahtes mit einem NM-Präparate verbunden, welches hier als Elektroskop dient und in einer Entfernung von $1^1/_2$ bis 2 m von den Zn-Elekroden gelegen ist. Der Stab *Cu* wird zwischen ZnEl und Zn'El' in der Längsrichtung, d. h. zu deren Ebenen, fast parallel gelagert; befindet er sich in der Mitte, symmetrisch zwischen denselben, so bleiben die Muskeln in Ruhe; nähert man ihn aber einer der Elektroden, so treten Zuckungen auf, die um so stärker sind, je mehr die Lage des Stabes asymmetrisch ist. Offenbar behält die Indifferenzzone ihre Eigenschaft — eine Interferenz der Felder zu geben — auch in Bezug auf einen metallischen Leiter. Wir können aber auch bei neutraler Lage des Stabes *Cu* Zuckungen erhalten, wenn wir auf diese oder jene Weise das Gleichgewicht der Felder stören (s. oben).

Dasselbe geschieht auch dann, wenn wir den Stab *Cu* durch eine (isolirt aufgestellte) metallische Hohlkugel ersetzen, welche durch einen Draht mit dem Elektroskop verbunden ist.

Versuch 47. — Eine ganz analoge Erscheinung erhalten wir auch mit Hülfe des Telephons. Der eine seiner langen Drähte (*a*) wird in der Längsrichtung in den interpolaren Raum gebracht, der andere hängt frei auf den Boden herab oder er wird direct zur Erde abgeleitet. Der Beobachter, welcher den Telephon in der Hand hält, steht weit von den Zn-Elektroden ($1 - 1^1/_2$ m). Wird das gerade Ende des Drahtes *a* in die Indifferenzzone gebracht, so schweigt der Telephon, sobald wir aber demselben eine asymmetrische Lage geben, vernehmen wir sofort ein Geräusch, welches den Schlägen des Unterbrechers des primären Kreises entspricht. Dasselbe geschieht auch bei symmetrischer Lage, wenn wir eine der Zn-Elektroden durch einen undurchsichtigen Schirm verdecken oder wenn wir einen mit der Erde verbundenen Leiter einem der Pole nähern; dasselbe kann auch durch Ziehen eines Funkens aus irgend einem Pole oder irgend einer Elektrode erzielt werden.

Versuch 48. — Noch anschaulicher ist ein analoger Versuch mit einer Gasflamme. Am bequemsten benutzt man dafür einen besonderen metallischen Brenner, der eine hohe, feine, gelbe Flamme giebt: ich benutzte für diesen Zweck die Pulslampe von J. von Kries. Der metallische Brenner wird zur Erde abgeleitet. Wird die Flamme der einen Elektrode genähert, während die andere entfernter bei Seite bleibt, so wird die Flamme flacher, breiter, ihre Spitze neigt sich gegen ZnEl hin und bietet Schwankungen oder Zuckungen im Rhythmus der Unterbrechungen des primären Kreises. Nachdem wir die Flamme in einer Entfernung von etwa 3 — 4 cm von ZnEl so eingestellt haben, nähern wir von der entgegengesetzten Seite her die zweite Elektrode Zn′El′; sofort beginnt die Flamme sich aufzurichten, wird, wie vorher, schmal und hoch und hört auf zu zucken, wenn sie in die Indifferenzzone geräth.

In analogen Versuchen mit einer Flamme kann in deren Mitte

ein Platindraht eingeführt werden, der mit der Erde (und für gewisse Zwecke direct mit einem Elektrometer) verbunden wird; in diesem Falle kann man auch einen gläsernen Brenner sowie die Flamme einer Weingeistlampe benutzen.

Versuch 49. — Nicht minder überzeugend ist auch der Versuch mit einer GEISSLER'schen Röhre, welche für diesen Zweck am bequemsten geradlinig und ziemlich breit genommen wird. Wird sie symmetrisch und in der Längsrichtung zwischen die Zn-Elektroden hineingebracht, so leuchtet sie nicht, sie bleibt dunkel; wird aber eine der Elektroden durch einen undurchsichtigen Schirm verdeckt, oder wird deren Elektricität durch Annäherung eines mit der Erde verbundenen Leiters „abgelenkt", so kommt ein Leuchten sofort zum Vorschein trotz der symmetrischen Lage der Röhre, allein das Leuchten wird ein einseitiges sein: nur diejenige Seite der Böhre wird leuchtend, die der freien bezw. ungeschwächten Elektrode zugekehrt ist.

Dieselbe Erscheinung, ein einseitiges Leuchten nämlich, kann auch in einfacherer Weise erzielt werden, indem man die Röhre asymmetrisch lagert: das Leuchten erscheint dann an der Seite, welche der näheren Elektrode zugekehrt ist. Es ist selbstverständlich, dass in querer Lage der GEISSLER'schen Röhre ihre beiden Hälften leuchtend werden; dies geschieht auch in schräger Lage der Röhre. Ein derartiges Leuchten von Röhren, welche sich nicht in der Längsrichtung befinden, ist schon früher von RIMINGTON und WYTHE SMITH bei analogen Verhältnissen beobachtet worden.[1] Zwischen zwei parallel gestellten, mit positiver und negativer Elektricität ($+ C$ und $- C$) geladenen Metallscheiben, welche zur Vermeidung von Entladungen mit Glasplatten bedeckt waren, brachten diese Autoren eine Glasröhre mit verdünnter Luft und ohne Elektroden. Ist die Röhre in der Mitte und parallel zu den Platten C und C' gelegen, so kommt ein Leuchten nicht zu Stande; wird aber die Röhre gedreht und in eine schräge Lage gebracht, so sinkt das Potential an dem Ende, welches $- C'$ zugekehrt ist, während am anderen Ende, welches $+ C$ näher ist, die Spannung steigt; es stellt sich auf diese Weise eine Potentialdifferenz ein, welche genügt, um eine Entladung

[1] RIMINGTON und WYTHE SMITH, Experiments in electric and magnetics fields constant and varying. Proceedings of the Physical Society of London, T. XII, 1893, p. 3—10. — Lumière électrique. 1892, p. 641.

durch die Gaze hindurch hervorzubringen — und es tritt ein Leuchten auf. Bei diesen Autoren ist jedoch von einem einseitigen Leuchten der Röhre bei asymmetrischer Längslage keine Rede. Diese Seite der Erscheinungen haben sie offenbar gar nicht studirt, so viel nach dem oben erwähnten französischen Referate ihrer Mittheilung in der Londoner Physikalischen Gesellschaft und nach dem Deutschen in Fortschritte der Physik im Jahre 1893 (2. Abth., S. 522 und 706) beurtheilt werden kann.

Ich habe schon oben erwähnt, dass mein Versuch über „Interferenz“ der elektrokinetischen Nervenreizungen bei bipolarer symmetrischer Wirkung nach der Ansicht von Jacques Loeb dadurch erklärt wird, dass bei dieser Lage die inducirten elektrischen Ströme die Nerven in querer Richtung passiren, solche Ströme rufen aber bekanntlich bei gewöhnlichen Verhältnissen keine Nervenerregung hervor, die Muskeln bleiben in Ruhe. In dieser Bedingung der Querdurchströmung sieht also J. Loeb die hauptsächlichste und einzige Ursache der Interferenzerscheinungen; seiner Ansicht nach ist die physiologische Eigenschaft der Unerregbarkeit des Nerven für Querströme die Ursache des Ausbleibens der Zuckungen. J. Loeb glaubte deshalb nicht nur meine physikalische Erklärung, sondern auch die Bezeichnung selbst „Interferenz“ ganz in Abrede stellen zu können. Ich finde es nicht nothwendig, meine Erwiderung gegen seine Kritik, die meine Erklärung und den Ausdruck selbst betraf, hier nochmals zu wiederholen. Was den letzteren betrifft, habe ich an einer anderen Stelle auf die gleiche Terminologie für ganz analoge Erscheinungen in metallischen Leitern hingewiesen („Interferenz der elektrischen Schwingungen“ bezw. „Elektrodynamische Interferenz der Wechselströme“ von Overbeck).[1] Nach den in diesem Capitel angeführten Erwägungen und Thatsachen wären, glaube ich, so strenge Erwiderungen gegen den Ausdruck „Interferenzerscheinungen“ kaum angebracht, um so mehr, als dieser Ausdruck in unserem Falle keineswegs voraussetzt, dass die Existenz regel-

[1] Siehe meine Notiz „Versuche über die Interferenz der elektrokinetischen Einwirkungen am Nerven“. Centralbl. für Physiol. 23. Juli 1898, Nr. 9. Die betreffenden Citate aus der Kritik von J. Loeb sind unten angeführt.

mässig periodischer, wellenartiger Erscheinungsformen der elektrischen Energie bei den Bedingungen aller unserer Versuche nothwendig sei. Die beschriebene Erscheinung der „Interferenz“ wird auch bei einer einzelnen Oeffnung des primären Kreises des Inductoriums, also mit nachfolgenden periodischen Schwingungen von Helmholtz beobachtet. Uebrigens, diese Frage der Periodicität der elektrischen Schwingungen in einem unipolaren Felde wird im zweiten Theile ausführlicher erörtert werden; es werden die Versuche mit Anwendung des Drahtgitters zur Durchlassung der polarisirten elektrischen Wellen oder Strahlen sensu lato angeführt werden.

Würde sogar der Nerv auch in querer Richtung erregbar sein, so würde in einer genügend breiten Indifferenzzone eine Reizung doch nicht zu Stande kommen. Schon bei einer unbedeutenden Verschiebung aus dieser Zone stellt sich an den Enden des NM-Präparates eine solche Potentialdifferenz ein, dass der „Strom“ ausreichend wird, um eine Nervenreizung hervorzurufen; dieser Strom, bezw: eine seiner Componenten passirt begreiflicher Weise den Nerven in dessen Längsrichtung. Es ist schon oben erwähnt worden, dass die complicirte und unregelmässige Form des NM-Präparates bei der mehr minder bedeutenden Oberfläche desselben keineswegs gestattet, NM in ein und derselben äquipotentialen Ebene bezw. Fläche zu lagern. Wäre dies thatsächlich möglich, so würde theoretisch die Annahme richtig sein, dass bei allen symmetrischen und asymmetrischen Längslagen des Nervmuskelpräparates das Potential der beiden Enden dieses Leiters gleich sei und kein Entladungsstrom stattfinden müsse. Aber bei all diesen Erwägungen muss noch der Umstand beachtet werden, dass, wie gesagt, schon die Anwesenheit des Nervmuskelpräparates, als Leiter im interpolaren Raume den geradlinigen (bei sehr grossen Zn-Elektroden) Verlauf der Kraftlinien verunstaltet, indem diese Linien nach NM hin verzogen werden; es giebt also immer solche Componenten, die auch Längsströme bilden können, was auch bei regelmässig-linearer Form des NM-Präparates der Fall sein würde. Es ist daher klar, dass J. Loeb auch in dieser Beziehung einen Fehler begeht, indem er nur von einer Querdurchströmung spricht und die Veränderung des Verlaufes der Kraftlinien infolge der Anwesenheit eines Leiters im elektrischen Felde ausser Acht lässt. Die angeführten Erwägungen und experimentellen Ergebnisse weisen zweifellos auf die Existenz einer Indifferenzzone im interpolaren Raume hin, die durch verschiedenartige Elektroskope unter Anderem auch durch ein NM-Präparat nachgewiesen werden kann.

Bipolare unmittelbare Nervenreizung durch elektrische Funken.

Obwohl diese Methode der directen Reizung vermittelst Zuleitung elektrischer Funken unmittelbar zum Nervenstamme zur Elektrokinesis nicht gehört, so glaube ich doch die Resultate solcher Versuche eben hier darlegen zu sollen, weil diese im gewissen Sinne eine Analogie mit den oben beschriebenen Interferenzerscheinungen darbieten.

Versuch 50 (Fig. 37). — Die Elektroden El und El′, welche mit den Polen eines nicht starken Ruhmkorff verbunden sind, haben die Form gerader dünner Stäbe, deren Entfernung von einander 2—4 cm und mehr beträgt, je nach den Versuchsbedingungen und nach der Stärke des Inductoriums. In gleicher Entfernung von deren Enden ist am Rande einer Paraffinplatte der Nerv eines NM-Präparates vollkommen symmetrisch gelagert. Ist der Strom stark, so muss der Nerv weiter von El—El′, z. B. um 3—4 mm und sogar mehr (bis 1 cm!), gelagert werden; ausserdem können noch beide Elektroden durch einen schlechten Leiter (*m*), z. B. durch 2—3 oder mehrere mit Wasser angefeuchtete Fäden mit einander verbunden werden. Sind nun die Elektroden und NM für die schwächste Reizung eingestellt, so schliessen wir den primären Kreis und achten darauf, dass dessen Unterbrechungen möglichst selten erfolgen. Am Anfang erfolgen fast immer einige Muskelzuckungen, die durch die elektrischen Funken, welche von den Enden El und El′ unmittelbar auf den Nerven überspringen, hervorgerufen werden; die Zuckungen hören aber bald auf, die Muskeln bleiben in völliger Ruhe, trotzdem der Nerv mit Funken fortwährend bombardirt wird! Mit schwachen Ent-

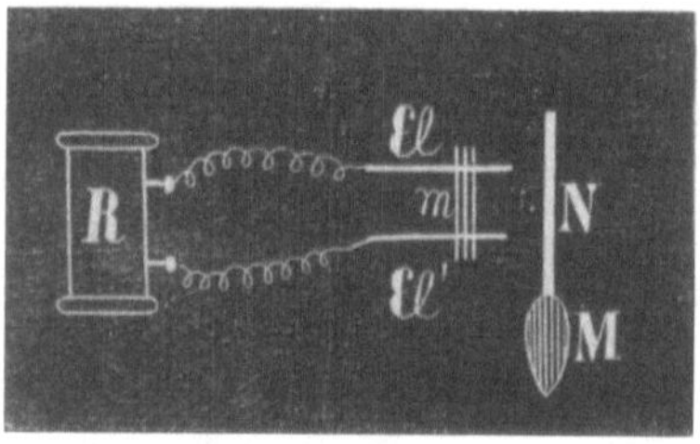

Fig. 37.

R Ruhmkorff; *El*, *El′* Drahtelektroden; *m* schlechter Leiter (nasse Fäden); *NM* Präparat.

ladungen, welche Funken von nur $^1/_2$—1 mm Länge lieferten, begonnen, können wir sie dann verstärken und bis auf 5—8 mm bringen, indem wir den Nerven von El und El′ so weit entfernen. Nähert man dem Muskel in diesem Momente einen Finger, so kann man aus dem ersteren einen Funken ziehen und eine Contraction erhalten.

Es könnte scheinen, dass diese paradoxe Erscheinung am einfachsten durch eine Abnahme der Nervenerregbarkeit im Bereiche der Funkenentladungen zu erklären wäre. Dies kann in folgender Weise leicht controlirt werden: Wir biegen den Nervenstamm etwas nach der einen Seite hin ab, aber derart, dass die eine Elektrode, El z. B., in derselben Entfernung vom Nerven bleibe, während die andere Elektrode El′ weiter von demselben abstehe — oder umgekehrt; kurzum, wir bringen den Nerven in eine asymmetrische Lage; dies genügt, damit sofort unter dem Einflusse der Funken aus der nächsten Elektrode Muskelzuckungen entstehen. Indem wir diese Asymmetrie in verschiedener Weise modificiren, können wir uns leicht davon überzeugen, dass diejenigen Nervenstellen, welche beim symmetrischen Bombardement nicht reagirten, bei Entladungen der asymmetrisch gelegenen El und El′ sich als erregbar erweisen. Bei günstigen Verhältnissen Seitens der Erregbarkeit des Präparates kann man sich sogar überzeugen, dass symmetrische, doppelte Entladungen also, sogar von höherer Spannung sich als wenig oder gar nicht erregend erweisen, während bei asymmetrischer Lage schwächere Entladungen (bloss aus der nächsten Elektrode) Zuckungen hervorbringen. Dieselbe Prüfung der Erregbarkeit kann auch natürlich durch Funkenentladungen nur aus einer Elektrode ausgeführt werden, während die zweite Elektrode ganz weggeschoben wird; es kommen dann Zuckungen jedes Mal zu Stande.

Die äussere Seite der Reizungsdepression bei einer Symmetrie der (gleich starken) Funkenentladungen stellt also zweifellos eine grosse Aehnlichkeit mit den oben beschriebenen Erscheinungen der „bipolaren“ Interferenz dar.

Dieser Erscheinung, welche bei etwas herabgesetzter Erregbarkeit des NM-Präparates sich leichter beobachten lässt, können physikalische oder physiologische Ursachen zu Grunde liegen. Um die letzteren auszuschliessen, schneiden wir den Nerven durch und legen die gebildeten Stümpfe wieder an einander, um die physikalische Leitungsfähigkeit herzustellen. Diese Durchschneidung kann entweder in der myopolaren Strecke, oder an der Stelle, welche dem Zwischenraume zwischen El und El' entspricht, ausgeführt werden, so dass die Funken aus El denjenigen Nervenabschnitt treffen werden, der vom übrigen NM-Präparate physiologisch abgetrennt ist. An welcher Stelle die Durchschneidung auch ausgeführt werden mag, die Erscheinungen bleiben im Wesentlichen die gleichen: bei symmetrischen Funken ist keine sichtbare Reizung vorhanden, bei einer Asymmetrie dagegen, d. h. bei Funkenentladungen aus einer einzigen Elektrode entstehen Muskelzuckungen. Dieselbe Controle kann endlich in einer anderen Weise ausgeführt werden: an das centrale Nervenende wird ein gerades Drahtstück von etwa 2 cm Länge in der gleichen Richtung so angelegt, dass der Draht die Fortsetzung des Nerven bildet; dann werden die Elektrodenenden El und El' symmetrisch so eingestellt, dass eine Eunkenentladung, nämlich die aus El *Cu* trifft, während die aus El' den Nerven trifft. Es stellt sich dabei heraus, dass bei symmetrischer Lage derselben die Muskeln in Ruhe bleiben, während sie bei einer Asymmetrie sich contrahiren.

Ohne auf die weitere experimentelle Analyse der Resultate dieses nicht immer leicht gelingenden Versuches einzugehen, glaube ich, das Angeführte genüge, um die physiologischen Momente als Hauptursache dieser Erscheinungen auszuschliessen; solche ursächliche Momente könnten vielleicht z. B. in einer Interferenz *(sensu lato)* der physiologischen Erregungsprocesse, welche an den Stellen der Entladungen verschiedener Polarität entstehen, oder in einer Abnahme der Nervenreizbarkeit gesucht werden.

Viel wahrscheinlicher, glaube ich, wäre die von mir noch im Jahre 1897[1] gegebene physikalische Erklärung — und zwar, dass bei einem symmetrischen Bombardement der Nerven mit Funken in diesem eine mehr oder minder vollständige Neutralisation beider elektrischer Polaritäten stattfinde, noch bevor der physiologische Erregungsprocess Zeit habe, sich in solchem Grade geltend zu machen, als dies ausreichend wäre, um in Form von Muskelbewegungen zum Ausdrucke zu kommen.

[1] Archives de physiologie normale et pathologique, 1897, p. 530.

Sechstes Capitel.

Elektrokinetische Reizung im elektromagnetischen Felde, in der Nähe eines geschlossenen secundären Kreises eines Inductoriums.

Wir haben bisher die reizende Wirkung des oscillatorischen Feldes, welches von einem offenen secundären Kreise eines Inductoriums erzeugt wird, studiert, bei einer Bedingung also, welche offenbar die Möglichkeit einer elektrodynamischen Induction im Nervmuskelpräparate ausschliesst.

Anders verhält sich die Sache, wenn sich der Nerv in der Nähe des geschlossenen secundären Kreises eines Inductoriums, d. h. in einem elektromagnetischen Felde befindet. Wie schon oben erwähnt, wären wir berechtigt, von der elektrodynamischen Moleculartheorie der Nervenströme ausgehend, hier eine inductive Einwirkung auf die Nerventheilchen zu erwarten, auch ohne dass der Nerv vermittelst eines eingeschalteten Bogens zu einem besonderen Kreise abgeschlossen wäre. Wir werden jedoch weiter unten sehen, dass ein solches Verfahren, und zwar die Bildung eines geschlossenen Bogens aus einem NM-Präparate und irgend einem Leiter nicht nur die Reizung im elektromagnetischen Felde nicht erleichtert, wie das im Falle einer elektrodynamischen Induction zu erwarten wäre, sondern umgekehrt sogar die Reizung bis auf Null herabsinken lässt.[1]

Aus der oben angeführten geschichtlichen Uebersicht haben wir bereits gesehen, dass die Versuche, eine physiologische Wirkung im

---

[1] In der erwähnten Beziehung hat eine ringförmige „Vacuum"-Röhre den Vorzug vor dem NM-Präparate, dass sie sowohl in einem elektrostatischen Felde (Influenz), als auch unter dem Einflusse der Induction in der Nähe eines geschlossenen Kreises leuchtend wird; die beiden Einflüsse können auch durch eine blosse Orientirung der Röhre von einander gesondert werden (O. Lehmann, Wiedemann's Annalen der Physik, Bd. XLIV, 1891, S. 652 und von demselben Elektricität und Licht, 1895, S. 299).

elektromagnetischen Felde zu zeigen, bisher erfolglos geblieben sind. Es ist mir zuerst gelungen, Reizungserscheinungen in der Nähe eines geschlossenen Kreises der secundären RUHMKORFF'schen Spirale. Dieser Erfolg erklärt sich dadurch, dass diesen Versuchen meine systematischen Untersuchungen über die unipolare Neuroelektrokinesis vorausgegangen waren, in welchen ich die allgemeinen Bedingungen der Erscheinungen dieser Art eingehend studiren musste. Ausserdem bediente ich mich in meinen ersten Versuchen einer ziemlich starken RUHMKORFF'schen Spirale, was ebenfalls zum Gelingen schon der ersten Beobachtungen in dieser Richtung beigetragen hat. Nachdem ich Reizungserscheinungen in der Nähe des geschlossenen Kreises der secundären Spirale beobachtet hatte, glaubte ich zuerst schliessen zu dürfen, dass eine elektrostatische Einwirkung durch die Versuchsanordnung selbst ausgeschlossen wäre, dass es sich hier also nur um eine dynamische Induction handle.[1] In dieser Ueberzeugung bekräftigte mich noch der Umstand, dass sehr empfindliche Elektroskope mit Aluminiumblättchen keine Spur einer freien Spannung zeigte, nicht nur in der Nähe des Kreises, an der Stelle des NM-Präparates, sondern in gewissen Fällen sogar in directer Berührung mit entblösten metallischen Partien desselben. Nur wenn beide Pole eines grossen Ruhmkorff durch einen sehr langen und feinen Draht mit einander verbunden waren, zeigte das Elektroskop eine unbedeutende Divergenz der Blättchen in der Nähe des Kreises oder bei unmittelbarer Berührung desselben. Die unten angeführten Ergebnisse meiner Versuche und die der älteren physikalischen Litteratur mahnen jedoch zur Vorsicht mit der Negation einer Mitwirkung elektrostatischer Momente. In meiner zweiten Mittheilung über diese Versuche (1899) liess ich vorläufig diese Frage ohne definitive Entscheidung: manche Thatsachen und Erwägungen sprechen für meinen ersten Schluss, andere aber dagegen.[2] Die darzulegenden Beobachtungen bieten auch an und für sich ein nicht geringes Interesse dar, unabhängig von dieser oder jener Lösung der oben aufgestellten physikalischen Frage, die wir später an einer anderen Stelle erörtern wollen.

Die allgemeine Anordnung der unten dargelegten Versuche

---

[1] Archives de physiol. norm. et pathol., 1897, p. 537.

[2] Centralbl. für Physiologie, 1899, Heft 13.

bestand darin, dass von den Polen eines Ruhmkorff, welcher von einer zur Erde abgeleiteten Metallhülse umgeben war (siehe oben), zwei (*el*, *el'*) ziemlich lange, nicht feine Drähte (2—6 m) abgingen, deren Enden entweder durch einen geraden Draht, oder durch Drahtspiralen (*Sp*) verschiedener Länge und Breite verbunden waren; diese Spiralen pflegten gewöhnlich um Glasröhren oder um dickere Cylinder gewickelt zu werden. Der Kreis der secundären Ruhmkorff'schen Spirale war demnach vollkommen geschlossen; der Widerstand der Drähte *el*, *el'* und *Sp* ist freilich im Verhältniss zum Widerstande der secundären Spirale selbst zum Vernachlässigen geringfüg. In einigen Versuchen wurden die Pole mit einander durch einen kurzen und dicken Draht verbunden; in diesem Falle wurde das Nervmuskelpräparat ganz nahe an den Ruhmkorff gebracht, dessen Unterbrecher zur Erde abgeleitet wurde; in den ersten Versuchen befand sich dagegen das NM-Präparat in einer Entfernung von 2—6 m vom Inductorium. Die Bildung des elektromagnetischen Feldes wird durch Annäherung der Elektroden (*el* und *el'*) bis zur Berührung derselben bewirkt; in dieser Ordnung folgt nun auch die Darlegung der Versuche.

Annäherung der Elektroden an einander vermindert die Reizung.

Versuch 51. — Von den Polen des Ruhmkorff ziehen gesondert die Elektroden *el* und *el'*, welche in kleinen Metallplatten Zn, Zn' endigen; der einen derselben gegenüber wird ein Nervmuskelpräparat in einer Entfernung von 30—40 cm oder mehr gelagert, wenn die Spirale stark ist; die Reizung wird so regulirt, dass „spontane“ Zuckungen zu Stande kommen (dazu genügt vollständig, wie wir schon gesehen haben, sogar ein schwacher Ruhmkorff mit einer Funkenlänge von $^1/_2$—1 cm). Wir nähern nun die zweite Elektrode allmählich an die erste Reizungselektrode, an die Endplatte derselben oder an den Draht *el'* selbst. Bei Annäherung derselben an einander kann man bereits in einer Entfernung von 20—30 cm eine Abschwächung der Zuckungen bemerken bei völliger Beseitigung der Bedingungen einer symmetrischen bipolaren Einwirkung (siehe oben Versuch 40). Je näher die Elektroden an einander gebracht werden, desto schwächer ist die Reizung. Bei genügender Nähe der Elektroden treten Funken auf, die Zuckungen werden immer schwächer. Berühren sich *el* und *el'* bezw. ihre Zn-Platten, so hört die Reizung sichtbar auf.

Statt der Drahtelektroden mit den Platten bringen wir nun einen gewöhnlichen Entlader an, der mit den Polen eines durch 3—4 Accumulatoren geladenen Ruhmkorff verbunden wird. Sind seine inneren mit Kupferkugeln (von 1—2 cm Durchmesser) versehene Enden (*a* und *b*) weit auseinander geschoben, so zeigt das Nervmuskelpräparat, wenn Funken nicht vorhanden sind, Reizungserscheinungen gegenüber jedem dieser Enden in einer Entfernung von 20—40 cm. Befindet sich dagegen das NM-Präparat in einer symmetrischen Lage, dem Zwischenraume *a*—*b* gegenüber, so nimmt die Reizung in ausgesprochener Weise, ja sogar bis auf Null, ab (siehe Versuch 19). Nähern wir nun die Enden des Entladers allmählich an einander, so bemerken wir leicht, dass an der früheren Stelle das NM-Präparat schwächere Contractionen zeigt, als vorher; um die Zuckungen ebenso stark wie vorher zu bekommen, muss NM dem Entlader genähert werden. Es ist zweitens nicht schwer zu bemerken, dass je näher an einander *a* und *b* gebracht werden, um so schwieriger wird es, NM in eine symmetrische Lage zu bringen, um dadurch eine Symmetriedepression hervorzurufen.[1]

Durch weitere Annäherung der Entladerenden an einander entstehen endlich Funkenentladungen; dieser Umstand hält aber die Depression der Reizung nicht auf. Der Funken schliesst den Kreis des Entladers und der secundären Spirale in der gleichen Richtung, da Schliessungsschläge wegen des grossen Widerstandes der Luft ausgeschlossen sind. Wir haben also hier einen intermittirenden Strom von hoher Spannung und in einer und derselben Richtung. Solche Versuche sind besonders interessant mit einem Hertz'schen Vibrator, der mit kupfernen Flügeln versehen ist (starker Ruhmkorff, 6 Accumulatoren). Bei starken Funken kommen Zuckungen zu Stande noch in einer Entfernung von 2—$2^1/_2$ m und mehr vom Entlader, besonders wenn man NM zur Erde ableitet und den Nerven mit einem anderweitigen Leiter berührt. Es ist dabei leicht zu bemerken, dass die Reizung in ausgesprochener Weise herab-

[1] Analoge Erscheinungen in Bezug auf die Orientirung des Nerven wurden auch von Cas. Radzikowski beobachtet (a. a. O. S. 8 u. andere).

gesetzt wird, wenn beide Flügel dem Vibrator abgenommen werden. Eine Annäherung der Entladerenden an einander, d. h. eine Abnahme der Funkenlänge bewirkt ebenfalls eine Depression; endlich nehmen wir die Flügel weg und nähern dann einander die Entladerenden bis zur völligen Berührung; die Muskeln bleiben in Ruhe sogar in geringer Entfernung vom geschlossenen Entlader. Sobald man aber *ceteris paribus* den äusseren, freien Vibratorenden Flügel aufsetzt, treten Zuckungen sofort auf bezw. sie werden in ausgesprochener Weise stärker. Eine blosse Annäherung der Flügel an den Entlader ohne Verbindung genügt nicht; eine Verstärkung der Reizung kommt nicht zu Stande.

Auf den ersten Blick könnte man annehmen, dass die Reizung bei den Funkenentladungen des Hertz'schen Vibrators nicht durch das elektrische Feld, nicht durch die langsamen Schwingungen, sondern durch die Hertz'schen, d. h. durch Strahlen bedingt werden. Eine kleine Controle, z. B. in Form einer Nachbarschaft eines Leiters, genügte jedoch, um sich von der Unrichtigkeit dieser Annahme zu überzeugen.

Schliessung des Kreises durch einen geraden dicken Draht.

Versuch 52. — Ein Ruhmkorff mittlerer Grösse wird durch 3—4 Accumulatoren geladen; die Enden der von den Polen der secundären Spirale kommenden Elektroden *el* und *el'* sind durch einen etwa 100 cm langen und in einer Glasröhre eingeschlossenen Draht (*ab*) mit einander verbunden. In der Nähe der Mitte der Horizontalen *ab* wird auf einer Paraffinplatte ein frisch bereitetes, stark erregbares Nervmuskelpräparat in einer Entfernung von 20 bis 30 cm von *ab* ebenfalls horizontal gelagert; zur Verstärkung der Reizung wird dem centralen Nervenende ein Stanniolstreifen oder ein feuchtes Papierstückchen aufgelegt; genügt das nicht, so ist es einfacher, das centrale Ende des NM-Präparates zur Erde abzuleiten; es ist ausserdem zuweilen nothwendig, den Nerven mit irgend einem grossen Leiter oder mit einem von demselben kommenden Drahte zu berühren.

Liegt NM senkrecht auf dem Drahte *ab*, so können Zuckungen auch vollkommen fehlen; drehen wir aber das NM-Präparat in derselben horizontalen Ebene, so bemerken wir, dass die Reizung allmählich zu steigen beginnt; die stärksten Zuckungen kommen dann zu Stande, wenn das Nervmuskelpräparat parallel dem Drahte *ab* liegt. Je näher *ab* NM liegt, desto stärker ist *ceteris paribus* die Reizung. In diesem Versuche mit einem geschlossenen secundären Kreise zeigt also die Orientirung ein gänzlich umgekehrtes Verhalten, als diejenige, welche wir oben bei der unipolaren Methode gesehen haben, wo die „wirksame“ Stellung eine senkrechte auf die Ebene der Zn-Elektrode war (Versuch 19). Im gegebenen Falle, im elektromagnetischen Felde, bildet die Orientirung eine ebenso wichtige Bedingung, wie beim unipolaren Felde; bei einer „unwirksamen“ senkrechten Stellung können wir sogar das proximale Ende des NM-Präparates dem Drahte *ab* bedeutend näher bringen, und eine Reizung wird doch nicht erfolgen, wenn der Strom nicht stark ist, während bei einer „wirksamen“ parallelen Stellung die Reizung sich sogar in einer grösseren Entfernung von *ab* geltend macht.

Bei der Erklärung dieses Unterschiedes in der Orientirung muss man beachten, dass die Kraftlinien im magnetischen Felde um *ab*, als um einen Theil des geschlossenen Kreises, geschlossene Curven bilden, welche in Ebenen liegen, die auf die Richtung des Drahtes *ab* fast senkrecht stehen; ein Nervmuskelpräparat, welches in diesem variablen magnetischen Felde senkrecht auf *ab* liegt, wird demnach von nur sehr wenigen Kraftlinien durchschnitten; dagegen geht durch NM bei paralleler Lage desselben das Maximum der Kraftlinien hindurch, was auch eine maximale Reizung bedingt, weil dabei eine maximale Erregung der Inductionsströme stattfindet.

Es muss aber zugleich auch die Möglichkeit eines elektrostatischen Einflusses, d. h. einer Mitwirkung eines elektrischen Feldes um denselben Draht *ab*, beachtet werden. Indem wir die Frage von einer Summation oder Superposition der Einwirkungen beider gleichzeitiger Felder unerörtert lassen, können wir annehmen — und zwar in Anbetracht der Mitwirkung der zweiten Componente —, dass *ab* entlang (nach dieser oder jener Seite hin) ein Sinken des Potentials vor sich geht; die äquipotentialen „Ebenen“ kommen senkrecht auf die Linie *ab* zu stehen; liegen NM und *ab* einander parallel, so wird der Nerv von einer maximalen Zahl dieser Ebenen durchschnitten, es stellt sich darin eine maximale Potentialdifferenz ein, und daher die starke Reizung. Liegt aber der Nerv senkrecht auf *ab*, so wird offenbar die Bedingung für das Zustandekommen einer solchen Reizung eine denkbar ungünstige sein. Für das Mitwirken eines elektrischen Feldes spricht der Umstand, dass eine Berührung des Drahtes *ab* mit einer grossen metallischen Oberfläche von etwa 20 × 20 cm und weniger sogar die Reizung merklich verstärkt; wird aber der Draht zur Erde abgeleitet, so werden die Zuckungen bedeutend schwächer.

Schliessung des secundären Kreises vermittelst einer Spirale *Sp*.

Versuch 53. — Statt des geraden Drahtes *ab* verbinden wir die Enden der Elektroden *el* und *el'* durch einen isolirten Draht, der um eine Glasröhre spiralig gewunden ist. Ich bediente mich mehrerer solcher Spiralen von verschiedener Länge, Breite und Zahl der Windungen. (Dicke des Drahtes 0,75—1,5 mm, seine Länge 1—50 m, Länge der Spirale 20—100 cm, Zahl der Windungen 20—640, Durchmesser des Spiralkreises bezw. der Röhre 2—12 cm.) Ich lagerte gewöhnlich diese Spiralen und das Nervmuskelpräparat in einer gleichen Horizontalebene. Es gilt nun eine allgemeine Regel, dass je grösser die Spirale ist, je mehr Windungen sie hat, desto stärker ist *ceteris paribus* die Reizung. Es ist daher verständlich, warum bei derartigen Versuchen zur Schliessung des Kreises *el* und *el'* stets vortheilhafter ist, eine Spirale anzuwenden, als den geraden Draht *ab*. Dass in derartigen Fällen die Oberfläche des Leiters von nicht geringer Bedeutung ist, kann man sich überzeugen, indem man zur Schliessung des Kreises *el* und *el'* im Versuche 52 statt des geraden Drahtes *ab* einen breiten Metallstreifen verwendet; je schmäler dieser Streifen ist, desto schwächer ist die Reizung.

Bei günstigen Verhältnissen kann man in einer Entfernung von 1—2 m von einer grossen Spirale „abgeleitete" Zuckungen erhalten, wenn das Nervmuskelpräparat zur Erde abgeleitet ist; gewöhnlich treten aber bei einem mittleren Ruhmkorff Zuckungen in 20—40 cm Entfernung auf. Zur Verstärkung der Reizung kann man zwischen *el* und *el'* zwei Spiralen einschalten und das NM-Präparat zwischen denselben lagern. In Versuchen mit maximaler Reizung (starker Ruhmkorff, erregbares, zur Erde abgeleitetes NM-Präparat; grosse und dicke Spirale, geringer Abstand zwischen NM und dieser *Sp*) kann man sich überzeugen, wenn man statt des gewöhnlichen Unterbrechers von Foucault oder Ducretet einen besonderen Quecksilberunterbrecher einschaltet, dass die Zuckung nicht nur bei der Oeffnung des primären Kreises, sondern auch bei deren **Schliessung** auftritt. Diese Thatsache ist von grosser Wichtigkeit für die Aufklärung der physikalischen Seite der Reizung (s. unten). Die genannte Thatsache lässt sich relativ leicht dann constatiren, wenn wir mit der einen Hand *Sp*, mit der anderen NM berühren. Es ist schon oben bemerkt worden, dass in denjenigen Fällen, wo NM eine deutliche Reizung zeigt, sogar ein empfindliches Elektroskop freie Elektricität — nicht nur in der Nähe von *Sp*, sondern zuweilen auch an dieser selbst — anzuzeigen nicht im Stande ist![1]

Was die Orientirungsverhältnisse betrifft, so bleiben sie denen des geraden Drahtes *ab* gleich: ist NM der Spiralenachse parallel, so sind Zuckungen vorhanden; eine unwirksame Stellung ist die umgekehrte. Eine Reizung kommt also dann zu Stande, wenn beide Enden des Nervmuskelpräparates von der Spirale *Sp* gleich entfernt sind. Diese Versuche bestätigen also — für die gegebenen Bedingungen — die zuerst von Magini entdeckte Gesetzmässigkeit der Orientirung vollständig (s. oben). Diese Regel erfordert — wovon man sich durch eine einfache Controle leicht überzeugen kann —, dass der Nerv und die Muskeln des Präparates die gleiche Richtung haben. Die physikalische Bedeutung dieser Forderung ist vollkommen verständlich.

Was die anderen Bedingungen anbetrifft, die oben für die unipolare Reizung bestimmt worden sind, so gelten sie auch im gegebenen Falle, gleichgültig, ob der Kreis durch einen geraden Draht oder durch eine Spirale geschlossen wird.

Undurchsichtige Schirme, zwischen NM und der Spirale angebracht, heben die Reizung auf, besonders wenn der Schirm zur Erde abgeleitet wird; durchsichtige Schirme stören die Reizung nicht.

Die Nachbarschaft von Leitern hinter dem NM-Präparate verstärkt die Reizung; ist ein solcher Leiter, eine Metallplatte (Zn) z. B., zur Erde abgeleitet, so begünstigt dies die Nervenerregung in noch

[1] Bei diesen Prüfungen muss der Wechsel der Stromesrichtung im secundären Kreise beim gewöhnlichen Gange des Unterbrechers beachtet werden.

höherem Maasse. Vollkommen entgegengesetzte Erscheinungen kommen aber zu Stande, wenn das Nervmuskelpräparat selbst vorläufig zur Erde abgeleitet wird; in diesem Falle bewirkt eine Annäherung einer ebenfalls zur Erde abgeleiteten Zn-Platte eine ausgesprochene Abnahme der Reizung, wie wir dies schon oben bei der unipolaren Methode gesehen haben.

Das Anlegen eines Nebenbogens an das Nervmuskelpräparat ruft, sogar bei wirksamer Stellung und in geringer Entfernung von der Spirale *Sp*, ein Sinken der Reizung bis auf Null hervor. Auf die Bedeutung dieser Thatsache für die theoretische Erklärung der beschriebenen Erscheinungen ist schon oben hingewiesen worden. Die Länge des Nebenbogens übertraf etwas die des NM-Präparates selbst. Dagegen bewirkt eine Zunahme der leitenden Masse („Anhängsel") an den Enden des NM-Präparates — eine Auflegung von Stanniolstückchen — eine ausgesprochene Steigerung der Reizung.

Ableitung des secundären Kreises zur Erde.

Versuch 54 (Fig. 38). — Mittlerer Ruhmkorff, 3 Accumulatoren, Funkenlänge 4—5 cm. Die Pole sind mit einander durch einen dicken, kurzen, spiralförmig gewundenen (16 Windungen) Draht *Sp* verbunden; diese Spirale befindet sich ganz oberhalb des Inductoriums, dessen Spule gut isolirt und mit einer Platte aus Hartgummi bedeckt ist. Ein nahe herangebrachtes Nervmuskelpräparat, welches zur Erde abgeleitet ist, zeigt Contractionen.

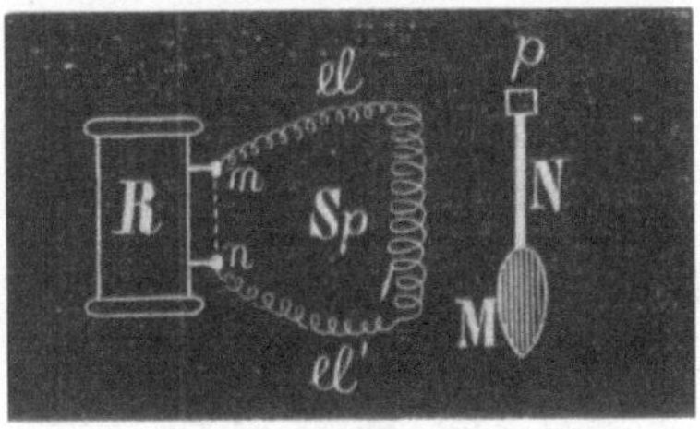

Fig. 38.

R Ruhmkorff; *el*, *el'* Elektroden; *Sp* Spirale, die den secundären Kreis schliesst; *m*, *n* Pole; *NM* Präparat.

Analoge Resultate, aber in schwächerem Maasse, werden sogar dann erzielt, wenn beide Pole durch einen geraden dicken Draht mit einander verbunden sind.

Von diesen Beobachtungen ausgehend, wollen wir Folgendes ausführen.

Von den Polen *m* und *n* kommen Elektroden *el* und *el'*, die durch eine grosse Spirale *Sp* (100 cm Länge, 40 Windungen) mit einander verbunden sind; in der Nähe derselben zeigt das (zur Erde abgeleitete) NM-Präparat Reizungserscheinungen, besonders auf Berührung des Nerven. Nun, *ceteris paribus*, verbinden wir die Pole *m* und *n* mit einander durch einen geraden dicken Draht, ohne an den Elektroden und an der Spirale etwas zu ändern. Dessenungeachtet wird doch der Nerv in der Nähe von *Sp* sogar in einer Entfernung von 20—30 cm von derselben erregt, wenn auch merklich schwächer, als dies von der Anlegung des Drahtes *mn* der Fall war; es ist sogar möglich, dass die „spontanen" Zuckungen verschwinden werden, die „abgeleiteten" aber, durch Berührung des Nerven hervorgebracht, sind noch vollkommen erhalten. Eine weitere Abschwächung kann hervorgerufen werden, indem man irgend eine Stelle des Kreises *me—el—Sp—el'—n* zur Erde ableitet; aber auch bei dieser Bedingung können noch durch Berührung des Nerven „abgeleitete" Zuckungen hervorgebracht werden, wenn man den Strom der Spirale verstärkt, ein frisches NM-Präparat nimmt, demselben eine „wirksame" Stellung giebt und näher an *Sp* bringt.

Wir kommen also auf eine solche Versuchsanordnung, die offenbar die Möglichkeit einer Mitwirkung einer elektrostatischen Ladung vom Inductiorium aus leicht ausser Zweifel setzen sollte! Ist eine solche vorhanden und bildet sie die Grundlage der Reizung in den beschriebenen Versuchen, so werden wir offenbar im Stande sein, durch Ableitung des secundären Kreises des Ruhmkorff zur Erde die Reizung vollkommen aufzuheben, wenn das magnetische Feld an sich einen solchen Effect hervorzubringen nicht vermag.

Die Versuchsanordnung ist folgende: ziemlich starker Ruhmkorff, 4 Accumulatoren; von beiden Polen ziehen Elektroden *el* und *el'*, welche durch eine grosse Spirale *Sp* (40 cm Länge, 200 Windungen) oder sogar durch eine kleinere mit einander verbunden sind. In der „wirksamen" Stellung des NM-Präparates kommen Zuckungen zu Stande in einer Entfernung von 20—30 cm und mehr, besonders bei Annäherung der Hand. Nachdem eine solche Reizung eingestellt worden ist, verbinden wir nun beide Enden der Spirale *Sp* (oder die beiden Pole des Ruhmkorffs) mit der Erde (mit Gas- oder Wasserleitungsröhren), wobei aber die frühere Verbindung derselben mit den Drähten *el* und *el'* unverändert gelassen wird. Wir bemerken dann sofort, dass die Reizung bedeutend schwächer geworden ist; „spontane" Zuckungen sind keine mehr vorhanden, während „abgeleitete" noch zu Stande kommen! Eine Berührung des Nerven mit einem Finger oder mit einem Drahte ruft eine deutliche Reizung hervor (es kann auch eine Ableitung zur Erde des NM-Präparates erforderlich sein).[1] Ist aber nur das eine Ende der Spirale *Sp* zur Erde abgeleitet, so können sogar die spontanen Zuckungen noch erhalten bleiben, aber nur bei Annäherung der Hand von hinten her an das NM-Präparat bezw. bei Berührung desselben und bei günstigen Bedingungen seitens der Erregbarkeit des Präparates und der Stärke des Ruhmkorff.

Diese Versuche, die in grosser Zahl und mit verschiedenen Variationen ausgeführt wurden, zeigen also, dass bei Verhältnissen, welche die freie Spannung des secundären Kreises offenbar zu beseitigen vermögen, eine elektrokinetische Reizung immer noch stattfindet, wenn auch in bedeutend schwächerem Maasse. Dieses Resultat konnte bei verschiedener Frequenz der Unterbrechungen des secundären Kreises erhalten werden.[2] Die Ableitung zur Erde geschah vornehmlich durch die Gasleitungsröhren, in einigen Versuchen aber auch durch die Wasserleitungsröhren, die in dieser Beziehung zuverlässiger sind als die ersteren.

Die berührte Frage von der Mitwirkung elektrostatischer Schwingungen führt ihrerseits zur folgenden Voraussetzung: nimmt man das Vorhandensein freier Spannung an, so muss diese offenbar von beiden Polen mit ungleichnamigen Vorzeichen ausgehen; man dürfte daher erwarten, dass irgend wo, in der Mitte der Spirale *Sp* — wenn diese sehr lang, die Drähte *el* und *el'* ganz gleich gewählt werden —, eine Indifferenzzone existiren müsse, der gegenüber das NM-Präparat in Ruhe bleibe, während nach beiden Seiten von dieser Zone die Reizung zunehmen müsse. Um die Richtigkeit dieser Voraussetzung zu prüfen, nahm ich eine sehr lange Spirale von beinahe 1 m Länge, aber an keiner Stelle entlang derselben konnte ich einen Unterschied im Grade der Reizung bemerken; die Reizung war überall gleich,

[1] In diesem Falle benutzte ich gewöhnlich einen Metallstab, der in genügend feuchte Erde tief eingeführt wurde. Ist der Boden trocken, so bewirkt eine Verbindung mit demselben keine vollkommene Ableitung der freien Elektricität des mit demselben verbundenen Leiters.

[2] Es muss jedoch dabei beachtet werden, dass die Elektrisation von Leitern durch eine Ableitung zur Erde nicht immer beseitigt wird, so z. B. m Falle von Induction elektrischer Wellen (J. J. Borgman).

wenn die Prüfung in gleicher Weise geschah. Nach Ableitung des einen Endes dieser Spirale zur Erde konnte ich keine Abschwächung der Contractionen in der Nähe dieser Stelle des Kreises bemerken. Sollte man also doch gezwungen sein, die Anwesenheit einer Ladung in diesem Kreise bei den genannten Bedingungen anzuerkennen, so müsste offenbar zu gleicher Zeit angenommen werden, dass in meinen Versuchen diese Ladung im ganzen Kreise mit den gleichen Vorzeichen vor sich ginge.

Ganz andere Resultate erhält man dann, wenn der secundäre Kreis durch einen schlechten Leiter von grossem Widerstande geschlossen wird.

Schliessung des secundären Kreises durch einen Leiter von grosser Länge und grossem Widerstande.

Versuch 55. — Mittlerer Ruhmkorff, Funkenlänge 2—4 cm und sogar weniger; beide Pole sind durch eine feuchte Schnur oder einen dicken Faden von etwa 4—6 m Länge und mehr mit einander verbunden; die Schnur ist in einer Horizontalebene ausgespannt. Die Unterbrechungen der primären Spirale erfolgen ziemlich häufig, etwa 10—15mal in der Secunde. Von den Seitentheilen der Schnur, d. h. von den Partien, die den Polen näher liegen, erhält man in den Fingern deutliche Entladungen, ja es können sogar Funken zum Vorschein kommen; in der Richtung nach dem mittleren Theile der Schnur hin werden sie dagegen in ausgesprochener Weise schwächer; aber auch da kann übrigens die freie Spannung mit den Lippen oder der Zunge nachgewiesen werden. Das am Knochen in der Hand festgehaltene Nervmuskelpräparat wird verschiedenen Theilen der Schnur, in gleicher Entfernung von derselben, genähert. Entsprechend den seitlichen Abschnitten der Schnur erhält man starke Zuckungen; beim Verschieben des NM-Präparates nach den Polen hin werden die Zuckungen stärker, beim Verschieben in der umgekehrten Richtung, d. h. nach der Mitte des Leiters hin, werden sie schwächer; in der Nähe des mittleren Theiles der Schnur bleibt NM in Ruhe; diese Indifferenzzone ist ziemlich gross, sie kann sich auf 20—30 cm und mehr erstrecken. Es macht sich also ein vollkommen deutliches Sinken des Potentials der Schnur entlang von den Polen des Ruhmkorff nach der Mitte dieses Leiters hin geltend.

Dieser Versuch, sowie auch viele der im vorliegenden Werke beschriebenen gelingen vollkommen auch bei geringerer Stärke des Inductoriums, bei einer Funkenlänge von $^1/_4$—$^1/_2$ cm z. B. Je stärker der Strom ist, desto länger muss die verwendete feuchte Schnur sein, um eine ziemlich lange Strecke der nachweisbaren Indifferenzzone zu erhalten.

Wird während dieses Versuches der eine Pol des Ruhmkorff oder das an demselben befestigte Schnurende zur Erde abgeleitet, so nimmt die Spannung an der anderen Seite beträchtlich zu, die mittlere Indifferenzzone wird nach dem oben abgeleiteten Pole hin stark verschoben, so dass z. B. $^2/_3$—$^3/_4$ der Schnur ein starkes actives Feld erzeugt; in der Nähe des zur Erde abgeleiteten Abschnittes dagegen verschwindet die Elektrokinesis. Werden nun beide Pole zur Erde abgeleitet, so kann die elektrokinetische Reizung überall bis auf Null absinken.

Die physikalische Seite des beschriebenen Versuches ist schon seit ziemlich lange her von Koosen, Poggendorff u. A. aufgeklärt worden, nämlich für den Fall, wo in den sekundären Kreis grössere äussere Widerstände eingeschaltet werden; aber auch physiologische Beobachtungen — und zwar nach der Contactmethode der directen elektrischen Reizung — sind bei der erwähnten Anordnung schon seit lange her, zum Theil sogar noch vor den physikalischen Versuchen, gemacht worden. E. du Bois-Reymond verband die Pole eines Schlitteninductoriums durch einen feuchten Streifen Filtrirpapier, welcher zwischen den Platinenden der von den Polen (p, p') des Apparates ziehenden Drähte zu liegen kam; man erhielt auf diese Weise einen „unvollkommen geschlossenen Kreis“. Der Nerv des Präparates wurde direct auf den Papierstreifen quer gelagert; die Zuckungen waren um so stärker, je näher der Nerv einer der Plattenelektroden gebracht wurde; die Muskeln blieben dagegen in Ruhe, wenn der Nerv symmetrisch zwischen den Pt-Elektroden, in der Mitte des Papierstreifens lag — hier befindet sich also ein „Indifferenzpunkt“. Legt man auf den erwähnten feuchten Streifen zwei Nerven zweier NM-Präparate zu beiden Seiten dieses unwirksamen Punktes, so erhält man Zuckungen beim Schliessen und Oeffnen, „complementär“; die Berührung eines derselben ruft Zuckungen in beiden Präparaten hervor.[1] Beim Wiederholen dieses Versuches bemerkte jedoch

[1] E. du Bois-Reymond, Untersuchungen, Bd. I, 1848, S. 433—434.

M. Schiff,[1] dass bei solch einer leitenden Berührung die Zuckungen des berührten Präparates stärker ausfallen; wird aber nicht das Präparat, sondern der nasse Streifen (der leitende Bogen) berührt, und zwar an einer Stelle zwischen dem einen Pole (p) und dem nächsten NM, so contrahiren sich bloss die Muskeln des anderen, d. h. des dem anderen Pole (p_1) näher gelegenen NM-Präparates. Schiff erklärt diese Erscheinung in zutreffender Weise durch eine Erhöhung der Spannung am anderen Pole (p_1), wenn der erste p mit unserem Körper (bezw. mit der Erde) verbunden wird.

Was die physikalischen Beobachtungen anbetrifft, so ist das Vorhandensein freier Spannung an einem secundären Kreise mit einem eingeschalteten Leiter von grossem Widerstande, so viel ich weiss, zuerst von Koosen[2] hervorgehoben worden. Er beobachtete eine Elektrisation eines langen Drahtes (von mehreren Tausenden Fuss sogar), welcher den secundären Kreis eines Inductoriums schloss. War dieser Draht relativ kurz, so zeigte ein Elektrometer mit goldenen Blättchen gar keine freie Elektricität an; war dagegen der Draht sehr lang, sogar im Verhältnisse zur Länge des Drahtes der secundären Spirale selbst, so stellte sich an den Polen eine sehr bedeutende Spannung ein, fast ebenso, wie wenn der Kreis offen wäre. In der Mitte dieses langen Verbindungsdrahtes (d. h. symmetrisch in Bezug auf die Pole) ist die Spannung gleich Null — ein „Indifferenzpunkt“; von da nach beiden Seiten hin steigen die Spannungen mit entgegengesetztem Vorzeichen. Beim Verbinden zweier Punkte aus diesen beiden Hälften vermittelst eines Leiters erhielt Koosen Funken von 11 mm Länge!

Poggendorff[3] beobachtete eigentlich die gleichen Erscheinungen, wie Koosen. Indem er die Pole eines Inductoriums durch einen Kupferdraht von 0,66 mm Dicke und von nicht mehr als 400 Fuss Länge verband, beobachtete er Elektrisationserscheinungen, wenn auch in unbedeutendem Maasse. Die freie Spannung an den Polen verschwand aber gänzlich, wenn jene durch einen Platindraht von 0,1 mm

---

[1] M. Schiff, Unipolare Zuckungen durch galvanische Ströme. Zeitschrift für Biologie, Bd. VIII, 1872, S. 71—91.

[2] Koosen, Ueber die Wirkung des unterbrochenen Inductionsstromes auf die Magnetnadel. Poggendorff's Annalen der Physik, Bd. CVII, 1859, S. 193,

[3] Poggendorff, Ueber den Extrastrom des Inductionsstromes. *Ibidem* Bd. CXXI, 1864, S. 304.

Dicke und 100 Fuss Länge verbunden waren! Endlich, beim Einschalten zweier Hülfsspiralen, von grossem Widerstande also, beobachtete POGGENDORFF eine positive Elektrisation auf der Seite des positiven Pols und eine negative an der entgegengesetzten Seite. Zwischen diesen eingeschalteten Spiralen war die Spannung viel geringer (wahrscheinlich Null). Das Auftreten einer Elektrisation überhaupt lässt sich nur bei der Oeffnung des primären Kreises beobachten; die freie Spannung gehört also, nach POGGENDORFF, dem Oeffnungsinductionsstrome an und wird nämlich durch einen Extrastrom im secundären Kreise (in Folge der Einschaltung der Supplementspiralen) bedingt.

Bevor ich zur Beurtheilung meiner eigenen Resultate übergehe, glaube ich noch auf die neueren physikalischen Untersuchungen hinweisen zu müssen. Ein Versuch, welcher dem oben erwähnten — mit einem nassen Leiter zwischen den Polen des Inductoriums und einem NM-Präparate — völlig analog ist, wurde auch von R. COLSON[1] angestellt. Er verbindet die Pole eines RUHMKORFF'schen Inductoriums durch einen (mit einer $CaCl_2$-Lösung) getränkten Faden und untersucht die Vertheilung des Potentials vermittelst eines Telephons. Es stellt sich dabei heraus, dass im mittleren Theile des Fadens sich eine mehr oder minder grosse Indifferenzzone befindet, in deren Nähe der Telephon nicht anspricht; geht man dagegen mit dem Telephone von dieser Stelle aus weiter nach diesem oder jenem Pole des Apparates hin, so kann man ein allmählich stärker werdendes Geräusch (entsprechend den Unterbrechungen des primären Kreises) wahrnehmen. Die Indifferenzzone kommt zu Stande in Folge einer Interferenz der positiven und negativen elektrischen Wellen oder der langsamen Schwingungen, welche von beiden Polen ausgehen; die Wellenlänge beträgt für die gegebene Frequenz (130) der Unterbrechungen über 2000 km. Der ungemein grosse Widerstand des eingeschalteten schlechten Leiters erzeugte also hier eine deutliche freie Spannung, zugleich aber auch ein oscillatorisches Feld. Damit der Versuch gelingt, ist es nicht nothwendig, einen starken oder mittleren Ruhmkorff zu verwenden; dank der hohen Empfindlichkeit des Telephons gelingt der Versuch auch mit einem kleinen Ruhmkorff. Verbindet

[1] R. COLSON, Démonstration, au moyen du téléphone, de l'existence d'une interférence d'ondes électriques en circuit fermé. Compt. rend., T. CXV, p. 800—802.

man aber beide Pole durch einen Kupferdraht, so spricht das Telephon nicht an.[1]

Die Untersuchungen von NICOLAËVE[2] zeigen ebenfalls, dass um

[1] Diese physikalischen Versuche von COLSON veranlassen mich, aus der Kritik von J. LOEB, welche die in meinen Mittheilungen (siehe oben) gebrauchten Ausdrücke „elektrische Wellen und Strahlen“ betrifft, hier folgende Stellen anzuführen. „Wenn heute ein Physiker von der Wirkung elektrischer Wellen hört, so ist er geneigt, sich Wellen von der Grössenordnung weniger Centimeter vorzustellen. Mit längeren Wellen dürfte wohl jetzt kaum ein Physiker arbeiten“ (?!...). Die Möglichkeit einer Wellenlänge von 5000 km in meinen Versuchen (namentlich im Versuche 40, 41) anerkennend, wendet J. LOEB gegen den Ausdruck „Interferenz“ (siehe oben) Folgendes ein: „Will DANILEWSKY uns glauben machen, dass diese Wellen zwischen seinen 50 bis 100 cm von einander entfernten Elektroden zur Interferenz gekommen seien?“ (PFLÜGER's Archiv, Bd. LXIX, S. 109, 113). Ferner wiederholt LOEB dieselbe Erwiderung, indem er glaubt, dass — wo es sich um Wellenlängen von Tausenden Kilometern handelt — „auf solche Fälle die Begriffe elektrische Strahlen, Wellen, Interferenz (innerhalb einer Distanz von 1 m!) anzuwenden, ist absurd. (!) Wer von physiologischen Wirkungen elektrischer Wellen reden will, muss mit raschen Oscillationen arbeiten ...“ Die angeführten Hinweise auf die Arbeiten und die Terminologie der Physiker OBERBECK und COLSON genügen, glaube ich, um alle Grundlosigkeit der voreiligen Erwiderungen von J. LOEB anzuerkennen. Indem er von elektrischen „Strahlen“ und „Wellen“ spricht, hat er offenbar nur die HERTZ'schen Schwingungen im Auge! Indem er von Interferenz langer Wellen spricht, glaubt er, scheint es, es müsse auch eine entsprechend grosse Entfernung zwischen den Elektroden bestehen! Was den Ausdruck „elektrische Strahlen“ in meinem französischen Artikel betrifft, so war schon davon im Vorworte die Rede. Es mag hier noch erwähnt werden, dass J. LOEB zum Schlusse seiner Abhandlung (a. a. O. S. 114) darauf besteht, dass seine „Arbeit . . . vor der Arbeit DANILEWSKY's erschienen ist“. . . . Seine Abhandlung ist in der That im Juni 1897, während die meinige im Juli 1897 im Archives de physiologie erschienen ist. Die am Ende des Vorwortes angeführten Daten entkräften aber auch diesen Anspruch auf Priorität (von einem Monate!) einer Arbeit in der gleichen Richtung. Es ist klar, dass unsere Arbeiten unabhängig von einander ausgeführt worden waren. Ich glaube hier noch erwähnen zu dürfen, dass meine ersten Mittheilungen sich auf 1896 beziehen (siehe Schluss des Vorwortes) und dass sie ihrem faktischen Inhalte nach viel mannigfaltiger sind und viel mehr Neues bieten, als die Mittheilung von J. LOEB; dies bezieht sich besonders auf die Versuche mit bipolarer elektrokinetischer Einwirkung und mit geschlossenem secundären Kreise.

[2] W. DE NICOLAËVE, Note sur la manifestation des champs électrostatiques, qui se produisent autour des circuits ouverts et fermés, parcourus par les courants alternatifs. Journal de physique, T. II, 1893, S. 36—42.

einen geschlossenen Kreis auch ein elektrostatisches Feld existirt und dass „*dans tous les appareils électrodynamiques animés par des courants alternatifs existent simultanement des champs magnétiques et électrostatiques*". Allein die Versuchsanordnung von Nicolaëve unterscheidet sich bedeutend von allen oben angeführten. Er verwendete eine Ruhmkorff'sche Spirale mit 2—4 Accumulatoren; um ein schwankendes Potential mit wechselnder Amplitude zu erhalten, verband er den einen Pol (p) mit der Erde und den anderen (p_1) mit einer flachen Faraday'schen Spirale (Sp); in beide Pole waren ausserdem Stäbe mit einander zugekehrten Kugeln (Entlader) eingeschoben; zwischen den Kugeln sprangen Funken durch. Beim Verändern des Abstandes der Kugeln, d. h. der Funkenlänge, erhielt Nicolaëve entsprechende Veränderungen des Potentials in p_1. Um das elektrostatische Feld in der Nähe der Spirale Sp nachzuweisen, bringt man ein derselben paralleles Metallplättchen an und verbindet es mit einem Elektroskope oder mit einem Ende eines Telephons; beide Apparate zeigen freie Spannung an.

In diesem Abschnitte entsprechen die Versuche von Nicolaëve meinen Beobachtungen über die unipolare Reizung. Dieser Autor behauptet aber ferner, er habe dieselben Erscheinungen, nur in schwächerem Grade, auch dann beobachtet, wenn der Kreis geschlossen war, d. h. wenn der Mittelpunkt der flachen Spirale mit dem anderen Pole verbunden war. Leider erwähnt Nicolaëve die älteren Versuche von Poggendorff gar nicht, er berichtet auch nicht, ob er das elektrostatische Feld nur beim Oeffnen des primären Kreises des Inductoriums erhalten habe oder auch beim Schliessen. Es darf noch ausserdem nicht vergessen werden, wenn man seine Versuche mit den meinigen vergleichen will, dass der secundäre Kreis in seinen Versuchen durch einen Funken geschlossen wurde und nicht durch einen metallischen Leiter, wie dies in meinen Versuchen 52—54 der Fall war.

Indem ich nun zur Zusammenstellung der physikalischen Ergebnisse mit den Resultaten meiner Versuche übergehe, muss ich vor allem auf einen wesentlichen Unterschied hinweisen; wir haben nämlich eine Reizung des Nervmuskelpräparates in der Nähe eines völlig geschlossenen metallischen secundären Kreises zu Stande kommen sehen, nicht nur während der Oeffnung, sondern auch während der Schliessung, wo eine Elektrisation der Leiter im secundären Kreise nach POGGENDORFF nicht stattfindet. Ausgehend davon, kann man also annehmen, dass im Momente des Auftretens der Schliessungszuckungen das elektrostatische Feld in der Nähe des geschlossenen Kreises gar nicht (oder vielleicht nur in schwachem Grade?) vorhanden ist.

Ganz im Gegensatze ferner zur Versuchsanordnung von KOOSEN und POGGENDORFF wurde, in meinen Beobachtungen über mehrere RUHMKORFF'sche Inductionsapparate von verschiedener Grösse und verschiedener Construction, der secundäre Kreis mittels eines kurzen, geraden oder spiralig gewundenen Drahtes von relativ sehr geringem Widerstande geschlossen. Trotzdem kam in der Nähe des geschlossenen Kreises, ja sogar in einer Entfernung von mehreren Decimetern, eine elektrokinetische Reizung zu Stande! Sollte bei diesen Verhältnissen die Existenz eines elektrostatischen Feldes dennoch angenommen werden, so konnte letzteres nur äusserst schwach sein, ein sehr geringes Potential besitzen, wenn die Ursache dieses Feldes nur vom Verbindungsdrahte abhängig wäre. Wie schon erwähnt, blieb ein Elektroskop mit Aluminiumblättchen in völliger Ruhe sogar beim Verbinden desselben mit einer grossen, in der Nähe der Spirale befindlichen Metallplatte, während ein NM-Präparat sogar in grosser Entfernung in einen Reizungszustand gerieth. Es muss aber dabei immer berücksichtigt werden, dass die RUHMKORFF'sche Spirale einigermaassen einen elektrostatischen Apparat darstellt, da sich innerhalb derselben „infolge der Potentialdifferenz zwischen den Windungsschichten statische Ladungen anhäufen“.[1] In Versuchen mit inductiver Erregung elektrischer Schwingungen in Drähten wird constant eine Elektrisation der letzteren beobachtet.[2] In der Nähe des Ruhmkorff (ohne Bleimantel!) selbst bildet sich ein oscillatorisches elektrisches Feld, welches sich durch ein NM-Präparat leicht nachweisen lässt.

In Anbetracht der angeführten Thatsachen muss als Ursache der Reizung in den Versuchen mit geschlossenem secundären Kreise

[1] R. COLLEY, Zur Theorie der RUHMKORFF'schen Apparate. Journal der russ. physikal.-chem. Gesellschaft, Bd. XXIII, 1891, physikalischer Theil, S. 8 (russisch).

[2] J. J. BORGMAN, Einige Versuche mit elektrischen Schwingungen. *Ibidem*, S. 458.

angenommen werden: entweder 1. ein **elektrostatisches Feld**, aber in solchem Falle muss — wider POGGENDORFF — das Auftreten einer gleichnamigen Elektrisation auch während der Schliessung, sowie auch die Möglichkeit einer solchen Elektrisation bei einer Ableitung zur Erde und auch bei geringem äusseren Widerstande anerkannt werden, was bis zu einem gewissen Grade den Annahmen der Physiker ebenfalls widerspricht[1]; oder 2. ein variables **elektromagnetisches Feld** an sich ohne Mitwirkung freier Elektricität, oder endlich 3. eine gleichzeitige Mitwirkung beider Felder im Sinne einer Summation ihrer physiologischen Wirkungen.

Da es schwierig ist, bei Arbeiten mit Strömen hoher Spannung, z. B. mit denen einer secundären RUHMKORFF'schen Spirale beim Kreisen eines starken Stromes in der primären, eine Elektrisation der Leiter zu vermeiden, so sind zur Lösung des gestellten Dilemmas specielle Versuche erforderlich. Einstweilen aber muss, meiner Meinung nach, einerseits zugegeben werden, dass die angeführten Thatsachen einige positive Hinweise auf die Wahrscheinlichkeit einer physiologischen Activität des magnetischen Feldes. Andererseits aber spricht die Gleichheit einiger Einwirkungen (Nachbarschaft von Leitern, Nebenbogen u. A.) bei der unipolaren Methode und beim geschlossenen Kreise für eine active Mitwirkung einer Elektrisation.[2]

---

[1] Das Verschwinden des elektrostatischen Feldes, wenn man den secundären Kreis eines schwächeren Inductoriums mittels eines kurzen Leiters (von sehr geringem Widerstande) schliesst, wird auch von L. MOROCHOWETZ, welcher physikalische und physiologische Elektroskope verwendete, anerkannt. (L'Électricité en physiologie, 1re livraison, Moscou, 1899, p. 15): „*l'explorateur même, mis en contact avec les parties metalliques nues du circuit primaire ou secondaire, n'excite plus nos électroscopes physiques ou physiologiques*".

[2] Es ist interessant, dass nach den theoretischen Ansichten von HERTZ ein Wechselstrom, der durch einen geschlossenen Kreis hindurchgeht, bei gewissen Verhältnissen das Auftreten eines elektrostatischen Feldes hervorrufen muss. Beim Auseinandersetzen der HERTZ'schen Theorie sagt M. BOUTY: „*Considérons un solénoïde animé par un courant variable. Quand le courant varie, tout se passe comme si une certaine quantité de magnétisme se déplaçait vers l'une ou l'autre extrémité du solénoïde, suivant que le courant croît ou décroît. Un solénoïde fermé variable représente donc un courant magnétique fermé et doit posséder un champs électrostatique. Telle est au fond l'hypothèse que Hertz substitue à celle de Maxwell. Le champs électrostatique prévu par la théorie de Hertz n'a jamais été mis en évidence par des*

Elektrokinetische Nervenreizung in der Nähe eines geschlossenen secundären Kreises von geringem äusseren Widerstande.

Nachdem wir die theoretischen Grundzüge solcher Versuche klar gelegt haben, glaube ich, einige Variationen in der Anordnung dieser Versuche hier anführen zu sollen, was ein gewisses Interesse in methodologischer Beziehung darbieten kann.

Versuch 56 (Fig. 39). — Um einen Glascylinder S von 20 bis 25 cm Höhe und 6—8 cm Breite wird ein ziemlich dicker Draht (Sp) in 15—25 Windungen in einer Schicht gewickelt, beide Enden des Drahtes sind mit den Polen eines mittleren Ruhmkorff (3 Accumulatoren) verbunden; der secundäre Kreis ist vollkommen geschlossen. Innerhalb des Cylinders liegt ein Nervmuskelpräparat; an den Präparatenden sind nasse Fadenstücke a und a' befestigt. Es kommen ziemlich starke Zuckungen zu Stande; eine Reizung kommt sogar noch dann zum Vorschein, wenn man die Enden a und a' mit einander so verbindet, dass dieser Nebenbogen den $NMaa'$ vollkommen schliesst. Durch Berührung des aa' mit einem zur Erde leitenden Drahte oder sogar durch Annäherung der Hand an NM wird die Reizung bedeutend verstärkt. Befindet sich dagegen das NM-Präparat ausserhalb der Spirale Sp, seitlich von derselben, so bewirkt das Anlegen eines Nebenbogens — wie wir schon oben gesehen haben — eine ausgesprochene Abschwächung der Zuckungen.

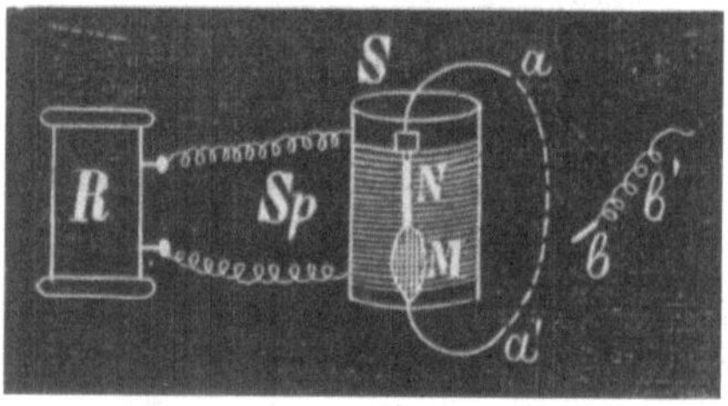

Fig. 39.

R Ruhmkorff; Sp den secundären Kreis schliessende Spirale; S Glascylinder; aa' Nebenbogen; bb' Draht zur Erde.

Versuch 57. — Es wird ein ähnlicher, nur etwas breiterer Cylinder genommen; die Spiralwindungen liegen etwas dichter neben

---

expériences directes. . . . Le champs électro-statique lié au courant magnétique est donc excessivement petit . . ." (J. Jamin, Cours de physique. Deuxième supplément par M. Bouty, Progrès de l'électricité, 1899, p. 155). Siehe auch G. Wiedemann, Die Lehre von der Elektricität. 2. Auflage, Bd. IV, 1898, S. 984 u. and.

einander, als im vorangegangenen Falle; die Enden dieser Spirale sind mit den Polen eines Ruhmkorff verbunden; der secundäre Kreis ist vollkommen geschlossen. Das Nervmuskelpräparat wird am Knochen oberhalb des Cylinders derart aufgehängt, dass der Nerv sammt dem Wirbelsäulenstücke nach unten zu gegen die obere Oeffnung des Cylinders herabhängt, während die Muskeln (Unterschenkel und Fuss) schräg nach oben gerichtet sind. Sogar mit einem schwachen Ruhmkorff kann man dabei Zuckungen bekommen, besonders wenn man an der Wirbelsäule einen Stanniolstreifen oder einen Streifen aus feuchtem Papier befestigt, der ins Lumen des Cylinders herabhängt. Nähert man die Hand oder verbindet man das NM-Präparat, wenn auch nur dessen Knochen, mit einem zur Erde leitenden Drahte *b b'*, so wird die Reizung bedeutend verstärkt; dagegen ruft die Anlegung eines Nebenbogens eine ausgesprochene Abschwächung der Reizung hervor.

Ganz die gleichen Resultate erhält man auch dann, wenn das Nervmuskelpräparat seitlich vom Cylinder mit dem spiralig gewundenen Drahte gelagert wird.

Versuch 57a. — Bringt man ein NM-Präparat in die Nähe des vollkommen geschlossenen Kreises einer secundären Ruhmkorff'schen Spirale, so kommt eine Reizung des betreffenden Nerven zu Stande. Leitet man NM zur Erde ab[1] und berührt man ausserdem den Nerven bezw. ein am centralen Ende desselben befestigtes grosses „Anhängsel“ mit einem Leiter, mit dem Finger z. B., so können wir Zuckungen dann bekommen, wenn das Elektroskop, sogar auf Berührung des Kreises selbst, keine Spur von freier Spannung anzeigt. Dies lässt sich besonders dann beobachten, wenn der secundäre Kreis von einem oder von zwei entgegengesetzten Punkten (zu beiden Seiten der eingeschalteten Spirale *Sp*, s. Fig. 38) behufs Ableitung der freien Elektricität zur Erde abgeleitet ist. Bei dieser Bedingung werden zwar auch die Muskelzuckungen bedeutend schwächer, aber sie können doch noch zu Stande kommen.

---

[1] Berührt der zur Erde leitende Draht *b b'* den Nerven, so muss die Berührung mit dem Finger am centralen Ende des Präparates geschehen und umgekehrt muss der Finger den Nervenstamm berühren, wenn *b b'* mit dem centralen Nervenende verbunden ist (diese Verbindung wirkt überhaupt kräftiger, als die mit *M*).

Eine andere, etwas paradox scheinende Methode zur Abschwächung der elektrokinetischen Reizung besteht darin, dass beide Enden des NM-Präparates zur Erde abgeleitet werden: das eine Ende wird mit einem Wasserleitungsrohre, das andere mit einer Gasleitung verbunden oder beide Enden werden mit demselben Leitungssystem in Verbindung gesetzt. In diesem Falle wird offenbar alle elektrische Energie von beiden Enden zur Erde („Nebenbogen"!) abgeleitet und es findet in NM keine Reizung statt. Verschieben wir die abgeleiteten Punkte von den Enden des NM-Präparates nach dessen Mitte hin, so können wir die Nervenerregung allmählich steigern. Diese Methode betrifft überhaupt die verschiedenen Bedingungen der Elektrokinesis.

Versuch 57b. — Nimmt man von einem grossen Ruhmkorff die secundäre Spirale weg, so kann man eine elektrokinetische Reizung auch in der Nähe der **primären Spirale** bekommen, wenn durch diese Spirale ein sogar schwacher galvanischer intermittirender Strom hindurchgeht. Man braucht nur das NM-Präparat mit einem grossen „Anhängsel" zu versehen und dasselbe in einer Längslage der Spirale möglichst nahe zu bringen; eine Verbindung des Nerven mit einem grossen Leiter (Berührung mit dem Finger) oder mit der Erde ist — behufs Erhaltung einer „ausreichenden" Reizung — fast nothwendig. Die Reizung findet nur im Momente der Oeffnung statt. Verbindet man während einer solchen intermittirenden Reizung, *ceteris paribus,* einen der Pole dieser primären Spirale mit dem (isolirten) eigenen Körper, so kann man, je nachdem, welcher Pol verbunden wird, bald eine Verstärkung, bald eine Abschwächung der Reizung bekommen.[1] Wird diese Polverbindung mit der Gas- oder Wasserleitung hergestellt, so geben beide Pole eine Verstärkung der Reizung, nur wirkt einer derselben stärker als der andere, welcher oben eine Depression gab. Sowohl diese interessante Thatsache, worauf wir später werden zurückkommen müssen, als auch die Versuche mit einem constanten Strome im er-

[1] Es ist Alles davon abhängig, welches Drahtende — ob der Anfang der primären Spirale, d. h. das innere Ende oder dagegen das äussere — mit dem grossen Condensator verbunden wird. Bei schwachen Strömen kommt der erwähnte Unterschied sogar in der secundären Spirale deutlich zum Vorschein (siehe z. B. Cas. Radzikowski, Action du champs de force électrique sur les Nerfs isolés de la grénouille. Institut Solvay. Travaux de Laboratoire, T. III, 1899, fasc. 1, p. 5).

wähnten Kreise, von denen ebenfalls später die Rede sein wird, legen uns davon Zeugniss ab, dass in diesen Erscheinungen die Hauptursache der Reizung in einem elektrischen bezw. elektromagnetischen Felde liegt, das vom Extrastrome erzeugt wird.[1]

Versuch 58. — Von einem Ruhmkorff ziehen Elektroden, welche mit einer etwas abgeplatteten Spirale *Sp* (von 10 cm Breite, 30—40 cm Länge, etwa 30—50 Windungen) verbunden sind; unterhalb der Spirale in einer Entfernung von 15—30 cm und darüber liegt auf einer horizontalen Paraffinplatte ein Froschpräparat nach Galvani (Fig. 26, II); der secundäre Kreis ist geschlossen. Die Muskeln bleiben in Ruhe; unterbricht man den Kreis an irgend einer Stelle und hält man die Enden nahe an einander, so schliessen die auftretenden Funken den Kreis wieder, aber das Feld ist nun so stark, dass starke spontane Zuckungen auftreten. Wir schliessen jetzt den Kreis wieder durch ein Metall vollkommen; die Zuckungen hören wieder auf; berührt man den Nerven mit der Hand oder mit einem zur Erde leitenden Drahte, so bekommt man Muskelcontractionen; ohne Berührung bleiben die Muskeln in Ruhe. Um spontane Zuckungen in demselben Felde zu erhalten, muss man das obere Nervenende von der Wirbelsäule durch einen Schnitt abtrennen, den ganzen Nerven abbiegen und sein centrales Ende auf eine isolirende Platte legen; noch besser ist es, wenn man auf dieses Ende Haut- oder Muskelstücke auflegt. Jetzt treten sehr starke spontane Zuckungen in beiden Pfoten auf. Offenbar diente vorher eine jede Pfote mit ihrem Nerven als Nebenbogen für die andere (siehe oben, Versuch 22).

Induction höherer Ordnung.

Versuch 59. — Mittlerer Ruhmkorff, 1—2 Accumulatoren; von den Polen gehen Elektroden, welche mit einer grossen, breiten, um einen Glascylinder *B* gewickelten Spirale *Sp* verbunden sind; innerhalb des Glascylinders wird ein kleinerer Cylinder *c'* eingeführt, um den ein Draht *Sp'* spiralig gewunden ist. Beide Enden dieses letzteren sind durch Drähte mit einer dritten Spirale *Sp''* verbunden; in der Nähe oder innerhalb der letzteren befindet sich ein Nerv-

[1] Siehe unten Anhang 7.

muskelpräparat. Es werden auf diese Weise zwei vollkommen geschlossene Kreise — Ruhmkorff + *Sp* und *Sp'* + *Sp''* — gebildet. Die letzte Spirale erzeugt ein ziemlich starkes Feld, in welchem sogar spontane Muskelzuckungen leicht zu Stande kommen.

Versuch 60. — Beide Pole eines Ruhmkorff sind durch lange Drähte el und el_1 mit einer Spirale *Sp* (von 30—40 cm Länge, 100—200 Windungen) verbunden; der Kreis ist geschlossen. Dieser Spirale gegenüber, in einer Entfernung von einigen (5—10 und mehr) Centimetern wird eine Zinkplatte aufgestellt (Zn 15 × 15 cm), die mittelst eines langen Drahtes mit dem centralen Ende eines NM-Präparates verbunden ist. Bei dieser Bedingung ruft sogar ein sehr schwacher Strom im kleinen Ruhmkorff starke Zuckungen hervor, die den Unterbrechungen des primären Kreises entsprechen. Wird die Stromstärke so sehr abgeschwächt, dass die spontanen Zuckungen verschwinden, so kann ein Wiederauftreten derselben noch durch Annäherung der Hand hervorgebracht werden; die Zuckungen fallen dabei um so stärker aus, je mehr distalwärts die Hand dem Präparate genähert wird. Lässt man die Stärke des Ruhmkorff noch weiter herabsinken, so erhalten wir endlich ein so schwaches Feld, dass zum Hervorbringen der Zuckungen eine directe Berührung des NM-Präparates bereits erforderlich wird; aber auch in diesem Falle erhält sich dieselbe Gesetzmässigkeit vollständig — Berührung des proximalen Endes des Nervmuskelpräparates bewirkt schwächere Zuckungen; je weiter distalwärts die Berührung ausgeführt wird, um so stärker wird die Reizung. Die Begründung dieser allgemeinen Regel der Neuroelektrokinesis ist schon oben durch die Versuche mit unipolarer Reizung dargethan worden.

Reizung eines NM-Präparates innerhalb einer Spirale.

Versuch 61. — Wir haben uns bisher, mit Ausnahme des Versuches 55, hauptsächlich mit der physiologischen Wirkung des Feldes ausserhalb der Spiralen beschäftigt. Nun entsteht die Frage, wie geht die Reizung innerhalb derselben, und zwar im Sinne der Orientirung, vor sich. Zu diesem Zwecke wurde durch Umwickeln eines etwas abgeplatteten, aus dicker trockenen Pappe verfertigten Hohlcylinders mit einem isolirten Drahte (1 mm Dicke, etwa 100 m Länge) in einer oder sogar zwei Schichten eine Spirale hergestellt. Die Zahl der Windungen geht bis auf 200. Die Oeffnung der Spirale bildet eine Ellipse, deren grösster horizontaler Durchmesser 19 cm, der kleinere verticale 13 cm beträgt; der Cylinder lag auf Paraffin immer auf der Seite, seine Axe lag also horizontal, während die Windungen sich in verticalen Ebenen befanden.

Der Ruhmkorff wurde durch 3—4 Accumulatoren geladen; beide Pole sind mit den Enden der Spirale verbunden, der Kreis ist vollständig geschlossen; das Elektroskop zeigt kein Vorhandensein freier Elektricität an. Ein Nervmuskelpräparat zeigt eine starke Reizung nicht nur innerhalb der Spirale, sondern auch ausserhalb derselben; es können sogar spontane Zuckungen, ohne Berührung und ohne Annäherung der Hand, auftreten. Leitet man das NM-Präparat zur Erde ab und berührt man ausserdem den Nerven mit einem anderweitigen Leiter, so kann man sogar in einer Entfernung von 2 m von der Spirale Zuckungen erhalten, wenn der Strom genügend stark, das Präparat ganz frisch ist, wenn in der Nähe sich keine Leiter befinden u. s. w. Bei derartigen Versuchen, wo die Reizung in grösserer Entfernung stattfindet, ist es sehr wichtig, dass die Spirale sammt deren Elektroden sich möglichst hoch über dem Tische befinde, da Holz, besonders bei Anwesenheit von Feuchtigkeit, die Spannung des Feldes bedeutend schwächt. Damit der eben beschriebene Versuch besser gelingt, kann man einen Gehilfen auf einer isolirenden Unterlage zwischen der Spirale und dem NM-Präparate stellen; indem diese Person den einen Arm nach der Spirale, den anderen nach dem NM-Präparate hin ausstreckt, kann sie die Reizung in ausgesprochener Weise verstärken. Statt eines einzigen kann man zwei Gehilfen benutzen; einer derselben, welcher der Spirale näher steht, kann ausserdem seine Hand in die Höhle der letzteren hineinbringen, während der zweite Gehilfe, ohne den ersten zu berühren, Muskelzuckungen hervorruft, indem er den Nerven berührt. In dieser Form gelingt der Versuch fast immer; in günstigen Fällen treten Zuckungen auf durch blosse Annäherung der Hand ohne Nervenberührung.

Zur Erläuterung der Orientirungsverhältnisse innerhalb der Spirale wurde ein Nervmuskelpräparat auf eine kleine Paraffinplatte gebracht, welche in einer Horizontalebene in den Hohlraum der Spirale hineingeschoben und dort um einer verticalen Axe gedreht werden konnte; es war dadurch die Möglichkeit gegeben, das

NM-Präparat in eine der Spiralaxe parallele „Längslage“ oder in eine auf diese Axe senkrecht stehende „Querlage“ (den Drahtwindungen parallel) zu bringen. Die betreffenden Beobachtungen haben ergeben, dass in der „Längslage“ das NM-Präparat in Ruhe blieb — das war also die „unwirksame“ Stellung; brachte man dagegen das NM-Präparat durch Umdrehen desselben in eine „Querlage“, so traten Zuckungen auf. Da bei dieser letzteren (den Windungen parallelen) „wirksamen“ Stellung die Enden des Nervmuskelpräparates der Wandung der Spirale, d. h. den Drahtwindungen näher steht, als dies bei der Längslage der Fall ist, so könnte vielleicht der Verdacht entstehen, ob vielleicht dieser Umstand eben die Verschiedenheit der Reaction in beiden Stellungen bedinge. Controlversuche (Anbringung eines „Anhängsels“, absichtliche Annäherung des NM-Präparates an die Wandung der Spirale bei der Längslage, Entfernung der Enden des NM von denselben bei der Querlage u. s. w.) haben jedoch gezeigt, dass die Ursache der erwähnten Verschiedenheit der Reaction nicht in diesen zufälligen, nebensächlichen Umständen, sondern offenbar in den physikalischen Eigenschaften des Feldes selbst liegt. Letzteres zeigt also in Bezug auf die Orientirung ein anderes Verhalten, als in den Versuchen 51 und 52, wo das Nervmuskelpräparat sich ausserhalb des geschlossenen Kreises befand. Der physiologische Unterschied erklärt sich durch die Vertheilung der Kraftlinien innerhalb der Spirale; ein auf der Axe der Spirale senkrecht gelegenes NM-Präparat durchschneidet die grösste Zahl dieser Kraftlinien.[1]

Eine ganz analoge Anordnung haben wir schon oben in den Untersuchungen von d'Arsonval („*auto-conduction*“) gesehen, nur mit dem Unterschiede, dass der Kreis seines Solenoids durch einen Funken geschlossen war und dass er durch den Draht des Solenoids Ströme von hoher Spannung und ausserordentlicher Schwingungsfrequenz hindurchgehen liess.[2]

---

[1] Siehe die Figur der Kraftlinien einer Spirale z. B. in H. Eberth's Magnetische Kraftfelder, 1897, S. 186.

[2] Die Resultate des eben beschriebenen Versuches 61 berücksichtigend, kann man annehmen, dass die Wirkung der „*autoconduction*“ in den Versuchen von d'Arsonval mit einem Menschen wahrscheinlich eine stärkere gewesen wäre, wenn die Axe des Solenoids und die (verticale) der Versuchsperson einander nicht parallel, wie bei d'Arsonval, sondern senkrecht auf

Sehr ausgesprochene Reizerscheinungen kann man an einem unversehrten, innerhalb der Spirale befindlichen Thiere (Frosch, Meerschweinchen) beobachten, wenn man durch den Draht der Spirale einen Strom (nicht *„haute fréquence!“*) unmittelbar aus einer starken Ruhmkorff'schen Spirale hindurchgehen lässt, und wenn an irgend einer Stelle im secundären Kreise eine Unterbrechung vorhanden ist, die durch einen Funken geschlossen wird. Bei einer Funkenlänge von 2—3 cm treten bereits Zuckungen des ganzen Körpers auf, entsprechend den Unterbrechungen des primären Kreises; je länger der Funken, desto höher ist die Spannung des Feldes, desto stärker sind die Potentialschwankungen, desto stärker ist auch daher die Reizung durch die im Thierkörper inducirten elektrischen Schwingungen. Wird das Thier vermittelst eines Leiters mit der Erde verbunden, so kann man eine Unruhe des Thieres bereits bei einer kleineren Funkenlänge, d. h. einer kleineren Entfernung der Enden des unterbrochenen secundären Kreises von einander, bemerken. Wird nun die Verbindung des Thierkörpers mit der Erde aufgehoben, so kann man eine Ladung des Thierkörpers constatiren, welche nicht nur mittels eines Elektroskops, sondern auch durch eine einfache Berührung mit der Hand nachgewiesen werden kann; dasselbe haben wir bereits bei der „unipolaren Induction“ gesehen (vgl. Versuch 36).

Einschaltung eines Condensators in den secundären Kreis.

Versuch 62. — Unterbricht man den secundären Kreis an irgend einer Stelle zwischen dem einen Pole des Ruhmkorff und der Spirale *Sp*, welche zwischen *el* und *el'* eingeschaltet ist und versieht man beide Enden des Kreises an dieser Stelle mit zwei Metallplatten Zn und Zn', welche durch eine Luft-, Glas- oder Paraffinschicht von einander getrennt sind, so wird die Reizung in bedeutendem Maasse verstärkt; das NM-Präparat zeigt in der Nähe der Spirale *Sp* heftige Zuckungen oder sogar Tetani bei einer ausreichenden Frequenz der Unterbrechungen. Die Elektrisation des Kreises ist dabei freilich eine sehr starke; es können aus demselben Funken gezogen werden. Indem man den Abstand der Platten Zn und Zn'

---

einander gewesen wären. Diese Vermuthung kann durch einen Versuch leicht controlirt werden.

verändert, kann man die Spannung des Kreises und folglich auch die des elektrischen Feldes in der Nähe der Spirale *Sp* leicht reguliren. — Anstatt Zn und Zn′ kann man in einfacherer Weise eine Leidener Flasche einschalten und die Belegungen derselben mit beiden Enden des an irgend einer Stelle zwischen der Spirale *Sp* und dem einen der Pole geöffneten Kreises verbinden.

Physikalische Corollaria.

Es ist schon oben erwähnt worden, dass in vielen Fällen, wo das NM-Präparat in der Nähe des geschlossenen secundären Kreises einen deutlichen Reizungszustand zeigt, empfindliche Elektroskope in vollkommener Ruhe bleiben. Ich verwendete deshalb bei der Untersuchung dieses Feldes — zum Vergleiche mit dem Nerven — einen Telephon. Schon die ersten Versuche haben gezeigt, dass man beim Schliessen des secundären Kreises mittels einer zwischen den Elektroden *el* und *el′* eingeschalteten Spirale *Sp* (siehe oben) in der Nähe der Spirale ein, wenn auch nur schwaches, Tönen des Telephons wahrnehmen kann, wenn der Ruhmkorff genügend stark ist, und wenn der eine Draht (*a*) des Telephons sich nahe an *Sp* befindet, während der andere (*b*) zur Erde abgeleitet ist. Noch bequemer ist es, das Ende des Drahtes *a* mit einer Metallplatte Zn zu versehen. Werden nun die Enden *a* und *b* einander genähert, so wird der Schall schwächer; er verschwindet ganz, wenn sich *a* und *b* berühren, d. h. wenn der Kreis des Telephons vollständig geschlossen ist („Nebenbogen").

Was den Vergleich der Empfindlichkeit des Telephons und des NM-Präparates in den beschriebenen Versuchen anbetrifft, so fiel dieser bei gewissen Bedingungen zu Gunsten des Nerven aus. In einem Versuche z. B. wurden die Pole eines starken Ruhmkorff (Ducretet, 5 Accumulatoren) zu einem geschlossenen Kreise *el—Sp—el′* verbunden; die Spirale *Sp* war etwa 1 m lang und enthielt ungefähr 170 Windungen, die Länge des ganzen Drahtes der Spirale betrug beinahe 5 m. In der Nähe dieser Spirale kamen ziemlich starke Zuckungen zu Stande; der Telephon tönte dagegen nicht. Nur eine unmittelbare Berührung einer entblössten Stelle der Spirale mit der Endplatte Zn (des Telephons) brachte ein Tönen zn Stande; das andere Ende des Telephons (*b*) war zur Erde abgeleitet; beim Aufheben dieser Verbindung mit der Erde verschwand auch das Tönen.

Aehnliche Versuche, und zwar mit Einführung physikalischer Elektroskope innerhalb eines Solenoids, wurden analog den oben beschriebenen mit einem NM-Präparate schon seit lange her von den Physikern angestellt. Lässt man einen Condensator, eine Leidener Flasche z. B., sich durch eine Spirale entladen, innerhalb deren sich eine luftleere Röhre befindet, so treten in der Röhre leuchtende Ringe auf. Das Erscheinen dieser Ringe führte Tesla auf eine elektrostatische Induction zurück, Rimington glaubt aber, dieselben seien wahrscheinlich durch eine intermittirende magnetische Induction bedingt; die gleichzeitige Anwesenheit eines elektrostatischen Feldes lässt diese Erscheinung stärker zum Ausdruck kommen.[1]

Eine ähnliche Erklärung dürfte vielleicht auch gelten in Bezug auf manche Versuche über die elektrokinetische Nervenreizung in der Nähe eines geschlossenen secundären Kreises, durch welchen starke Inductionsströme hindurchgehen.

---

[1] E. C. Rimington, Luminous discharges in elektrodeless vacuum tubes. The London . . . Philosophical Magazine, T. XXXV, 1893, p. 506—525 (Ref. in Fortschritte der Physik i. J. 1893, 2. Abth., S. 707).

Siebentes Capitel.

Einfluss des „unipolaren“ elektrischen Feldes auf die Erregbarkeit des motorischen Nerven.

Aus der im ersten Capitel ausführlich angeführten Literatur ist ersichtlich, dass diese Frage bisher keine specielle Bearbeitung gefunden hat; die oben erwähnten Autoren beschränkten sich bloss auf Beobachtungen über Reizungen der Nerven; dasselbe bezieht sich auch auf unsere eigenen Untersuchungen, die in den vorangegangenen Capiteln dargelegt worden sind. Die Thatsache selbst der elektrokinetischen Reizung, die nach der Reizstärke und der physiologischen Reaction so leicht graduirbar ist, macht es jedoch in hohem Maasse wahrscheinlich, dass dasselbe Agens auch die Erregbarkeit des Nerven überhaupt, und zwar im Sinne einer Erhöhung derselben, beeinflussen kann. Wir dürfen in dieser Beziehung der Neuroelektrokinesis *a priori* das zuschreiben, was für die unmittelbare Contactmethode der elektrischen Reizung, für den intermittirenden Inductionsstrom z. B., schon längst bewiesen ist.

In den verschiedenen elektrokinetischen Versuchen hatte ich vielfach die Gelegenheit, nebenbei zu beobachten, dass nach etlichen Reizungen in einem elektrischen Felde, sogar in einem schwachen, das Nervmuskelpräparat mit immer stärkeren Zuckungen zu reagiren begann, obwohl die Spannung des Feldes sogar schwächer werden konnte. Zu gleicher Zeit hatte ich Gelegenheit, auch ein entgegengesetztes Verhalten zu beobachten — eine ausgesprochene Herabsetzung der Erregbarkeit nach einer sogar kurz dauernden Wirkung eines elektrischen Feldes, welches aber eine hohe Spannung und grosse Potentialschwankungen zeigte. Im letzteren Falle waren die Muskelcontractionen entfernt nicht so stark und häufig, dass diese Erscheinung auf eine Ermüdung der Muskeln hätte zurückgeführt werden können.

Es entstand also ein neues Problem von der Veränderung

der Nervenerregbarkeit im elektrischen Felde. Diese Veränderung konnte auftreten entweder 1. als Resultat der vorausgegangenen Reizungen, welche Muskelcontractionen hervorbrachten, oder 2. als Folge von molecularen Veränderungen unter dem Einflusse des elektrischen Feldes, ohne sichtbare „Reizung", sogar wenn eine Reizung überhaupt ausgeschlossen ist. Im ersten Falle muss also die Versuchsanordnung eine ganz andere sein, als im zweiten.

Erhöhung der Erregbarkeit nach vorausgegangenen elektrokinetischen Reizungen in einem „unipolaren" Felde.

Versuch 63. — In diesen Beobachtungen wurde das Nervmuskelpräparat horizontal an einer Paraffinplatte in einer „wirksamen" Stellung zur Plattenelektrode (ZnEl) eines Ruhmkorff, dessen zweiter Pol zur Erde abgeleitet war, befestigt. Der Nerv lag den Enden zweier kurzer, in einer Paraffinplatte fixirter Platindrähte (*e*, *e'*) auf; die beiden anderen Enden derselben tauchten in Quecksilbernäpfe ein; vermittelst zweier in diese Quecksilbernäpfchen eingeführter bogenförmiger Kupferdrähte konnte eine Verbindung zwischen *e* und *e'* einerseits und den Elektroden (*el* und *el'*) der secundären Spirale eines graduirten Schlitteninductoriums nach Bowditsch-Kronecker andererseits rasch hergestellt werden. Es war also die Möglichkeit gegeben, die Verbindung des Nerven mit dem Schlittenapparate während der Wirkung des Ruhmkorff zu unterbrechen und diese Verbindung nach dem Verschwinden des elektrischen Feldes für Probereizungen wieder herzustellen. Die Probereizungen vor und nach der Elektrokinesis wurden entweder mit Wechselströmen (während 1—2 Secunden) des erwähnten Apparates von E. du Bois-Reymond, oder mit einzelnen Oeffnungsschlägen vermittelst eines in den primären Kreis desselben eingeschalteten Schlüssels vorgenommen. In beiden Fällen wurden sehr schwache Ströme gewählt, die fast minimale Contractionen bewirkten. Zuerst, ohne jedes elektrische Feld, überzeugte ich mich durch eine ganze Reihe von Probereizungen, dass die elektrische Reizbarkeit des Nerven 20—30 Minuten und sogar darüber in engen Grenzen, nicht mehr als 5—10 mm Rollenabstand, schwankte, wenn das Vertrocknen des Präparates verhütet wurde; im entgegengesetzten Falle wird bekanntlich die Erregbarkeit, abgesehen von irgend anderen Ursachen, stark erhöht.

Zur Erzeugung eines „unipolaren" oscillatorischen elektrischen Feldes wurde ein mittlerer, gewöhnlich durch 2—3 Accumulatoren geladener Ruhmkorff angewendet; ZnEl wurde bald mit der Anode, bald mit der Kathode verbunden; die Funkenlänge betrug etwa 1 bis 2 cm; die Entfernung zwischen der Zn-Elektrode und dem NM-Präparate war eine verschiedene, 15—30 cm und darunter, je nach der Stromstärke des Ruhmkorff; sein Unterbrecher gab 2—3 Unterbrechungen pro Secunde. Je häufiger die Unterbrechungen waren, desto stärker schien sich die Nervenerregbarkeit zu verändern.

Der Versuch wurde dadurch eingeleitet, dass im Verlaufe von 5—10 Minuten etliche Male „Probereizungen" mittels sehr schwacher Ströme eines Schlitteninductoriums vorgenommen wurden. Nachdem die engen Schwankungen dieser Ströme für die minimalen Zuckungshöhen festgestellt worden waren, stellte ich diese Reizungen ein, isolirte den Nerven, d. h. *e* und *e'* von den Elektroden *el* und *el'* durch Herausziehen beider kupfernen Bogen und brachte den Ruhmkorff sofort in Gang. Es kamen mittlere oder starke Zuckungen während etwa 2—3 Minuten und weniger zu Stande; ich stellte dann den Ruhmkorff ein und setzte sofort den Nerven der Wirkung der „Probereizungen" durch Schläge des Schlittenapparates von der gleichen Stärke wie vorher aus. Jetzt aber gaben dieselben Schläge viel höhere Zuckungen, als vor der Elektrokinesis; die Zuckungshöhe war nun 3—5 Mal grösser als vorher. Nach einigen Minuten stellte sich mehr oder minder der ursprüngliche Zustand der elektrischen Erregbarkeit wieder ein. NM wurde dann der reizenden Wirkung des oscillatorischen elektrischen Feldes wieder ausgesetzt, es wurde nochmals eine nachfolgende Erregbarkeitsprüfung vorgenommen u. s. w.

Es stellte sich aus einer ganzen Reihe solcher Versuche heraus, dass eine „ausreichende" elektrokinetische Reizung des Nerven in demselben einen Zustand erhöhter Erregbarkeit zurücklässt.

Erhöhung der Erregbarkeit ohne sichtbare Reizung, die mittels eines Nebenbogens beseitigt wird.

Ein viel grösseres Interesse bietet die zweite Gruppe der Versuche, in denen jede „sichtbare" elektrokinetische Reizung völlig beseitigt war, ungeachtet des starken elektrischen Feldes, welches von einem Ruhmkorff ebenso unipolar, wie im vorausgegangenen Versuche, erzeugt war, und trotz der „wirksamen" Stellung des Nervmuskelpräparates. Solch eine Beseitigung der sichtbaren Erregungsform des Nerven konnte durch Anlegung eines Nebenbogens an beide Enden des Nermuskelpräparates erzielt werden. Wir haben schon oben gesehen (Versuch 20 und andere), dass man auf diese Weise sogar starke Zuckungen zum Stillstande bringen kann, ohne an der ganzen Anordnung etwas zu ändern. Welcher Art sind die molecularen Processe, welche bei dieser Elektrisation im Nerven stattfinden, ist schwer zu sagen, da wir darüber keine directen experimentellen Anhaltspunkte besitzen; dafür aber, dass solche Processe stattfinden, spricht die nachfolgende Veränderung der Erregbarkeit. Es wäre denkbar, dass es sich in diesem Falle um eine summarische Wirkung subminimaler Reizungen handle; allein die Controle — vermittelst gleicher, aber unmittelbar vom Schlittenapparate zugeleiteter, den ganzen Nervenstamm betreffender Reizungen — scheint dieser einfachsten Erklärung zu widersprechen.

Versuch 64. — Die Versuchsanordnung ist die gleiche wie im vorigen Versuche, nur mit dem Unterschiede, dass beide Enden des Nervmuskelpräparates während der ganzen Dauer des Versuches durch einen „Nebenbogen" aus einer feuchten Schnur oder einem Stanniolstreifen mit einander verbunden sind. Dadurch werden die elektrokinetischen Zuckungen, sogar bei Annäherung der Hand an NM, beseitigt. Der Gang des Versuches ist derselbe wie im Versuche 62; zuerst wird der minimale „Probereiz" in Centimetern (oder Graden) des Rollenabstandes des Schlittenapparates festgestellt, dann wird das NM-Präparat während 1—2 Minuten der Wirkung der Elektrokinesis, selbstverständlich bei völliger Abwesenheit von Zuckungen, ausgesetzt, und endlich wird der frühere „Minimalreiz" nochmals eingestellt, der jetzt starke Zuckungen bewirkt, oder es wird ein solcher neuer Reiz ausgesucht, der wirklich die schwächsten Contractionen hervorbringt; zu diesem letzteren Zwecke ist man gezwungen, den Rollenabstand mehr oder weniger bedeutend zu vergrössern. Die Erregbarkeit nach der Elektrokinesis war gewöhnlich erhöht. Es mögen hier einige Zahlen aus vielen Versuchen als Beispiel angeführt werden. Der für das Zustandekommen der minimalen Zuckungen nothwendige Abstand in Millimetern zwischen der primären und secundären Spirale war:

	1	2	3	4	5	6	7	8
vor der Elektrokinesis .	318	296	370	397	393	360	465	470
nach derselben . . .	333	328	395	411	460	390	505	525

Dieselben Verhältnisse der Erregbarkeit vor und nach der Elektrokinesis erhielt man auch beim Vergleichen der durch denselben „Probereiz“ bewirkten Zuckungshöhen. Unbedeutende Zuckungen von 3—5 mm Höhe pflegten sich, nach der Wirkung eines oscillatorischen Feldes, in 10—15 mm hohe, oder sogar in tetanische zu verwandeln. Dieses Resultat bietet noch deshalb ein Interesse dar, weil es auf die Möglichkeit einer Einwirkung des oscillatorischen elektrischen Feldes auf die Nerven *in situ* im Organismus hinweist, und zwar auf deren Erregbarkeit trotz der bestehenden Nebenschlüsse in den umgebenden Geweben. Freilich bezieht sich dies mehr auf die peripherischen, als auf die tiefer gelegenen Körperschichten.

Mit der Thatsache der elektrokinetischen Erhöhung der Erregbarkeit des Nerven, oder genauer — des Nervmuskelpräparates, ist eine ganze Reihe von Fragen verknüpft: bezieht sich diese Erscheinung auf den Nervenstamm, auf die intramusculäre Endigung desselben, oder auf den Muskel selbst? Sind die Wirkungen der Felder, welche von der positiven und der negativen Elektrode erzeugt werden, einander gleichartig? Giebt es vielleicht solche Bedingungen und Erscheinungen, die dem physiologischen Elektrotonus bei der Polarisation durch die directe elektrische Contactmethode analog wären? Inwiefern wird die normale Erregbarkeit nach der Wirkung eines oscillatorischen elektrischen Feldes wieder hergestellt? u. s. w. Diese Fragen sind durch meine Untersuchungen, die später veröffentlicht werden sollen, zum Theil schon berührt worden. Hier glaube ich bloss noch anführen zu sollen, dass bei einer starken Wirkung der Elektrisation, bei gewissen Verhältnissen keine Erhöhung, sondern eine bedeutende Abnahme der Erregbarkeit mit nachfolgender Restitution beobachtet wird.[1]

[1] Die weiteren Versuche über den Einfluss der Elektrokinesis und der unmittelbaren Elektrisation auf die Erregbarkeit des Nerven werden in der folgenden Lieferung dieser „Untersuchungen“ dargelegt werden.

Die Bedeutung solcher Thatsachen kann bei der Erklärung des Einflusses, welchen starke Schwankungen der atmosphärischen Elektricität in gewissen Fällen auf das Centralnervensystem des Menschen ausüben, kaum in Abrede gestellt werden. Es ist wohl möglich, dass das von manchen „nervösen“ Personen in der Nähe von stark arbeitenden Dynamomaschinen empfundene „lästige Gefühl“, von dem man hier und da zu hören bekommt, zum Theil auf derartigen Erscheinungen beruht.[1]

[1] Mit Hülfe eines Froschrheoskopes habe ich mich schon längst überzeugen können, dass in der Nähe von sogar kleinen Dynamomaschinen ein ziemlich starkes elektrisches Feld von schwankendem Potential erzeugt wird. Bei günstigen Verhältnissen lassen sich Muskelzuckungen sogar in einer Entfernung von 1—2 m und darüber beobachten.

Vgl. S. Jellinek, Beobachtungen an Elektricitätsarbeitern. Wiener klinische Wochenschrift, 1900, Nr. 51.

Achtes Capitel.

Allgemeine Uebersicht der Resultate.

Die oben dargelegten eigenen Versuche wurden hauptsächlich mit dem motorischen Froschnerven, d. h. mit einem Nervmuskelpräparate, angestellt; bloss eine relativ kleine Zahl der Beobachtungen bezieht sich auf sensible Nerven (Versuche 32, 33, 34), auf Reizung des Gehirns (Versuch 35) und auf die Wirkung der Elektrokinesis auf den ganzen Thierkörper (Versuche 36, 45).

Den physikalischen Bedingungen nach kommen in erster Linie die Versuche mit einem unipolaren elektrischen Felde in Betracht (Versuche 1—31, 63 und 64); auf die Wirkung des bipolaren Feldes beziehen sich die Versuche 40—45 und 50. Die Reizung im elektromagnetischen Felde, bei geschlossenem secundären Kreise, wurde in den Versuchen 51—61 untersucht; im Versuche 62 wurde in den secundären Kreis eine Leidener Flasche eingeschaltet.

Eine Reihe von Versuchen — mit verschiedenen Elektroskopen anstatt des Nervs — ist als physikalisches Corollarium angeführt worden (Versuche 38, 39, 46—49 und nach dem Versuche 62).

Was die Resultate meiner Versuche betrifft, so können sie nicht nur als Bestätigung der Beobachtungen von Galvani, Zahn, Magini u. A. dienen, sondern sie bieten auch neue Anhaltspunkte. Bevor wir zu diesem Vergleiche übergehen, wollen wir eine Uebersicht unserer Resultate geben.

Capitel IV. A. Ein unipolares oscillatorisches elektrisches Feld, welches von einer Plattenelektrode (ZnEl) eines Ruhmkorff'schen Inductoriums, dessen zweiter Pol zur Erde abgeleitet ist, erzeugt wird, erregt, besonders beim Oeffnen, in einem

Nervmuskelpräparate (NM) durch Induction um so stärkere elektrische Schwingungen, je grösser der Umfang der Zn-Elektrode ist. Ist der Abstand zwischen NM und ZnEl gross, so bleibt die Reizung subminimal; aber durch Annäherung der Hand oder eines anderen mit der Erde verbundenen Leiters, besonders an das distale Ende des NM-Präparates, kann man die inducirten elektrischen Schwingungen bedeutend verstärken, und es treten dann Zuckungen auf. Noch stärker als diese „secundäre Induction" wirkt eine Verbindung des NM-Präparates mit unserem Körper oder mit der Erde, besonders wenn der Leiter das distalwärts gelagerte centrale Ende des Präparates oder, noch besser, den Nerv selbst berührt. Wird durch Annäherung des NM an ZnEl das Potential der Induction genügend erhöht, so treten „spontane Zuckungen" auf, ohne Mitwirkung irgend welcher Leiter. Vergrössern wir die Endmassen am NM, und zwar am centralen Ende („Anhängsel") desselben, so steigern wir dadurch, *ceteris paribus*, die elektrischen Schwingungen und die Reizung in NM. Verbindet man NM mit einem grossen (zur Seite stehenden) Condensator oder mit der Erde, so kann man in einigen Metern Entfernung von einer grossen Plattenelektrode Zuckungen erhalten. Die elektrokinetische Reizung geht hauptächlich im Nervenstamme vor sich; dies wird durch die Durchschneidungsversuche des Nervs bewiesen (Versuche 1—9).

B. Bringt man zwischen ZnEl und NM einen Schirm aus leitendem Material (Metallplatte, Hand), so unterbricht er das elektrische Feld, da die Energie durch den Schirm in die Erde geht; in NM hört die elektrische Induction auf, und die Muskeln bleiben in Ruhe. Ist aber dieser Schirm isolirt, so kommt bloss eine Deformation des elektrischen Feldes zu Stande, die Reizung aber kann andauern. Im Gegentheil stören Schirme aus isolirendem Material (Paraffin, Glas) die elektrokinetische Reizung nicht, da solche Schirme für den „Durchgang der Kraftlinien" durchsichtig sind; bei gewissen Bedingungen begünstigt sogar das Ersetzen der Luft durch solch ein Dielektricum, wie Paraffin, das Zustandekommen einer solchen inductiven Reizung (Versuche 10 und 11).

C. Ein hermetischer Verschluss des Nermuskelpräparates in einem leeren oder mit Vaselinöl gefüllten Glasgefässe lässt die Reizung ebenso günstig ausfallen, wie bei den entsprechenden Bedingungen in der Luft (Versuch 12).

D. Ein actives variables elektrisches Feld pflanzt sich bei günstigen Verhältnissen auch durch eine Mauer frei fort, wobei letztere natürlich selbst bis zu einem gewissen Grade elektrisirt wird. An der anderen Seite der Mauer zeigt das NM-Präparat Zuckungen sogar in einer Entfernung von mehreren Metern von derselben, besonders wenn das Nervmuskelpräparat zur Erde abgeleitet ist und der Nerv mit einem Leiter berührt wird (Versuch 13).

E. Eine sehr wichtige physikalische Bedeutung hat auch die Nachbarschaft von leitenden Massen. Es ist schon oben ein Fall angeführt worden, wo eine Annäherung der Hand die Reizung verstärkt. Leitet man aber vorher NM zur Erde ab und nähert man dann von hinten her, d. h. dem distalen Ende des NM-Präparates, denselben Leiter, den man jetzt aber ebenfalls zur Erde abgeleitet hat, so wird die Reizung schwächer, und die Zuckungen können sogar verschwinden. Bleibt aber nur ein Object — entweder NM, oder der benachbarte Leiter — in Verbindung mit der Erde, so wird dadurch eine Verstärkung der Reizung erzielt. Ein (aus einem Streifen gebildeter) Metallring, welcher sich in einem variablen elektrischen Felde befindet, schliesst einen Raum ab, innerhalb dessen das Dielektricum Luft sich in einem Polarisationszustand nicht zu befinden scheint; ein innerhalb dieses Ringes in dessen Ebene befindliches Nervmuskelpräparat lässt keine Reizung wahrnehmen, die Muskeln bleiben in Ruhe. Um dieses Resultat zu erzielen, ist es nicht einmal nothwendig, dass der Ring vollkommen geschlossen sei; im Leiter, welcher sich innerhalb des Ringes befindet, findet offenbar keine Induction elektrischer Schwingungen statt. Der Ring wirkt, wie ein undurchsichtiger Schirm (Versuche 14—18).

F. Eine sehr wichtige Bedeutung für die Erregung des Nerven hat die Orientirung desselben. Damit eine maximale elektrokinetische Reizung stattfinde, ist es nothwendig, dass das Nervmuskelpräparat in der Richtung der Fortpflanzung der elektrischen Kraft, d. h. der Kraftlinien entlang gelagert sei, mit anderen Worten — dass das Präparat ein Maximum äquipotentialer Flächen durchschneide (Längslage). Eine minimale Reizung, als Resultat einer minimalen Potentialdifferenz an den Enden des NM-Präparates, findet in einer schrägen, zur Ebene der Plattenelektrode fast parallelen Lage des Präparates statt; bei völligem Parallelismus hören die Zuckungen auf („unwirksame“ Querlage) (Versuch 19).

G. Das Anlegen eines aus leitendem Materiale bestehenden Nebenbogens an das NM-Präparat, welches die Enden des Präparates verbindet und einen geschlossenen Kreis herstellt, hebt die Reizung sogar bei günstigen Bedingungen (starkes Feld, Längslage des NM u. s. w.) auf. Um den Einwand zu vermeiden — elektrische Schwingungen finden dabei doch statt, nur wird die Potentialdifferenz durch den Nebenbogen ausgeglichen —, ersetzen wir letzteren durch ein N'M'-Präparat, welches mit NM einen gemeinsamen geschlossenen Kreis bilden; nun bleiben auch bei dieser Bedingung die Muskeln in Ruhe. Offenbar findet da keine elektrokinetische Reizung statt. Dasselbe geschieht auch, wenn der Nerv zu einem Ringe zusammengelegt wird, wenn der Nerv den Muskeln des Präparates aufgelegt wird, oder wenn man letzteres in einen grossen Kreis aus leitendem Material einschaltet. Durch gewisse Anwendungsweise des einfachen oder doppelten Nebenbogens kann man die elektrokinetische Reizung bloss im Nervenstamme oder sogar in einem bestimmten Bezirke desselben localisiren (Versuche 20—25).

H. Die elektrokinetische Reizung kann man dem Nervmuskelpräparate durch mehrere Spiralen oder Personen übermitteln, welche isolirt und ohne gegenseitige Berührung zwischen der Elektrode und NM gebracht werden. In jeder derselben werden inductive elektrische Schwingungen erregt, die in der gleichen Weise und auch weiter secundär, tertiär u. s. w. wirken. Die Ableitung einer dieser Personen (bezw. Spiralen) zur Erde hebt die reizende Wirkung der letzten Person auf den Nerv durch Annäherung der Hand an NM oder durch Berührung auf (Versuche 26 und 27).

J. Hinsichtlich der physiologischen Eigenschaften scheint die elektrokinetische Reizung sich von der Reizung desselben motorischen Nerven durch einen einzelnen Inductionsschlag bei der unmittelbaren Elektrodenanlegung (gewöhnliche elektrische Contactmethode) — bei entsprechenden Vergleichsbedingungen — nicht zu unterscheiden. Sowohl die Form des Myogramms, als auch die Latenzzeit fallen in beiden Fällen ganz gleich aus. Dasselbe gilt auch von der Dauer der einzelnen Zuckung und von der Art der Summation der Zuckungen zum Tetanus. In Anbetracht dessen kann die Stärke eines gegebenen elektrokinetischen Reizes durch die Stärke eines Inductionsschlages ausgedrückt werden, der bei der elektrischen Contactmethode eine Zuckung von derselben Höhe hervorruft.[1] Die angeführten Zahlen für die Dauer des mechanischen Latenzsstadiums deuten offenbar darauf hin, dass diese Dauer bei der Elektrokinesis etwas verkürzt ist. Was die Wirkung häufiger Reizungen anbetrifft, so beginnt eine Depression der Zuckungen bei der elektrischen Contactmethode schon bei einer geringeren Frequenz, während bei der Elektrokinesis eine viel grössere Frequenz der elektrischen Schwingungen noch starke tetanische Contractionen hervorzubringen im Stande ist (Versuche 28, 29).

K. Die angeführten Resultate der unipolaren elektrokinetischen Einwirkung können nicht nur mittels einer RUHMKORFF'schen Spirale, sondern auch mittels eines Schlittenapparates von DU BOIS-REYMOND und einer Elektrisirmaschine von Foss oder HOLTZ u. s. w. erzielt werden (Versuche 6 und 31).[2]

L. Eine unipolare elektrokinetische Reizung sensibler Nerven kann man an einem Frosche und an sich selbst unternehmen. Im letzteren Falle bringt man den Arm in ein starkes Feld, in das Lumen einer cylinderförmigen Elektrode; man kann dieses System als einen Condensator betrachten, dessen äussere Armatur intermittirende Ladungen aus der secundären Spirale erhält. Bei schwacher Wirkung treten in der Haut — auch nach einer Entfernung der Haare — eigenartige Empfindungen von Hauchen, Blasen auf, die bei einer Verstärkung des Feldes einen anderen Charakter annehmen, es wird eine Art Erschütterung oder Vibration in der Haut empfunden; dann treten Empfindungen von Wärme, Schwitzen, Stechen und endlich Schmerzempfindungen auf. In einem genügend starken Felde werden auch Muskelcontractionen beobachtet; die Reizung dringt also tiefer ein. Ein Verbinden des eigenen Körpers mit der Erde oder mit

[1] Aus dieser bedingten Bezeichnung darf noch keineswegs geschlossen werden, dass die Processe der elektrischen Bewegung ihren Eigenschaften und ihrer Vertheilung nach in beiden Fällen die gleichen seien. Im Gegentheil, bei gewisser Leitungsfähigkeit des Leiters unterscheidet sich die Bewegung der Elektricität in demselben bei inducirten Schwingungen und bei Zuleitung eines Stromes von aussen her bedeutend; dies ist für die Unterscheidung der durch die elektrische Contactmethode hervorgebrachte Reizung von der elektrokinetischen von Wichtigkeit.

[2] Die Bestimmungen des Potentials der Ladung des NM-Präparates, sowie die Versuche mit FARADAY'schem Käfig (mit oder ohne Fensterchen), mit HERTZ'schem Drahtgitter u. and. werden im zweiten Theil dieser „Untersuchungen" angeführt.

irgend einem sehr grossen Leiter bewirkt eine Verstärkung dieser Empfindungen. Wird anstatt der Hand ein kleineres Thier in das Lumen der Elektrode hineingebracht, so bemerkt man gar keine Reizerscheinungen, so lange das Thier weder mit der Erde noch mit irgend einem grossen Leiter verbunden ist; wird aber die erwähnte Verbindung hergestellt, welche die inductiven elektrischen Schwingungen im Thierkörper in ausgesprochener Weise verstärken, so beobachtet man eine starke Unruhe und sogar allgemeine Krämpfe, Tetanus am ganzen Körper des Thieres (Versuche 32 und 36).

M. Bringt man ein Thier in die Höhle einer Spirale, durch dessen Windungen man Ströme von hoher Spannung und ausserordentlich hoher Frequenz („*haute fréquence*“ von d'Arsonval) hindurchgehen lässt, so bleibt das Thier ruhig; aber durch Berührung oder durch blosse Annäherung eines zur Erde leitenden Drahtes kann eine Reizung hervorgerufen werden. Sowohl in dieser, als auch in der vorher beschriebenen Beobachtung wird das Thier auf ein hohes Potential geladen, was nach der Länge des Funkens, welcher aus dem Thiere gezogen werden kann, zu beurtheilen ist (Versuch 37).

Analogen physikalischen Beobachtungen mit einem Telephone und einer Geissler'schen Röhre in einem unipolaren Felde sind die Versuche 38 und 39 gewidmet.

Capitel V. N. Eine bipolare elektrokinetische Wirkung erhält man, wenn ein Nervmuskelpräparat zwischen zwei Platten (ZnEl und Zn'El') gebracht wird, welche mit den Polen einer secundären Ruhmkorff'schen Spirale verbunden sind; NM kann auch ausserhalb der Elektroden gelegen sein, nur muss es sich in solchen Ebenen befinden, die dem Zwischenelektrodenraume entsprechen. Infolge einer gegenseitigen Neutralisation der ungleichnamigen elektrischen „Polaritäten“ (Interferenz bei gleichem Potentiale) bildet sich in der Mitte zwischen ZnEl und Zn'El' eine elektrische neutrale, eine Indifferenzzone aus; ein in diese Zone gebrachtes NM-Präparat zeigt keine Reizerscheinungen, wenn es in einer Längslage, d. h. parallel und symmetrisch zu den Ebenen der Elektroden angeordnet ist, da in diesem Falle im NM-Präparate keine physiologisch-activen elektrischen Schwingungen inducirt werden; die Muskeln bleiben in Ruhe. Das ist die Interferenz der bipolaren Neuroelektrokinesis.

Ist aber das Nervmuskelpräparat asymmetrisch, d. h. näher an ZnEl bezw. Zn'El' gelegen, so bekommt man eine Reizung, obgleich

NM eine Längslage einnimmt; die Zuckungen sind dann um so stärker, je stärker die Asymmetrie ist. Eine Reizung kann aber auch bei symmetrischer Längslage stattfinden, wenn wir auf irgend eine Weise die Spannung einer Elektrode herabsetzen oder wenn wir zwischen NM und einer der Plattenelektroden einen undurchsichtigen Schirm anbringen. Bei einer Ungleichheit der Spannungen an ZnEl und Zn′El′ erhält die Indifferenzzone eine asymmetrische Lage, sie nähert sich der schwächeren Elektrode; befindet sich jetzt NM in einer asymmetrischen Lage, so kommen wohl Zuckungen zu Stande. Eine asymmetrische Annäherung eines anderweitigen Leiters an das in der Indifferenzzone sich befindende NM-Präparat kann eine Reizung hervorbringen.

Jede andere Lage des NM-Präparates zwischen den Plattenelektroden — eine winkelige, schräge oder quere — bedingt ein Auftreten von Zuckungen, die bei der Querlage am stärksten ausfallen. Aber auch in der letzten Lage kann man die Reizung aufheben, wenn man an die Enden des NM-Präparates einen leitenden Nebenbogen anlegt. Dies geschieht auch dann, wenn im interpolaren Raume sich zwei NM-Präparate befinden, die mit einander durch leitende Brücken zu einem gemeinsamen Kreise verbunden sind. — Wird in ein bipolares Feld ein unversehrter Frosch gebracht, so beobachtet man, bei einer ausreichenden Stärke des Feldes und einer asymmetrischen Lage des Frosches, eine Reizung, eine starke Unruhe des Thieres, die durch Herstellung der Symmetrie beseitigt werden kann (Versuche 40—45).

O. Ganz analoge Resultate der bipolaren Interferenz erhält man beim Ersetzen des Nervmuskelpräparates durch einen Telephon, eine Gasflamme, eine Geissler'sche Röhre oder einen geraden Metallstab (Versuche 46—49).

P. Werden einem motorischen Nerven die Enden beider Drahtelektroden von den Polen der secundären Spirale eines Ruhmkorff in symmetrischer Weise genähert, so kann ein Ueberspringen von Funken zwischen beiden Enden und dem Nerven ohne sichtbare Reizung erfolgen: die Muskeln contrahiren sich fast nicht. Aber bei einem einfachen oder doppelten asymmetrischen Durchlassen elektrischer Entladungen kommt eine Reizung zum Vorschein. Die Controle zeigt, dass Funkenentladungen von mässiger Stärke den Nerven nicht tödten. — Diese Erscheinung bezieht sich offenbar ebenfalls auf eine Neutralisation der ungleichnamigen elektrischen Polaritäten (im Nerven selbst), weswegen eine Reizung nicht stattfindet (Versuch 50).

Capitel VI. Q. Ein Nervmuskelpräparat, welches zu den einander genäherten Enden der secundären Spirale eines Ruhmkorff asymmetrisch gelagert wird, zeigt Contractionen im Momente des Funkendurchspringens zwischen den Enden beider Elektroden. Diese Zuckungen werden beim Annähern der Enden an einander, d. h. bei der Abnahme der Funkenlänge immer schwächer. Bei völligem Schlusse des secundären Kreises nimmt die Reizung bedeutend ab bezw. sie verschwindet. Bei gewissen Bedingungen bewirkt ein Verbinden des geschlossenen secundären Kreises mit grossen Flächen eine Verstärkung der Activität des Feldes. Um eine Nervenerregung bei völligem Schlusse des secundären Kreises, d. h. in einem elektromagnetischen Felde hervorzubringen, ist ein starker Strom und eine richtige Orientirung des Nervmuskelpräparates (welches behufs einer Verstärkung der Reizung zur Erde abgeleitet wird) erforderlich: liegt das zur Erde abgeleitete NM-Präparat senkrecht auf die Richtung des Leiters, welcher einen Theil des secundären Kreises bildet, so bleiben die Muskeln in Ruhe; dagegen kommt die Reizung sofort zum Vorschein, wenn NM parallel zu demselben gebracht wird. Dieser Leiter, in dessen Nähe der Nerv einer elektrokinetischen Einwirkung unterworfen wird, kann aus einem geraden oder einem spiralig gewundenen Drahte *Sp* bestehen; die Spirale *Sp* verstärkt die Activität des Feldes; in diesem Falle wird NM — behufs einer Verstärkung der Reizung — parallel zur Axe der Spirale *Sp* gelagert. Je grösser und dichter die Spirale *Sp* ist, desto stärker sind die Zuckungen. Bei günstigen Bedingungen kann man durch Berührung des Nerven mit irgend einem grossen Leiter sogar Schliessungszuckungen hervorrufen, die in einem unipolaren Felde relativ leichter zu Stande kommen. Der Einfluss des Nebenbogens, der Nachbarschaft von Leitern, der Zwischenschirme, der Verbindung mit Condensatoren oder mit der Erde, der Endmassen ist der gleiche, wie für die unipolare Wirkung. In Anbetracht einer möglichen Elektrisirung des ganzen secundären Kreises und folglich der Möglichkeit wegen einer Bildung eines activen elektrischen Feldes von der Spirale *Sp*, wird letztere zur Erde abgeleitet (ohne freilich den Kreis der secundären Spirale zu öffnen). Trotz dieser Ableitung der freien Elektricität zur Erde lassen sich doch in der Nähe der Spirale *Sp* Reizungserscheinungen beobachten, wenn auch in viel geringerem Maasse, als vor der Ableitung zur Erde. Umgekehrt, d. h. in einem die Reizung verstärkenden Sinne, wirkt eine leitende Verbindung der Spirale *Sp* mit grossen Metallflächen (Versuche 51—54).

R. Die erwähnte Elektrisation kommt völlig deutlich zum Vorschein, wenn man beide Pole der secundären Spirale des Ruhmkorff mittels eines Leiters von grossem Widerstande — einer langen, feuchten Schnur — mit einander verbindet. Bei solch einem geschlossenen Kreise wird die maximale elektrokinetische Reizung in der Nähe der Pole beobachtet; in der Mitte der Schnur bildet sich dagegen eine Indifferenzzone aus, in deren Nähe das Nervmuskelpräparat in völliger Ruhe bleibt. Wird ausserdem einer der Pole zur Erde abgeleitet, so steigt die Spannung am entgegengesetzten Abschnitte der Schnur, die Elektrokinesis wird verstärkt, sein Bereich nimmt entlang der Schnur zu, weil die Indifferenzzone nach dem abgeleiteten Pole hin verschoben wird. Anstatt des Nervmuskelpräparates kann man in die Nähe der den secundären Kreis abschliessenden Spirale *Sp* eine Metallplatte bringen, welche mit dem NM-Präparate verbunden wird. Bei dieser Bedingung kommt sogar bei verhältnissmässig schwachen Strömen eine Reizung zu Stande. Eine elektrokinetische Oeffnungsreizung in der Nähe eines geschlossenen Kreises kommt auch in der Nähe einer primären Ruhmkorff'schen Spirale allein (nach Entfernung der secundären), sowie auch bei Induction höherer Ordnung, und zwar in der Nähe einer tertiären Spirale zu Stande (Versuche 55—60).

S. Bringt man ein Nervmuskelpräparat innerhalb einer Spirale, welche in den geschlossenen Kreis einer secundären Ruhmkorff'schen Spirale eingeschaltet ist, so erhält man eine starke Reizung, und zwar, wenn NM im Lumen der Spirale parallel zu den Windungen, d. h. senkrecht auf die Axe desselben gelagert wird. Führt man, anstatt NM, die eigene Hand in's Lumen der Spirale hinein, so können wir mit der anderen Hand eine ziemlich starke elektrokinetische Reizung hervorbringen.

Ein Thier, welches ins Lumen einer Spirale, deren Draht in einen secundären Kreis eingeschaltet ist, eingeführt wird, erleidet eine Reizung bei gewissen Bedingungen, wenn dieser Kreis durch einen Funken geschlossen wird. In diesem Falle nimmt die Activität des

Feldes — im Vergleiche mit einem vollständigen Schlusse desselben Kreises durch einen Leiter — bedeutend zu. Eine ähnliche Verstärkung des activen Feldes in der Nähe der Spirale *Sp* wird auch beim Einschalten einer Leidener Flasche in den Kreis der secundären Spirale beobachtet: das Nervmuskelpräparat zuckt in einer viel grösseren Entfernung bezw. die Zuckungen werden sogar in tetanische verwandelt (Versuche 61 und 62).

Capitel VII. T. Ein Nervmuskelpräparat, welches sich in einem unipolaren elektrischen Felde befand, zeigt bald darauf eine gesteigerte Erregbarkeit, was sich durch Probereizungen der Nerven mittels eines Schlittenapparates von E. du Bois-Reymond vor und nach der Elektrokinesis feststellen lässt. Dasselbe Resultat erhält man auch durch eine Vergleichung der Zuckungshöhen, beim gleichen Probereize, vor und nach der Wirkung des elektrischen Feldes. Da dieser Zustand einfach dadurch erklärt werden kann, dass die vorausgegangenen „ausreichenden" Reizungen im activen Felde, ebenso wie die Reizungen nach der elektrischen Contactmethode, einen Zustand erhöhter Erregbarkeit hinterlassen können, so wurde eine zweite Versuchsreihe ausgeführt, in der diese Bedingung ausgeschlossen war. Zu diesem Zwecke wurde ein Nebenbogen während der ganzen Dauer des Versuches an das NM-Präparat angelegt; in Folge dessen kam sogar in einem ziemlich starken elektrischen Felde keine sichtbare Reizung zu Stande. Nichtsdestoweniger liess ein vorher nach der Contactmethode festgestellter elektrischer Probereiz auch nach einer solchen elektrokinetischen Einwirkung eine gesteigerte Erregbarkeit erkennen (Versuche 63 und 64).

Durch die angeführten Versuche sind also mehrere Seiten der Neuroelektrokinesis, vornehmlich aber die methodologische Seite, erläutert worden. Es hat sich zu gleicher Zeit herausgestellt, dass diese Einwirkungsmethode „der Elektricität auf Distanz" auch in rein physiologischer Hinsicht, im Sinne eines Einflusses derselben auf die functionellen Eigenschaften des Nervmuskelpräparates nach einer vollkommen eigenartigen Richtung hin, ein zweifelloses Interesse darbietet. Den allgemeinen Werth der elektrokinetischen Methode im Vergleiche mit der gewöhnlichen elektrischen Contactmethode werden wir erst dann übersehen können, nachdem wir ein vielseitigeres, auf die verschiedenen

Bedingungen der physiologischen Elektrokinesis sich beziehendes Material dargethan haben werden. Die oben beschriebenen Versuche beziehen sich vornehmlich auf die Aufklärung der qualitativen Seite der physikalischen Bedingungen der Neuroelektrokinesis.

Indem ich meine Resultate mit denen meiner Vorgänger vergleiche (siehe Ende des zweiten Capitels, S. 69—74), glaube ich annehmen zu dürfen, dass durch meine Versuche die Bedingungen der Neuroelektrokinesis viel vollständiger und systematischer aufgeklärt worden sind; sie haben ermöglicht, dieses Problem und die Bedeutung der Methode selbst klarer und weiter zu formuliren; sie lieferten ein vielseitigeres factisches Material. Ich gestatte mir die Hoffnung zu hegen, dass die wissenschaftliche Bedeutung der Neuroelektrokinesis dank diesen Untersuchungen jetzt als viel sicherer gelten darf, als dies nach den kurzen Beobachtungen meiner Vorgänger der Fall war. Wenn in vielen dieser Versuche der Nerv, als Elektroskop oder „Resonator“, ein mehr physikalisches Interesse darbietet, so schliesst doch dies keineswegs das physiologische Interesse aus, welches sowohl in der Methode der elektrokinetischen Einwirkung selbst, als auch in den physiologischen Folgen derselben besteht.

Um den Wert der ganzen Gesamtheit des factischen Materials der Neuroelektrokinesis zu übersehen und dadurch die Probleme und die Wege der weiteren Untersuchungen zu erläutern, wollen wir, als Ergänzung zur oben angeführten Uebersicht unserer eigenen Versuche, noch dasjenige nochmals erwähnen, was auf diesem Gebiete noch vor meinen Untersuchungen geleistet worden ist. Die Resultate meiner Vorgänger lassen sich im Wesentlichen auf die folgenden Sätze zurückführen.

1. In einem isolirten Nervmuskelpräparate (NM), welches von einer mit dem Pole eines Inductoriums verbundenen Elektrode durch eine Glasplatte getrennt ist, werden Zuckungen beobachtet. Diese Reizung wird durch die Annäherung eines mit der Erde verbundenen Leiters verstärkt; der zweite Pol des Schlittenapparates wird zur Erde abgeleitet, wodurch die Zuckungen stärker werden. — Wird einem Nerv ein geladener Conductor plötzlich genähert, so zuckt der Muskel, wenn der Nerv ableitend berührt wird (W. ZAHN, J. ROSENTHAL).

2. Beim Ziehen eines Funkens aus einer Elektrisirmaschine contrahirt sich ein nahe gelegenes Nermuskelpräparat, wenn man es mit einem Leiter berührt. Dasselbe wird auch bei den Funken-

entladungen der Inductionsapparate beobachtet; bei genügender Annäherung des NM-Präparates rufen solche Funken auch ohne Leiterberührung eine Reizung hervor; je näher also NM der Funkenstrecke liegt, desto stärker ist die Reizung (GALVANI, TIEGEL).

3. Ein vollkommen isolirtes NM-Präparat, welches einer secundären, geöffneten Spirale eines Inductoriums sehr nahe gebracht wird, zuckt, wenn der Nerv parallel der Spiralenaxe orientirt ist, d. h. wenn er senkrecht auf die Spiralwindungen des Drahtes angeordnet wird; bei einem starken Strome findet auch in schräger oder querer Lage des Präparates eine Reizung statt. Dieselbe Orientirungsregel gilt auch von der gegenseitigen Lage eines NM-Präparates und eines auf Distanz reizenden Drahtes, welcher mit einem Pole eines Inductoriums verbunden ist. Die Stärke einer Fernreizung ist demnach nicht nur von der Stärke der elektrischen Energiequelle und vom Abstande des NM-Präparates von derselben abhängig, sondern auch von der Orientirung des Nerven bei der gleichen Entfernung (MAGINI).

4. Ein Nervmuskelpräparat lässt in grosser Entfernung von einer WIMSHURST'schen Elektrisirmaschine eine Reizung erkennen, wenn die Maschine mit zwei Leidener Flaschen versehen ist; die äussere Armatur der einen ist zur Erde abgeleitet, während die äussere Armatur der zweiten als Erreger eines elektrischen Feldes von sehr hohem Potential dient. Bringt man in dieses Feld ein Nervmuskelpräparat, so werden in demselben Wechselströme von sehr hoher Spannung inducirt, und die Muskeln contrahiren sich. Eine Person, die sich zwischen dieser Maschine und dem NM-Präparate befindet, dient als secundärer Erreger einer elektrischen Induction; diese Person bewirkt eine Nervenreizung ohne jede Berührung durch eine blosse Ausstreckung des Armes nach NM hin. Eine Verbindung des NM-Präparates — und zwar des Nerven — mit einer grossen Metallmasse verstärkt die Reizung, besonders wenn man dieser Masse den Arm nähert. Wird diese leitende Endmasse verkleinert, so nimmt die Reizung an Stärke ab. Eine ähnliche günstige Wirkung erhält man, wenn eine andere Person, die hinter NM (d. h. weiter von der Elektrisirmaschine) steht, zu gleicher Zeit die metallischen Theile des Myographions berührt (LEDUC, ROUXEAU und DAULY).

In solchem Zustande befand sich das faktische Material der Neuroelektrokinesis bei meinen Vorgängern. Von der Bedeutung ihrer Untersuchungen und der Mangelhaftigkeit ihrer theoretischen Sätze war bereits am Ende des zweiten Capitels die Rede.

5. Nach der Veröffentlichung meiner vorläufigen Mittheilungen erschien die oben genannte Arbeit von JACQUES LOEB über die elektrische Nervenreizung durch Influenz. In dieser Arbeit erörtert er die grundlegende Thatsache der Orientirung des NM-Präparates in Bezug auf die **Funkenentladung** (Funkenstrecke der TÖPLER-HOLTZ'schen Influenzmaschine): sind dieselben einander parallel (NM der Funkenstrecke gegenüber), so contrahiren sich die Muskeln; liegt aber das Präparat senkrecht auf der Linie des Entladers und genau gegenüber der Mitte der Funkenstrecke, so wird die Reizung bedeutend schwächer bezw. sie verschwindet gänzlich; ein „Zweischenkelpräparat"[1], welches parallel zur Funkenstrecke liegt, aber etwas nach der Seite hin verschoben ist, d. h. einem der Entladerstäbe gegenüber und demselben parallel liegt, bleibt in Ruhe (vergl. oben Versuch 19).

Wird der Nerv mit feuchtem Papier, Stanniol oder mit einer genügend dicken Schicht physiologischer Kochsalzlösung bedeckt, oder einfacher, legt man den Nerven den Muskeln auf, so hören die Zuckungen auf.[2] Das sind die factischen Resultate von J. LOEB.

J. LOEB, der die Arbeit von MAGINI nicht gekannt zu haben scheint, erklärt die Orientirungserscheinungen, wie oben erwähnt, auf rein physiologischem Wege: ein Inductionsstrom, welcher den Nerven in der Längsrichtung passirt, bewirkt eine Nervenreizung; bei querer

[1] Dasselbe besteht aus zwei stromprüfenden Froschschenkeln, deren Nervenenden einander berühren; das ganze Präparat ist geradlinig ausgezogen; die Muskelmassen befinden sich an beiden Enden des Präparates.

[2] Der Autor erklärt dies folgendermaassen: „Das weist darauf hin, dass diese Zuckungen durch Ströme verursacht sind, welche den Nerven in bestimmter Dichte passiren müssen, um Zuckungen hervorzurufen" (PFLÜGER's Archiv für Physiologie, Bd. LXVII, 1897, S. 486). J. LOEB hat offenbar weder die Bedeutung, noch die Thatsache selbst des „Nebenbogens" erkannt; dazu hätten ihm nothwendiger Weise seine eigenen Beobachtungen geführt, wenn er dasselbe Stanniol an beiden Enden des Präparates, bloss die Mitte des Nerven vermeidend, angelegt hätte. Eine solche Anordnung finden wir auch in den Versuchen von CAS. RADZIKOWSKY (a. a. O. S. 19 u. and.), der aber das Fehlen der Nervenreizung beim Anlegen eines Nebenbogens dadurch erklärt, dass dieser in Folge seiner besseren Leitungsfähigkeit den Strom vom Nerven abblendet. Die oben beschriebenen Versuche überzeugen uns jedoch von der Mangelhaftigkeit dieser Erklärung.

Richtung des Stromes findet dagegen keine Reizung statt; der Strom selbst entsteht durch statische Induction (Influenz) — der ungleichnamigen Polaritäten an den Enden des NM-Präparates bezw. an den beiden Enden des Nervenstammes. Die Unrichtigkeit dieser Erklärung ist schon oben erörtert worden.

6. Dieselbe Orientirungsregel ist von J. Tarchanoff i. J. 1897 bei den stillen Entladungen einer Crookes'schen Röhre beobachtet worden, und zwar in Bezug auf die Lage eines NM-Präparates zur interpolaren Linie der Röhre (siehe oben S. 68).

7. Die Versuche von C. Radzikowski (1899) sind bereits oben mehrfach erwähnt worden. Er beobachtete auch den Einfluss der Orientirung des NM-Präparates, der Schirme, der gegenseitigen Lagerung der Drahtelektrode u. s. w. „*Un nerf de grenouille pour être excité par le champ de force électrique doit être nu et bien isolé*“; „*les nerfs* (d. h. *in situ*) *sont protégés par le tissus de l'organisme de la même façon, qu'un animal* (oder NM-Präparat) *est protégé par la cage de Faraday*“ (a. a. O. S. 32).

Fügt man also zu den oben angeführten Resultaten meiner Vorgänger noch die Thatsache der Orientirung bei den Funken- und den stillen Entladungen hinzu, so erhalten wir nun die ganze Summe des hauptsächlichen factischen Materials in der Frage der **Neuroelektrokinesis,** welches in anderweitigen Laboratorien gesammelt wurde.

Was die Versuche von S. J. Kostin, welche gemeinschaftlich mit mir ausgeführt worden waren, betrifft, so beziehen sie sich hauptsächlich auf die Orientirung des NM-Präparates innerhalb einer Spirale, welche in den geschlossenen secundären Kreis des Ruhmkorffs eingeschaltet war, auf den Verlauf der Muskelcurve, auf die Zuckungshöhe bei Nachbarschaft von Leiern u. s. w. Die Resultate dieser Versuche sind oben im Text angeführt.

Anhang.

1. Ein Versuch von Galvani: Nervenreizung durch geriebenen Siegellack oder durch geriebenes Glas.

In seinem Werke „De viribus electricitatis in motu musculari Commentarius“[1] beschreibt Galvani den folgenden Versuch: das abpräparirte Rückenmark eines Frosches, welches mit den Hinterpfoten in Verbindung bleibt, wird vom Körper abgetrennt; berührt man nun das Rückenmark mit einem geriebenen Glasstäbchen, so bleiben die Muskeln in Ruhe; sie contrahiren sich dagegen, wenn die Berührung mit geriebenem Siegellack geschieht. Bedeckt man die Wirbelsäule mit Stanniol, so genügt es, wenn man den Siegellack um vier Linien und darüber nähert, um Zuckungen ohne Berührung hervorzurufen. Dasselbe Resultat erhält man auch mit Nerven. Daraus schliesst Galvani, dass die eigene Elektricität der Nerven positiv sei.

A. J. von Oettingen, Redacteur der deutschen Ausgabe, bemerkt (a. a. O. S. 75), er habe wegen des in Betreff dieser Resultate von E. du Bois-Reymond[2] geäusserten Zweifels E. Harnack und M. von Frey ersucht, diese Resultate zu controliren. Beide bestätigten die Galvani'schen Resultate, wobei M. von Frey jedoch bemerkt, man könne auch durch geriebenes Glas Zuckungen hervorbringen, aber nicht so leicht, wie durch Siegellack. Dieser Unterschied hängt nicht von der Elektricitätsmenge in beiden Versuchen, sondern vom Vorzeichen derselben ab.

Ich hatte mehrfach die Gelegenheit, diesen Versuch zu wiederholen und habe mich, ebenso wie M. von Frey, von der Richtigkeit des Galvani'schen Resultates überzeugt. Ich befestige ein Nervmuskelpräparat am Knochen derart, dass der an der Wirbelsäule abgeschnittene Nerv nach unten herabhängt. Die Zuckungen kommen auch ohne Berührung, durch eine blosse Annäherung einer geriebenen Siegellackstange an das Nervenende von der Seite her zu Stande; der Nerv wird dabei vom Siegellack stark angezogen. Dagegen fielen sowohl die Zuckungen als auch die Anziehung des Nerven beim Annähern eines geriebenen Glasstabes sogar dann viel schwächer aus, wenn letzterer grösser an Umfang und stärker gerieben war, als der Siegellack. Die Reizung wird überhaupt stärker, wenn das NM-Präparat vorher zur Erde abgeleitet wird. Führt man solche Reizungen mehrere Male hinter einander mit derselben Substanz aus, so scheinen die Zuckungen schwächer zu werden; sie werden aber wieder stärker, sobald man einen Stab aus anderer Substanz nimmt.

Das Anlegen eines Nebenbogens an die Enden des Nervmuskelpräparates bewirkt eine deutliche Abschwächung der Reizung, welche durch Annäherung einer geriebenen Glas- oder Siegellackstange zu Stande kommt (dieser Versuch wird in der zweiten Lieferung dieser „Untersuchungen“ ausführlich erörtert werden).

2. Elektrokinetische Reizung des curarisirten Muskels.

Nimmt man ein Nervmuskelpräparat eines stark curarisirten Frosches, so zeigt es in einem unipolaren oscillatorischen Felde sehr schwache

[1] Siehe deutsche Ausgabe 1894, S. 29, 57 und 75.

[2] E. du Bois-Reymond, Untersuchungen über thierische Elektricität, Bd. I, 1848, S. 50.

Zuckungen. Nähert man dem distal gelegenen Muskel die Hand oder einen zur Erde leitenden Draht, so beobachtet man fibrilläre Zuckungen einzelner Bündel der Drahtstelle entsprechend; eine allgemeine Contraction des ganzen Muskels, wie dies ohne Curare der Fall wäre, findet jetzt nicht statt. Dasselbe bezieht sich auch auf ein nicht curarisirtes NM-Präparat, dessen Nerv an der Eintrittstelle in den Muskel durchschnitten und zur Herstellung der physikalischen Leitung wieder angelegt worden ist; bei dieser Bedingung kommt eine allgemeine Muskelzuckung sogar in beträchtlicher Nähe einer RUHMKORFF-Elektrode nicht zu Stande. Im nicht curarisirten NM-Präparate ist die Reizung hauptsächlich im Nervenstamme localisirt; bei gleichen Endmassen ist die Erregung um so stärker, je länger der Nervenstamm ist. In diesem ist die „Stromdichte" viel grösser als im Muskel.

3. Einfluss des Menschen auf die Magnetnadel.

Schon in der älteren Literatur finden sich Angaben, wonach der Mensch durch eine blosse Annäherung seiner Hand eine Ablenkung einer frei hängenden Magnetnadel bewirken kann, auch wenn der Einfluss der Luftströme u. s. w. beseitigt wird.[1] Manche glaubten sogar, daraus den Schluss ziehen zu dürfen, dass der Mensch „magnetische" Eigenschaften besitze! Es wurde dabei gewöhnlich ausser Acht gelassen, dass der menschliche Arm, ebenso wie der trockene Muskel sogar, diamagnetische Eigenschaften besitzt und deshalb einen empfindlichen Magneten abstossen könne (F. KOHLRAUSCH, 1887, s. oben S. 52).

Noch deutlicher kommt der Einfluss des Menschen auf die Magnetnadel bei Anwesenheit eines elektrischen Feldes bezw. einer Elektrisation seines Körpers zum Vorschein. Zu diesem Zwecke stellt man sich am besten auf eine isolirende Unterlage, mit dem Rücken zur Elektrode des Ruhmkorff (unipolar!); streckt man nun den Arm nach der Magnetnadel, welche zur Erde abgeleitet ist oder nicht, hin aus, so kann man eine Ablenkung derselben hervorbringen — eine Anziehung oder eine Abstossung, je nach den Versuchsbedingungen.[2] Es muss in solchen Versuchen berücksichtigt werden, dass, analog einem Drahte, in dem ein galvanischer Strom kreist, auch die Bewegung eines elektrischen Körpers auf die Magnetnadel einen Einfluss ausüben kann (ROWLAND).

In viel einfacherer Weise kann eine Elektrisation des eigenen Körpers

[1] Noch i. J. 1848 schrieb E. DU BOIS-REYMOND, indem er von den elektrischen Erscheinungen in den Nerven und Muskeln sprach: „Ja, ich lehre den menschlichen Körper nach Vermittelung eines Kupferdrahtes die Magnetnadel in der Ferne durch Willkür bald hier hin, bald dort hin ablenken." Es handelt sich um die Wirkung der Ströme auf den Magneten, freilich aber nicht um die magnetischen Eigenschaften des menschlichen Körpers (Vorrede, S. XV zu seinen „Untersuchungen").

[2] Eine ähnliche Erscheinung kann man auch an einer unmagnetischen Nadel, die nicht einmal aus Eisen besteht, beobachten. — Im J. 1846 machte ARAGO der Pariser Akademie der Wissenschaften von einem Mädchen Mittheilung, das die Eigenschaft gehabt haben sollte, gewisse leichte Gegenstände anzuziehen und andere abzustossen, ohne die Gegenstände zu berühren. Allein die Prüfung dieser Thatsachen vor der Commission hat dieselben nicht bestätigt (CH. FÉRÉ in Compt. rend. de Soc. de Biol. 1889, S. 29).

durch Reibung desselben an der Kleidung oder durch Reibung (Scharren) des Fusses auf einer Glas- oder Ebonitunterlage oder sogar einfach am Boden (Stein) hervorgebracht werden. Es kommt dabei eine so starke Elektrisation zu Stande, dass, wenn man sofort nach dem Reiben den Nerven mit der eigenen Hand berührt, d. h. die eigene elektrische Ladung dem NM-Präparate mittheilt, man Zuckungen hervorrufen kann, und zwar 2—3 Mal hinter einander. Je trockener die Luft ist, desto günstiger verläuft natürlich der Versuch. Es ist besser, wenn man auf einem Isolator steht. Alle oben beschriebenen elektrischen Versuche geben überhaupt, besonders bei feinerer Anordnung mit schwacher Spannung des Feldes, mehr oder weniger günstige Resultate, unter Anderem je nach dem Zustande der dielektrischen Eigenschaften der Luft.

4. „Zuckung ohne Metall“ von Galvani.

Bekanntlich gelingt dieser Versuch von Galvani nicht immer und nicht an jedem Froschpräparate. Dies kann nicht nur von den Eigenschaften des letzteren, sondern auch offenbar von der Anfertigungsweise des Präparates abhängig sein. Ich hatte mehrfach die Gelegenheit, zu bemerken, dass die Eigenschaften des isolirten NM-Präparates in dieser Beziehung unter dem Einflusse des elektrischen Feldes sich verändern können.

Wird der Galvani'sche Versuch vor und nach der Einwirkung eines unipolaren Feldes ausgeführt, so kann man bei gewissen Bedingungen beobachten, dass im zweiten Falle die Zuckungen sich leichter hervorrufen lassen und sogar stärker zu sein pflegen als im ersten Falle, d. h. vor der inductiven Elektrisation; die Zuckungen kommen dabei mehrere Male hinter einander zu Stande. Könnte einerseits das Resultat bis zu einem gewissen Grade durch eine Erhöhung der Erregbarkeit des NM-Präparates erklärt werden, so kann doch andererseits die Möglichkeit einer Verstärkung der elektromotorischen Eigenschaften des NM-Präparates, hauptsächlich die des Muskels, unter der Wirkung des elektrischen Feldes, welches offenbar die Dipolarität der elektrisch activen Theilchen des Nervmuskelpräparates beeinflusst, nicht in Abrede gestellt werden. Der Einfluss der Elektrokinesis auf die elektromotorischen Eigenschaften des NM-Präparates soll noch später erörtert werden.

5. Ueber die „Neurophore“.

Wir haben diesen Ausdruck oben S. 79—80 in Anwendung gebracht. Ich glaube, denselben zur Bezeichnung des kleinsten Quantums activer Nervensubstanz, welches überhaupt als Träger der physiologischen functionellen Eigenschaften der letzteren dienen kann, einführen zu sollen. Im einfachsten Falle stellen wir uns den Axencylinder der Nervenfaser als eine Reihe längs gelegener Neurophore vor. Im oben erwähnten theoretischen Falle der Elektrokinesis müssen wir uns vorstellen, dass die Neurophore mit einem bestimmten Vorzeichen und auf ein gewisses Potential geladen sind. Würde nun diese Ladung für das ganze Neurophor *in toto* Schwankungen zu erleiden beginnen, so wäre theoretisch der Fall denkbar, dass solch ein dynamischer Zustand auf die functionellen Eigenschaften des Nervs einen Einfluss ausüben könnte. Die Frage von der Beziehung des Neurophors zu den „dipolaren elektromotorischen Molekülen“ (Neuromer, nach der Bezeichnung von J. Rosenthal[1] können wir unerörtert lassen, da es sich hier bloss um eine allgemeine kurze Erklärung der bedingten Bezeichnung handelt.

6. Ueber die Anwendung von Elektrisirmaschinen zur Erzeugung Hertz'scher Strahlen.

Es ist auf S. 54 darauf hingewiesen worden, dass J. Loeb eine „Töpler-Holtz'sche Influenzmaschine“ zur Erzeugung dieser Strahlen, ohne irgend welche Hilfsmittel zu erwähnen, angewendet hatte, und dass eine solche Methode als zweckmässig schwerlich anerkannt werden könne. Töpler[2] kommt wirklich zu dem Schlusse, die Elektrisir- und Influenzmaschine seien für die Versuche mit den Hertz'schen Strahlen brauchbar; aber zu diesem Zwecke wendet er selbst besonders construirte „Primärleiter“ an („hohle Erregerstäbe“, „Messinghohlstäbe“ von 4 cm Durchmesser und von 53 cm Länge, zusammen als „Primärleiter“); während J. Loeb einen gewöhnlichen Maschinenentlader mit einer Funkenstrecke von 2—5 cm benutzte. Die Versuchsanordnung von J. Loeb kann deshalb für das Studium der physiologischen Wirkung der elektrischen Strahlen kaum als geeignet anerkannt werden. Der Autor selbst macht dabei keine Angaben, ob er sich durch eine Controle mittels eines physikalischen Apparates (eines Resonators u. s. w.) davon überzeugt hatte, dass es sich um eine ausreichende Erregung Hertz'scher Strahlen handelte.

7. Inductionsströme in einem ringförmigen Leiter um die primäre Spirale eines Inductoriums.

Beim Wiederholen des oben S. 48 beschriebenen Versuches von L. Hermann bemerkte ich eine Erscheinung, die ich als eine Ergänzung zu seinem Versuche hier anführen zu sollen glaube. Die secundäre Spirale eines grossen Ruhmkorff wird entfernt; die primäre ist mit einem Quecksilberunterbrecher, einem Rheostaten, einem Schlüssel und Accumulatoren verbunden. Diese primäre Spirale wird von einem vollkommen isolirten ringförmigen Drahte (in einer einzelnen Windung) umgeben, dessen Enden (*a* und *b*) einander nicht berühren, sondern um etwa 2—3 cm von einander abstehen. Berührt der Nerv beide Enden des Ringes gleichzeitig, so finden Zuckungen statt, wie dies von Hermann beschrieben worden ist. Mir ist es aber gelungen, auch unipolar eine Reizung zu erhalten. Zu diesem Zwecke wird der Nerv nur mit dem Ende *a* verbunden; keine Zuckungen; nun braucht man aber bloss das

[1] J. Rosenthal, Allgem. Physiologie der Muskeln und Nerven. 2. Aufl., 1899, S. 233.

[2] Töpler's Abhandlung in Wiedemann's Annalen der Physik. Bd XLVI, 1892, S. 306, 464 und 642.

Ende *b* mit einem von der Wasserleitung kommenden Drahte und den Nerven zu gleicher Zeit mit einem Leiter, welcher mit der Gasleitung verbunden ist, zu berühren, um sofort eine deutliche Reizung hervor zu bringen. Dagegen kann eine gesonderte Berührung des Drahtendes *b* und des Nerven, sowie auch eine gleichzeitige Verbindung derselben mit grossen Leitern, aber nicht mit der Erde, ohne sichtbares Resultat bleiben; in vielen Beziehungen hängt dies von der Stromstärke, von der Häufigkeit der Unterbrechungen und von anderen Bedingungen ab.

Die Ableitung des Endes *b* des ringförmigen Drahtes zur Erde steigerte die Spannung am anderen Ende *a* und folglich auch an dem mit *a* verbundonen NM-Präparate in bedeutendem Maasse; daher auch die Zuckungen. Wird aber an das Präparat NM ein Nebenbogen, z. B. aus feuchter Schnur, so angelegt, dass die Enden des Präparates durch denselben verbunden werden, so hört die Reizung auf, die Muskeln bleiben in völliger Ruhe.

Was die Ursachen der freien Spannung im offenen ringförmigen Leiter anbetrifft, so muss vor allem beachtet werden, dass die Reizung, nach meinen Versuchen, nur beim Oeffnen des Kreises zu Stande kommt, wo ein starker Extrastrom entsteht, der nach den gewöhnlichen Methoden nachgewiesen werden kann. Wird, *ceteris paribus*, von den Polen der primären Spirale ein Nebenschluss sogar aus einem feinen und langen Drahte hergestellt, so hört die inductive Oeffnungsreizung auf; sie tritt aber wieder ein, wenn der Nebenkreis aus Draht durch einen Nebenschluss aus feuchter, langer Schnur, also ebenfalls durch einen Nebenkreis, nur von grösserem Widerstande, ersetzt wird.[1] Es wäre dabei noch daran zu erinnern, dass die elektrokinetische Reizung eines Nerven, welcher sich in einer Längslage in der Nähe der primären Spirale eines grossen Ruhmkorff[2], sogar bei geringer Stromstärke ($^1/_8$—$^1/_4$ Ampère), ebenfalls bloss im Momente der Oeffnung des Kreises stattfindet (siehe S. 196). Diese Reizung kann ebenfalls durch das Anlegen eines Nebenbogens an das NM-Präparat oder durch das Einschalten eines Nebenschlusses von nicht sehr grossem Widerstande zwischen die Pole der Spirale aufgehoben werden (siehe S. 184). Die Ableitung eines Poles zur Erde verstärkt die reizende Wirkung.

---

[1] L. Hermann (Pflüger's Archiv, Bd. XLIII, 1888, S. 226) spricht überhaupt von „Inductionszuckungen", die er bei völligem Schlusse des ringförmigen Leiters um die primäre Spirale mittels eines Nerven beobachtete. „Das E. du Bois-Reymond'sche Problem, thierische Theile durch directe Induction zu erregen, ist somit gelöst." Aber im Versuche von L. Hermann figurirt der Nerv als einfacher reizbarer Leiter, nicht aber als Complex elektromotorischer Molecüle, d. h. die Induction der Erregung in diesem Falle ist von der molecularen Organisation der Nerven unabhängig.

[2] An vielen Stellen dieses Buches ist von grossen, mittleren und kleinen Ruhmkorff'schen Inductorien die Rede. Behufs grösserer Klarheit mag ausser der angegebenen Funkenlänge noch angeführt werden, dass als „mittlerer" Ruhmkorff ein solcher hier gelten darf, dessen Länge 30—40 cm und dessen Durchmesser 12—16 cm beträgt.

Druck von Metzger & Wittig in Leipzig.

www.ingramcontent.com/pod-product-compliance
Lightning Source LLC
LaVergne TN
LVHW042237300926
849161LV00003B/386